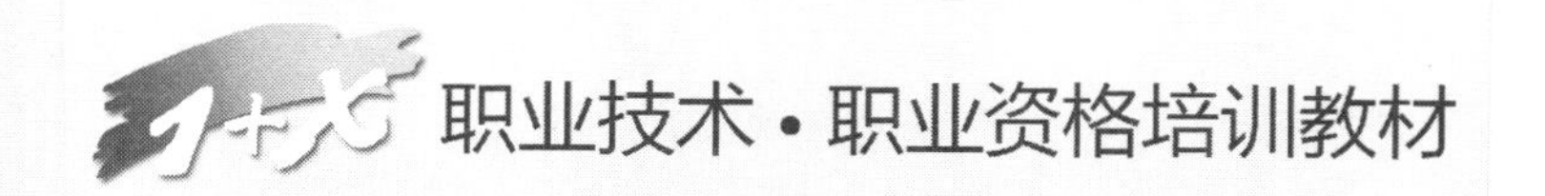

废水处理工

（四级） 第2版

编 审 人 员

主编　陈建昌

编者　张　容　高　波　李智毅　吴希睿

　　　蒋克勤　安永成

主审　徐亚同

审稿　郑　燕

中国劳动社会保障出版社

图书在版编目（CIP）数据

废水处理工：四级/人力资源和社会保障部教材办公室等组织编写. —2版. —北京：中国劳动社会保障出版社，2015

1+X职业技术·职业资格培训教材

ISBN 978-7-5167-1590-1

Ⅰ. ①废… Ⅱ. ①人… Ⅲ. ①废水处理-技术培训-教材 Ⅳ. ①X703

中国版本图书馆CIP数据核字（2015）第024106号

中国劳动社会保障出版社出版发行

（北京市惠新东街1号　邮政编码：100029）

*

北京北苑印刷有限责任公司印刷装订　新华书店经销

787毫米×1092毫米　16开本　19.75印张　396千字

2015年2月第2版　　2015年2月第1次印刷

定价：45.00元

读者服务部电话：（010）64929211/64921644/84643933

发行部电话：（010）64961894

出版社网址：http：//www.class.com.cn

版权专有　　侵权必究

如有印装差错，请与本社联系调换：（010）80497374

我社将与版权执法机关配合，大力打击盗印、销售和使用盗版图书活动，敬请广大读者协助举报，经查实将给予举报者奖励。

举报电话：（010）64954652

内 容 简 介

本教材由人力资源和社会保障部教材办公室、中国就业培训技术指导中心上海分中心、上海市职业技能鉴定中心依据上海 1 + X 废水处理工（四级）职业技能鉴定考核细目组织编写。教材从强化培养操作技能，掌握实用技术的角度出发，较好地体现了当前最新的实用知识与操作技术，对于提高从业人员基本素质，掌握废水处理工（四级）的核心知识与技能有很好的帮助和指导作用。

本教材在编写中根据本职业的工作特点，以能力培养为根本出发点，采用模块化的编写方式。全书内容共分为 10 章，主要内容包括：废水处理概述、废水物理化学处理、活性污泥法、生物膜法、厌氧生物处理、污泥处理与处置、乡村小型污水处理站、废水处理机械设备与电气仪表、废水监测与分析、安全生产等。每一章都详细介绍相关专业理论知识与专业操作技能，使理论与实践得到有机的结合。

为方便读者掌握所学知识与技能，每章后附有本章思考题，供巩固、检验学习效果时参考使用。

本教材可作为废水处理工（四级）职业技能培训与鉴定教材，也可供全国中、高等职业院校相关专业师生，以及相关从业人员参加职业培训、岗位培训、就业培训使用。

改版说明

《1+X职业技术·职业资格培训教材——废水处理工（中级）》自2007年出版以来深受从业人员的欢迎，经过多次重印，在废水处理工（四级）职业资格鉴定、职业技能培训和岗位培训中发挥了很大的作用。

随着我国科技进步、产业结构调整、市场经济的不断发展，新的国家和行业标准的相继颁布和实施，对废水处理工的职业技能提出了新的要求。为此，人力资源和社会保障部教材办公室、中国就业培训技术指导中心上海分中心、上海市职业技能鉴定中心联合组织了有关方面的专家和技术人员，按照新的废水处理工（四级）职业技能鉴定细目对教材进行了改版，使其更适应社会发展和行业需要，更好地为从业人员和社会广大读者服务。

为保持本套教材的延续性，顾及原有读者的层次，本次修订围绕废水处理工（四级）的职业标准要求，根据教学和技能培训的实践以及废水处理工（四级）鉴定细目表，在原教材基础上进行了修改。近年来行业相关法规、标准和运行规范都做了较大调整，为此，围绕废水处理工岗位操作要求，对新工艺、新设备、新标准相关内容做了较多的更新。为适应新农村污水处理的需求，新增第7章乡村小型污水处理站内容。为适应废水处理提标工作的需求，在活性污泥法中增加脱氮除磷工艺的内容。在厌氧处理中增加了高浓度有机废水处理新工艺的介绍。在处理机械设备中增加了污泥浓缩脱水一体机的介绍，在仪表内容中增加了在线监测仪表的维护保养及故障的排除方法等。针对废水处理过程中职业防护和安全隐患预防的需要，安全生产中增加了职业防护和急救技能的内容。通过上述调整使教材内容更广，更具有实用性。教材编写内容涵盖教学实训和废水处理实践的重点、难点，使废水处理工操作技能的学习和培训更具有针对性。

本教材第1、6、7章由李智毅编写，第2章由吴希睿编写，第3、4、5章由张容编写，第8章由高波编写，第9章由蒋克勤编写，第10章由安永成编写，全书由主编陈建昌（上海市环境学校）统稿。在编写过程中得到有关组织和领导的支持与指导，在此，对给予帮助和支持的单位和个人表示衷心的感谢。

因编者水平和时间所限，教材中恐有不足甚至错误之处，欢迎读者及同行批评指正。

编者

前　言

职业培训制度的积极推进，尤其是职业资格证书制度的推行，为广大劳动者系统地学习相关职业的知识和技能，提高就业能力、工作能力和职业转换能力提供了可能，同时也为企业选择适应生产需要的合格劳动者提供了依据。

随着我国科学技术的飞速发展和产业结构的不断调整，各种新兴职业应运而生，传统职业中也愈来愈多、愈来愈快地融进了各种新知识、新技术和新工艺。因此，加快培养合格的、适应现代化建设要求的高技能人才就显得尤为迫切。近年来，上海市在加快高技能人才建设方面进行了有益的探索，积累了丰富而宝贵的经验。为优化人力资源结构，加快高技能人才队伍建设，上海市人力资源和社会保障局在提升职业标准、完善技能鉴定方面做了积极的探索和尝试，推出了1+X培训与鉴定模式。1+X中的1代表国家职业标准，X是为适应经济发展的需要，对职业的部分知识和技能要求进行的扩充和更新。随着经济发展和技术进步，X将不断被赋予新的内涵，不断得到深化和提升。

上海市1+X培训与鉴定模式，得到了国家人力资源和社会保障部的支持和肯定。为配合1+X培训与鉴定的需要，人力资源和社会保障部教材办公室、中国就业培训技术指导中心上海分中心、上海市职业技能鉴定中心联合组织有关方面的专家、技术人员共同编写了职业技术·职业资格培训系列教材。

职业技术·职业资格培训教材严格按照1+X鉴定考核细目进行编写，教材内容充分反映了当前从事职业活动所需要的核心知识与技能，较好地体现了适用性、先进性与前瞻性。聘请编写1+X鉴定考核细目的专家，以及相关行业的专家参与教材的编审工作，保证了教材内容的科学性及与鉴定考核细目以及题库的紧密衔接。

职业技术·职业资格培训教材突出了适应职业技能培训的特色，使读者通过学习与培训，不仅有助于通过鉴定考核，而且能够有针对性地进行系统学习，真正掌握本职业的核心技术与操作技能，从而实现从懂得了什么到会做什么的飞跃。

职业技术·职业资格培训教材立足于国家职业标准，也可为全国其他省市开展新职业、新技术职业培训和鉴定考核，以及高技能人才培养提供借鉴或参考。

新教材的编写是一项探索性工作，由于时间紧迫，不足之处在所难免，欢迎各使用单位及个人对教材提出宝贵意见和建议，以便教材修订时补充更正。

人力资源和社会保障部教材办公室
中国就业培训技术指导中心上海分中心
上海市职业技能鉴定中心

目 录

第 1 章

废水处理概述

第1节　环境保护法与水环境标准

学习目标

1. 了解我国环境保护法的内容
2. 了解环保违约法行为与法律后果
3. 熟悉水处理相关标准适用范围

知识要求

一、环境保护法

我国于1979年颁布《中华人民共和国环境保护法（试行）》，2014年4月24日修订通过，全文共七章七十条，于2015年1月1日起施行。该法的宗旨是为保护和改善环境，防治污染和其他公害，保障公众健康，推进生态文明建设，促进经济社会可持续发展。

国家制定了预防为主、防治结合，污染者出资和强化环境管理的三大政策。同时国家相关部门颁布了环境法规、环境规章、环境标准及地方性环境法规等，确定了环境影响评价、城市环境综合整治定量考核、污染物总量控制等有效的环境管理制度，基本形成了符合国情的环境政策、法律、标准和管理体系。

1. 环境保护法体系

我国环境保护法体系可分为纵向体系与横向体系两项。

（1）环境保护法的纵向体系。我国环境保护法从纵向分共有6个层次：即根本法层次、基本法层次、单行法层次、行政法规层次、部门规章层次和地方性法规（规章）层次，如图1—1所示。

（2）环境保护法的横向体系。我国环境保护法的横向体系涉及水资源，水环境，水污染防治，给水排水的法律、法规等，如图1—2所示。

2. 水环境保护法

为防治水污染，保护和改善水环境，保障人民身体健康，保证水资源有效利用，我国于1984年5月颁布首部《水污染防治法》，2007年8月对其进行修订，2008年6月1日

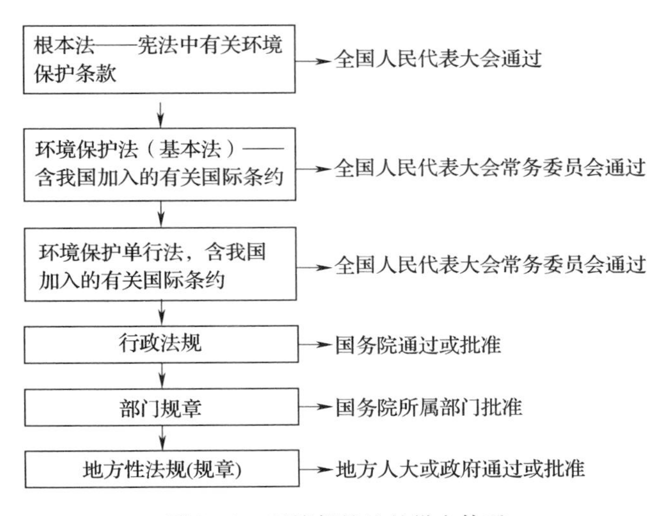

图 1—1　环境保护法的纵向体系

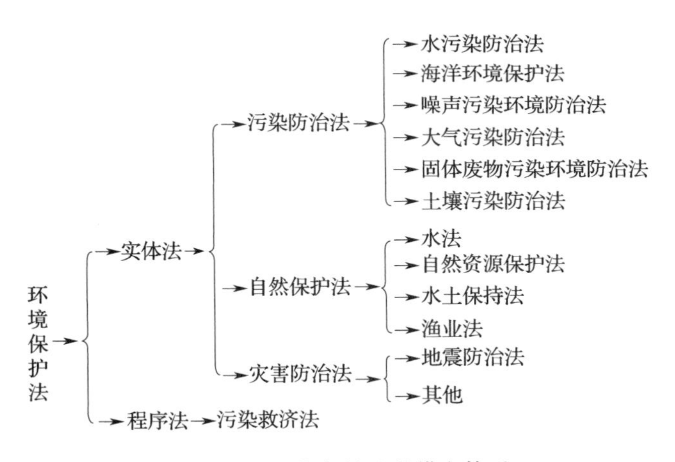

图 1—2　环境保护法的横向体系

正式施行。《水污染防治法》共八章九十二条，比修订前增加了三十条，其内容因增补而更加丰富，结构因调整而更趋完整，制度因创新而更符合实际。

3. 废水违法排放案例

【案例 1—1】

废水违法排放行政处罚

2007 年 9 月，有市民向环保部门投诉：某公司将生产中产生的部分废水不经过处理设施，直接排入道路，整条道路变成一条污浊的小河，而且散发出阵阵怪味，过往市民无不叫苦连天。该区环保部门的环境监察人员接举报后到该公司住所地进行现场检查。检查发现：该公司的金属表面处理酸洗磷化车间正在生产，有酸洗磷化废水产生，废水处理设施却没有运行，将废水直接排向厂外道路。区环保部门经调查取证后认为：该公司实施了故意不正常使用水污染物处理设施，部分废水未经处理直接排放外环境，该行为违反了《中华人民共和国水污染防治法》第十四条第二款的规定。区环保部门根据《中华人民共和国水污染防治法》第四十八条和《中华人民共和国水污染防治法实施细则》第四十一条的规定，对该公司做出罚款100 000元、责令其自行政处罚决定书送达之日起立即恢复水污染处理设施正常运行的行政处罚。

【案例1—2】

废水污染事故违法责任

2010年7月，某矿业集团发生铜酸水渗漏事故，近万立方米废水顺着排洪涵洞流入附近河段，导致部分河段污染及大量网箱养鱼死亡。

根据2008年最新修订的《水污染防治法》第八十三条第二款规定："对造成重大或者特大水污染事故的，按照水污染事故造成的直接损失的百分之三十计算罚款。"这个规定取消了以往规定中的100万上限。根据《XX省环境保护厅行政处罚决定书》，该矿业违法操作造成的直接经济损失为3 187.71万元，30%即为956.313万元。

在环保立法中，除了行政责任之外，还有民事侵权赔偿责任和刑事责任等。由此，该矿业集团接受处罚之后，还需要向遭受损失的受害者进行赔偿。

二、水环境标准

标准从适用范围来分，有国家标准、地方标准和行业标准。废水处理标准按内容分主要有：水环境质量标准、水污染物排放标准及相关监测规范和方法标准。目前，国家颁布了800余项国家环境保护标准，北京、上海、山东、河南等省（市）共制定了30余项环境保护地方标准。

1. 污水综合排放国家标准

《中华人民共和国污水综合排放标准》（GB 8978—1996）是国家环境保护行政主管部门制定并在全国范围内使用的标准。该标准按污水排放去向，分年限规定了69种污染物最高允许排放浓度及部分行业最高允许排水量。该标准适用于现有单位水污染物的排放管理以及建设项目的环境影响评价、建设项目环境保护设施设计、竣工验收及其投产后的排放管理。

该标准将排放的污染物按其性质及控制方式分为两类：

第一类污染物是指总汞、烷基汞、总镉、总砷、总铜、总镍、苯并（α）芘、总铍、总银、总α放射性和β放射性等毒性大、影响长远的有毒物质。含有此类污染物的废水，不分行业和污水排放方式，也不分受纳水体的功能类别，一律在车间或车间处理设施排放口采样，其最高允许排放浓度必须达到该标准要求，其中规定采矿行业的尾矿坝出水口不得视为车间排放口。

第二类污染物，指pH值、色度、悬浮物、BOD_5、COD、石油类等污染物。这类污染物的排放标准，按污水排放去向分别执行一、二、三级标准，这样就使该排放标准与《地表水环境质量标准》（GB 3838—2002）和《海水水质标准》（GB 3097—1997）有机地联系起来。

1997年12月31日之前与1998年1月l起建设（包括改、扩建）的单位分别执行标准中的规定。

本标准颁布后，新增加国家行业水污染物排放标准的行业，其适用范围执行相应的国家水污染物排放行业标准，不再执行本标准。

2. 污水综合排放地方标准

污水综合排放地方标准是由省、自治区、直辖市人民政府批准颁布的，在特定行政区域内使用。如《上海市污水综合排放标准》（DB 31/199—2009）适用于上海市范围。其他地方水污染排放标准请参见各地环保部门相关网站。

3.《城镇污水处理厂污染物排放标准》（GB 18918—2002）

本标准分年限规定了城镇污水处理厂出水、废气和污泥中污染物的控制项目、标准值和污染物限值。

居民小区和工业企业内独立的生活污水处理设施污染物的排放管理，根据本标准执行。排入城镇污水处理厂的工业废水和医院污水，应达到《污水综合排放标准》（GB 8978—1996）、相关行业的国家排放标准、地方排放标准的相应规定限值及地方总量控制的要求。

标准中的城镇污水是指城镇居民生活污水，机关、学校、医院、商业服务机构及各种公共设施排水，以及允许排入城镇污水收集系统的工业废水和初期雨水等。城镇污水处理厂是指对进入城镇污水收集系统的污水进行净化处理的污水处理厂。

根据城镇污水处理厂排入地表水域环境功能和保护目标，以及污水处理厂的处理工艺，将基本控制项目的常规污染物标准值分为一级标准、二级标准和三级标准。其中一级标准分为A标准和B标准，一类重金属污染物和选择控制项目不分级。

一级标准的 A 标准是城镇污水处理厂出水作为回用水的基本要求。当污水处理厂出水引入稀释能力较小的河湖作为城镇景观用水和一般回用水等用途时，执行一级标准的 A 标准。

城镇污水处理厂出水排入 GB 3838—2002 地表水Ⅲ类功能水域（划定的饮用水水源保护区和游泳区除外）、GB 3097—1997 海水Ⅱ类功能水域和湖、库等封闭或半封闭水域时，执行一级标准的 B 标准。

城镇污水处理厂出水排入 GB 3838—2002 地表水 IV、V 类功能水域或 GB 3097—1997 海水Ⅲ、Ⅳ类功能海域，执行二级标准。

非重点控制流域和非水源保护区的建制镇的污水处理厂，根据当地经济条件和水污染控制要求，采用一级强化处理工艺时，执行三级标准。但必须预留二级处理设施的位置，分期达到二级标准。

4. 其他水环境标准

（1）《地表水环境质量标准》（GB 3838—2002）。为控制水污染，保护水资源，制定该标准。标准适用于江、河、湖泊、水库等具有实用功能的地面水域。标准对水域功能分类、水质要求、标准实施、水质监测等做出了规定。

（2）《海水水质标准》（GB 3097—1997）。标准适用于海洋渔业水域、海上自然保护区、珍稀濒危海洋生物保护区、水产养殖区、海水浴场、人体直接接触海水的海上运动或娱乐区、人类食用直接有关的工业用水区、一般工业用水区、滨海风景旅游区、海洋港口水域和海洋开发作业区。标准对水质要求、水质保护、标准实施和水质监测做出了规定。

（3）《地下水质量标准》（GB/T 14848—1993）（注：该标准正在修订中）。为保护和合理开发地下水资源，防止和控制地下水污染，保障人民身体健康，制定该标准。标准适用于一般地下水。标准对地下水质量分类及分类指标、水质监测、地下水质量评价、地下水质量保护等做出了规定。

（4）《农田灌溉水质标准》（GB 5084—2005）。为了防止土壤、地下水和农产品污染，保障人体健康，维护生态平衡，制定农田灌溉水质标准。标准适用于以地面水、地下水和处理后的城市污水及与城市污水水质相近的工业废水作为水源的农田灌溉用水；不适用于以医药、生物制品、化学试剂、农药、石油炼制、焦化和有机化学等处理后的废水进行灌溉；严禁使用污水浇灌生食的蔬菜和瓜果。并规定向农田灌溉渠道排放处理后的工业废水和城市污水，应保证其下游最近灌溉取水点的水质符合本标准。标准对标准分类、标准值、实施与管理、水质监测等做出了规定。

（5）《污水再生利用工程设计规范》（GB/T 50335—2002）。污水再生利用是指污水回收、再生和利用的统称，包括污水净化再用、实现水循环的全过程。

城市污水再生利用按用途分为农林牧渔业用水、工业用水、环境用水和水源水等分类。在 GB 50335—2002 中对水质控制指标都做出了规定。

第 2 节　废水的产生与再生利用

学习目标

1. 了解排水系统的体制与组成
2. 了解清洁生产的主要手段
3. 熟悉废水再生利用的主要方法

知识要求

一、排水系统

1. 排水系统的体制

废水的类型可以分为生活污水、工业废水与初期雨水。这三类污水是采用一套管渠系统来排出，还是采用两套及两套以上独立的管渠来排出，各种不同的排出方式所形成的排水系统，称为排水体制。

排水体制分为分流制和合流制两种类型，在城市情况比较复杂时，也可以采用两种体制混合的排水系统。

（1）分流制排水系统。将生活污水、工业废水和雨水分别采用两套及两套以上各自独立的排水系统进行排出的方式称为分流制排水系统。其中排出生活污水及工业废水的系统称为污水排水系统；排出雨水的系统，称为雨水排水系统。

完全分流制排水系统，具有污水排水系统和雨水排水系统。不完全分流制排水系统，只有污水排水系统，未建雨水排水系统，雨水沿地面坡度和道路边沟及明沟来排泄，可以在城市进一步发展的同时，再修建雨水排水系统，从而转变为完全分流制排水系统。

工业企业一般采用分流制排水系统，主要原因是工业废水的成分和性质很复杂，不但不能与生活污水相混合，而且不同的工业废水之间也不宜混合，否则将给污水和污泥的处理及回收利用造成困难。

（2）合流制排水系统。将生活污水、工业废水和雨水在同一管渠系统内排出的方式，称为合流制排水系统。

平时将城市污水输送至污水处理厂进行处理。降水时，初期雨水汇同污水流入处理厂，当雨水径流量增大时，部分混合后的污水经溢流井，直接排入水体，保证污水处理厂处理压力不至于过大，适用于旧城市改造。

（3）混合制排水系统。在同一个城市中，既有合流制排水系统也有分流制排水系统的，称为混合制排水系统。这种排水系统一般是在具有合流制的城市排水系统改建或扩建后出现的。在大城市中，由于各区的自然条件及建设情况差别很大，因而，因地制宜地采用混合排水系统也是合理的。

2. 排水系统的组成

（1）城市污水排水系统的基本组成。城市污水排水系统承担排出城镇生活污水和工业废水的任务，其系统由室内排水系统及设备、化粪池、室外污水管渠系统、城市污水管道、污水泵站、污水处理厂、排出口及事故排出口五大部分组成。

（2）工业废水排水系统的基本组成。在工业企业内部，由于工业废水水质的复杂程度不同，因而厂区内排水系统的组成也不同。有些工业废水符合排入城市排水系统的要求，而不需处理时，可直接排入城市排水系统。对于某些工业废水，则要求必须经过处理后，才允许水体再利用或者排入城市排水系统。其系统由车间内部管道系统和设备、厂区管渠系统、厂区污水泵站及压力管道、废水处理站、出水口组成。

（3）雨水排水系统的基本组成。雨水管道系统由房屋雨水管道系统，街区雨水管渠系统、街道雨水管渠系统、排洪沟、雨水排水泵站、雨水出水口构成。并在雨水排水系统的管渠上，设有检查井、消能井、跌水井等附属构筑物。

二、废水减排与再生利用

1. 清洁生产

要保护水环境，推行清洁生产是一个行之有效的方法。清洁生产可以有效削减工业废水的排放量，降低污染物对水体的污染。例如，采用无水印染工艺（转移染色）代替有水印染工艺，可从根本上消除印染废水的排放；采用无氰电镀代替有氰电镀工艺，可使废水中不含氰化物。

清洁生产的内容主要包括以下几个方面：

（1）改造落后的生产工艺，减少物耗、能耗、水耗，以尽可能减少污染物的排放。

（2）回收或综合利用废水中的有用物质。

（3）重视废水治理，确保废水治理设施的正常运行及稳定达标排放。

（4）一般企业应配备专职人员，负责本企业的废水处理，确保本企业污染物的排放符合国家或地方标准。

（5）对于生产废水中含有致癌、致畸、致突变的“三致”有机污染物，应注意不要同其他污水混合后再处理，以提高废水处理实效。

2. 废水减排途径和措施

减少废水排放量和降低污染物浓度的措施是水环境保护的重要途径。

（1）减少废水排放量的途径。减少废水排放量的具体途径有废水分流、节约用水和改进生产工艺流程等。

（2）降低污染物浓度。通过更新生产工艺、改进装置的结构和性能、回收副产品、重点监控污染发生工序及废水分流处理等措施，可以减少最终污水处理的负荷。

3. 废水再生利用

（1）城镇废水再生利用。废水再生利用应以城镇总体规划为主要依据。从全局出发，正确处理城市境外调水与开发利用污水资源的关系，废水排放与废水再生利用的关系，通过全面调查论证，确保水质水量安全可靠，经过处理的城市废水得到充分利用。

农、林、牧、渔业用水，包括农田灌溉、造林育苗、畜牧养殖、水产养殖等，其水质应符合国家现行的《农田灌溉水质标准》（GB 5084—2005）的规定。

用于城市杂用水，包括城市绿化、冲厕、道路清扫、车辆冲洗、建筑施工、消防等，其水质可按国家现行的《污水再生利用工程设计规范》（GB/T 50335—2002）规定的指标控制。

工业用水，包括冷却用水、洗涤用水、锅炉用水、工艺用水、产品用水等，当无实验数据和成熟实验时，其水质也可按 GB/T 50335—2002 规定的指标控制。其他情况下，应达到相应的水质指标。

环境用水，如娱乐性景观环境用水、观赏性景观环境用水、湿地环境用水等，其水质也按 GB/T 50335—2002 规定的指标控制。

常见再生处理工艺：

1）二级处理→消毒。

2）二级处理→过滤→消毒。

3）二级处理→混凝→沉淀（澄清、气浮）→过滤→消毒。

4）二级处理→微孔过滤→消毒。

5）当用户对再生水水质有更高要求时，可增加其他深度处理单元技术中的一种或几种组合。如活性炭吸附、臭氧、脱氮、离子交换、超滤、纳滤、反渗透、膜生物反应器、曝气生物滤池、生态净化系统等。

（2）工业废水处理水的再生利用。制定用水合理化和再利用计划，应首先考虑改变现行用水状况，进行节水，同时掌握用水状况和污染发生的形态，在此基础上研究污水再生利用的可能性。

要充分研究分级利用和反复利用的可能性。通常，越接近成品工段越需要高质量的水，因此，让水以从原料到成品相反的流向流动，即可实现分级利用。

对于一般的再利用、循环使用所采用的水处理，是将水中的污染物质处理到能分离固形物的阶段，主要的处理方法是：凝聚（化学）沉淀、生物处理、过滤等。目的是除去除微量的溶解性有机物和溶解无机盐类以外的物质。然而，原水中所含的无机盐类以及溶解性有机物，在水反复使用期间会被逐渐浓缩，最终不能在工序中使用。

去除这些溶解性物质的方法有：活性炭吸附、离子交换、膜分离等。必须注意：采用活性炭吸附时，被吸附的有机物能在再生过程中被热分解；而离子交换、膜分离则只不过是污染成分的浓缩过程。

第3节　工业废水处理简介

学习目标

1. 了解工业废水的处理方法
2. 熟悉工业废水的特征
3. 掌握工业废水污染物种类与特点

知识要求

一、工业废水简述

1. 工业废水污染物种类与特点

工业废水是指工业生产过程中产生的废水、污水和废液，其中含有随水流失的工业生产用料、中间产物和产品以及生产过程中产生的污染物，还包括水温过高，排放后造成热污染的工业废水。

随着工业的迅速发展，废水的种类和数量迅猛增加，对水体的污染也日趋广泛和严重，威胁人类的健康和安全。因此，对于保护环境来说，工业废水的处理比城市生活污水的处理更为重要。

通常工业废水的分类有三种方法：

（1）按行业的产品加工对象分类。如冶金废水、造纸废水、炼焦煤气废水、金属酸洗废水、纺织印染废水、制革废水、农药废水、化学肥料废水等。

（2）按工业废水中所含主要污染物的性质分类。含无机污染物为主的称为无机废水，含有机污染物为主的称为有机废水。对易生物降解的有机废水一般采用生物处理法，对无机废水一般采用物理、化学和物理化学法处理。不过，在工业生产过程中，一种废水往往既含无机物，也含有机物。

（3）按废水中所含污染物的主要成分分类。如酸性废水、碱性废水、含酚废水、含镉废水、含铬废水、含锌废水、含汞废水、含氟废水、含有机磷废水、含放射性废水等。这种分类方法的优点是突出了废水的主要污染成分，可有针对性地考虑处理方法或进行回收利用。

实际上，一种工业可能排出几种不同性质的废水，而一种废水又可能含有多种不同的污染物。

2．主要工业废水的水质特征

（1）农药废水。由于农药品种繁多，农药废水水质成分复杂，水量不稳定，对环境污染非常严重，并伴有恶臭，对人的呼吸道和黏膜有刺激性。污染物浓度较高，化学需氧量（COD）可达每升数万毫克。农药废水中除含有农药和中间体外，还含有酚、砷、汞等有毒物质以及许多生物难以降解的物质。

（2）食品工业废水。食品工业制品种类繁多，主要包括采用植物性原料的和采用动物性原料的，在生产过程中排出废水的水量、水质差异也很大。食品工业废水主要来自加工过程产生的废水，洗涤原料的废水，清洗设备和地面的废水等，且各种废水均有一定的共同点，即有机物质和悬浮物含量高，易腐败，生化需氧量（BOD）、COD 值高，可生化性好，酸碱程度不一，毒性相对较小，一般来说与生活污水相近，但 BOD 值等远远高于生活污水。

（3）制革工业废水。制革产生的废水特点是碱性大、耗氧量高、悬浮物多，并含有铬化物及硫化物等对环境危害较大的物质。

（4）造纸工业废水。造纸废水的性质取决于造纸原料、造纸工艺及操作方法。造纸废水分类主要包括：蒸煮制浆废水（黑液）、中段废水和抄纸废水（白水）三大类。其中蒸煮黑液对环境污染最为严重，占整个造纸工业污染的 90%。

1）蒸煮制浆废水。蒸煮制浆废水即指碱法制浆的黑液或酸法制浆过程中的红液，含杂质达 10% ~20%，其中 35% 为无机物，65% 为有机物，废液中含碱量高，悬浮颗粒浓度也很高。我国目前大部分造纸厂采用碱法制浆，所排放的黑液主要是木素和碳水化合物的降解产物。

2）中段废水。与蒸煮制浆废水和抄纸废水相比，制浆造纸过程中洗涤、筛选、漂白等工段的废水污染尚不严重，这一部分废水称之为中段废水，污染物以可溶性 COD_{Cr} 为主。中段废水中污染物成分与黑液相似，只是浓度较低，水量甚大，并增加了氯化物。

3）抄纸废水。抄纸废水指在纸的抄造过程中产生的废水，含有大量的小纤维、填料、药品（高岭土、松香等），以不溶性 COD_{Cr} 为主，可生化性较低。制浆方法不同，原料不同、制浆得率不同以及有无化学品回收等因素，均可使污染物的发生与排放有很大的差异。

（5）印染工业废水。印染工业用水量大，通常每印染加工 1 t 纺织品耗水 100 ~ 200 t，其中 80% ~ 90% 以印染废水的形式排出，大部分印染废水来自染色废水。

印染废水中含有纤维原料本身的夹带物，以及加工过程中所用的浆料、油剂、燃料、化学助剂、微量有毒物和表面活性剂等，具有生化需氧量高、色度高、pH 值高的特点。

（6）冶金废水。冶金废水的主要特点是水量大、种类多、水质复杂多变。按废水来源和特点分类，主要有冷却水、酸洗废水、洗涤废水（除尘、煤气或烟气）、冲渣废水、炼焦废水以及由生产中凝结、分离或溢出的废水等。

（7）化工废水。化工工业废水特点是废水排放量大、污染物种类多、污染物毒性大、不易生物降解等。化工工业所排放的许多有机物和无机物中不少是直接危害人体的毒物，且十分稳定，不易被氧化，不易被生物降解。许多无机化合物和金属有机物可通过食物链进入人体，对健康极为有害，甚至在某些生物体内不断富集，污染范围广。

根据工业废水的分类，化工废水可以分为含氰废水、含酚废水、含硫废水、含氟废水、含铬废水，含有机磷化合物废水等。

二、工业废水处理方法

1. 工业废水处理的基本方法

废水中的污染物质是多种多样的，往往不可能用一种处理单元就能够把所有的污染物质去除干净。一般一种废水往往需要通过几个处理单元组成的处理系统处理后，才能够达到排放要求。采用哪些方法或哪几种方法联合使用需要根据废水的水质和水量，排放标准，处理方法的特点，处理成本和回收经济价值等，通过调查、分析、比较后才能决定，必要时还要进行小试、中试等试验研究。根据废水水质、水量、排放要求等具体情况确定相应的处理级数。

（1）农药废水的处理。农药废水处理的目的是降低农药生产废水中污染物的浓度，提高回收利用率，力求达到无害化。农药废水的处理方法有活性炭吸附法、湿式氧化法、溶剂萃取法、蒸馏法和活性污泥法等。

（2）食品工业废水处理。食品工业废水处理除按水质特点进行适当预处理外，一般均宜采用生物处理。如对出水水质要求很高或因废水中有机物含量很高，可采用两级曝气池或两级生物滤池，或多级生物转盘，或联合使用两种生物处理装置，也可采用厌氧—好氧串联的生物处理系统。

（3）造纸工业废水的处理。造纸工业废水的处理应着重于提高循环用水率，减少用水量和废水排放量，同时也应积极探索各种可靠、经济和能够充分利用废水中有用资源的处理方法。例如浮选法可回收白水中纤维性固体物质，回收率可达95%，澄清水可回用；燃烧法可回收黑水中氢氧化钠、硫化钠、硫酸钠以及同有机物结合的其他钠盐；中和法调节废水 pH 值；混凝沉淀或浮选法可去除废水中的悬浮固体；化学沉淀法可脱色；生物处理法可去除 BOD，对牛皮纸废水较有效；湿式氧化法处理亚硫酸纸浆废水较为成功。此外，国内外也有采用反渗透、超过滤、电渗析等处理方法的。

（4）印染工业废水的处理。印染工业废水处理分两个步骤：

首先废水可按水质特点分别回收利用碱液和染料，如漂白煮炼废水和染色印花废水的分流，前者可以对流洗涤，一水多用，减少排放量。

其次是无害化处理。如沉淀法主要去除废水中悬浮物；吸附法主要是去除废水中溶解的污染物和脱色；中和法调节废水中的酸碱度，还可降低废水的色度；混凝法去除废水中分散染料和胶体物质；氧化法氧化废水中还原性物质，使硫化染料和还原染料沉淀下来。为达到排放标准或回收要求往往需要采用几种方法联合处理。

（5）冶金废水的处理。首先发展和采用不用水或少用水及无污染或少污染的新工艺、新技术，如用干法熄焦，炼焦煤预热，直接从焦炉煤气脱硫脱氰等；其次是发展综合利用技术，如从废水废气中回收有用物质和热能，减少物料和燃料的流失。

2. 工业废水处理工艺流程选择

工业废水的处理流程，随工业性质、原料、成品及生产工艺的不同而不同，具体处理方法与流程应根据水质、水量及处理的对象和不同，经调查研究或试验后决定。

总的来说，工业废水处理工艺流程选择的基本原则如下：

（1）优先选用无毒生产工艺代替或改革落后生产工艺，尽可能在生产过程中杜绝或减少有毒有害废水的产生。

（2）在使用有毒原料以及产生有毒中间产物和产品的过程中，应严格操作、监督，消除滴漏，减少流失，尽可能采用合理的流程和设备。

（3）含有剧毒物质的废水，如含有一些重金属、放射性物质、高浓度酚、氰废水等，应与其他废水分流，以便处理和回收有用物质。

（4）流量较大而污染较轻的废水，应经适当处理后循环使用，不宜排入下水道，以免增加城市下水道和城市污水处理负荷。

（5）类似城市污水的有机废水，如食品加工废水、制糖废水、造纸废水等，可排入城市污水系统进行处理。

（6）一些可以生物降解的有毒废水，如酚、氰废水，应先经处理到低于排放标准的限值后再排入城市下水道，接着进行进一步的生化处理。

（7）含有难以生物降解的有毒废水，应单独处理，不应排入城市下水道。

工业废水处理的发展趋势是把废水和污染物作为有用资源回收利用或实行闭路循环。

本章思考题

1.《中华人民共和国污水综合排放标准》（GB 8978—1996）中第一类污染物有哪些？

2. 列举清洁生产的主要内容。

3. 列举废水再生利用的方法。

4. 简述造纸工业废水的特点。

5. 简述工业废水处理流程选择的基本原则。

第 2 章

废水物理化学处理

第1节　水力学基础

学习目标

1. 了解水的物理性质
2. 掌握压强的含义及表示方法
3. 掌握流速、流量、水头损失和回流比的计算方法
4. 熟悉水力负荷和水力停留时间等参数的计算方法

知识要求

一、水静力学

1. 水的物理性质

水的物理性质主要包括：水的密度、水的重力特性、水的黏性、水的表面张力特性等。

（1）水的密度。水的密度是指单位体积的水所具有的质量，以 ρ 表示。对于均质的水，设其体积为 V，质量为 m，则：

$$\rho = \frac{m}{V}$$

在一般情况下水的密度受压强和温度变化的影响很小，故水的密度可以视为常数，工程上通常以一个标准大气压下，温度为4℃时水的密度值作为计算值，其数值为1 g/cm^3或1 000 kg/m^3。

（2）水的重力特性。物体之间相互具有的吸引力称为万有引力。在水的运动中，一般只需要考虑地球对水的引力，这个引力就是重力，用 ω 来表示。设物体的质量为 m，重力加速度为 g，则：

$$\omega = mg$$

水的重度（单位体积水的重量）通常取9 800 N/m^3。

（3）水的黏性。水具有易流动性，在运动状态下，水具有抵抗剪切变形的能力，这就是水的黏性。在剪切变形过程中，水体中质点之间存在着相对运动，使水体内部出现切向力，也称为内摩擦力，它起的作用是抗拒水体内部的相对运动。因此，水在运动时必须克服黏性，从而要消耗一定的能量。

黏度 μ 是黏性的度量，μ 则称为动力黏度（Pa·S），μ 值越大，黏性作用越强。μ 的大小与流体的种类有关，并随压强和温度的变化而变化：对于常见的流体如水、油和空气等，μ 值受压强的影响不大，一般可以忽略；温度是影响 μ 值的主要因素，温度升高时，水的 μ 值减小，而气体的 μ 值反而增大。

（4）水的表面张力特性。液体与气体不同，它具有自由表面，而且存在着使自由表面自动收缩到最小表面形状的力，这种力称为表面张力。表面张力的作用会产生毛细现象（见图2—1），毛细现象在日常生活和工程技术中具有重要作用。有些情况下应设法防止毛细现象造成的危害，例如防止建筑物受潮，要设置防潮层；液体通过某些测量仪表的毛细管时，可能会产生很大误差，影响测量结果等。

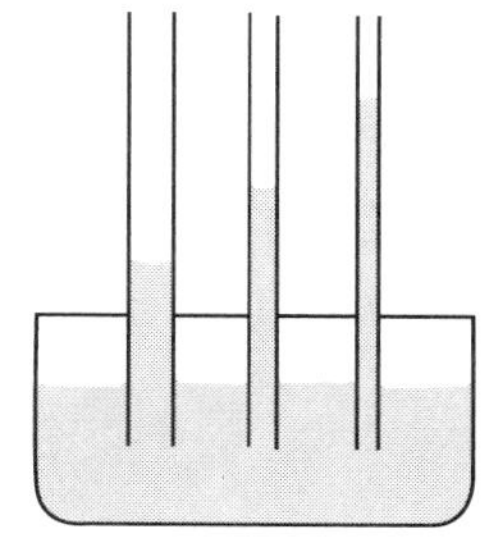

图 2—1　浸润液体在毛细管中上升

2. 压强的含义及表示方法

物体单位面积上所受的垂直压力叫作压强。同样，对于液体的压强也是这样规定的。静止液体作用在与之接触的表面上的水压力称为静水压力，单位面积上作用的静水压力称为静水压强。静水压强有平均压强和点压强之分。如果用 F 表示液体垂直的作用力，单位是牛顿（N）；用 A 表示与作用力 F 垂直的面积，单位是 m^2，根据定义，可以得到液体的静压强 P 的公式是：

$$P=\frac{F}{A}\ (\mathrm{Pa},\ \mathrm{N/m^2})$$

压强也用液柱高度来表示，即液体的压强等于液柱作用在它底部单位面积上的重力。

如果某液体的密度是 ρ，单位是 kg/m^3；该液柱的底部面积是 A，单位是 m^2；液柱高度是 h，单位是 m。那么该液体的体积是 $A \cdot hm^3$，而质量就是 $Ah\rho$。

由定义，压强 P 用液柱高度来表示：

$$P=\frac{Ah\rho g}{A}=h\rho g$$

由上式可知，液体的压强 P 等于液体的密度 ρ 乘以液柱高度 h，再乘以重力加速度 g。

用液体高度表示压强时，必须注明流体的名称，如 10 mH_2O、760 mmHg 等。

流体静压强的单位，除采用法定计量单位制中规定的压强单位 Pa 外，有时还采用历史上沿用的 atm（标准大气压）、at（工程大气压）、kgf/cm^2 等压强单位，它们之间的换算关系为：

$$1\text{atm}=1.033\ \text{kgf/cm}^2=760\ \text{mmHg}=10.33\ \text{mH}_2\text{O}=1.0133\times10^5\ \text{Pa}$$

$$1\text{at}=1\ \text{kgf/cm}^2=735.6\ \text{mmHg}=10\ \text{mH}_2\text{O}=9.807\times10^4\ \text{Pa}$$

流体静压强的大小除了用不同单位计量之外，还可以用不同的基准来表示：一是绝对真空；另一是大气压强。以绝对真空为基准测得的压强称为绝对压强，简称绝压，它是流体的真实压强；以大气压强为基准测得的压强称为表压强或真空度。

流体静压强可用测压仪表来测量，当被测流体的绝对压强大于外界大气压强时，所用的测压仪表称为压强表。压强表上的读数表示被测流体的绝对压强比大气压强高出的数值，称为表压强。因此：

绝对压强 = 大气压强 + 表压强

表压强 = 绝对压强 − 大气压强

当被测流体的绝对压强小于外界大气压强时，所用的测压仪表称为真空表。真空表上的读数表示被测流体的绝对压强低于大气压强的数值，称为真空度。因此：

绝对压强 = 大气压强 − 真空度

真空度 = 大气压强 − 绝对压强

绝对压强、表压强与真空度之间的关系，如图2—2所示。

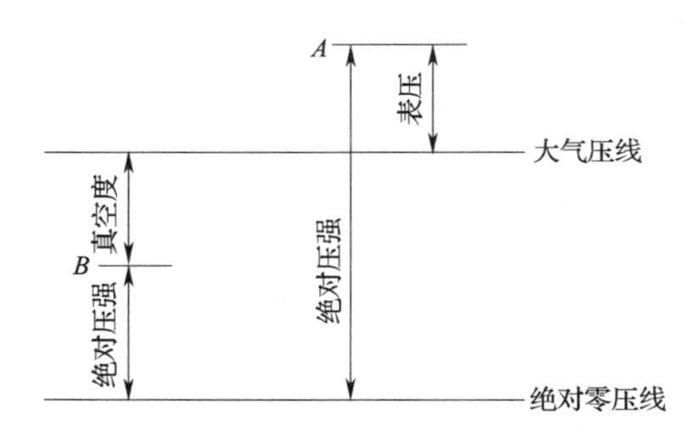

图2—2　绝对压强、表压强和真空度的关系

3. 液体对压强的传递

帕斯卡发现了液体传递压强的基本规律，这就是著名的帕斯卡定律：加在密闭液体任一部分的压强，必然按其原来的大小，由液体向各个方向传递。液体压强原理可表述为："液体内部向各个方向都有压强，压强随液体深度的增加而增大，同种液体在同一深度的各处，各个方向的压强大小相等；不同的液体，在同一深度产生的压强大小与液体的密度有关，密度越大，液体的压强越大"。

设液面压强为 P_0，均质液体重度为 γ，则静止液体内某一点的压强（见图2—3）由如下计算公式确定：

$$P = \rho_0 + \gamma h$$

式中　h——该点在液面以下的深度。

二、水动力学

1. 水力学基础

（1）流速。单位时间内流体在流动方向上所流过的距离，称为流速，以 u 表示，其单位为 m/s。由于黏性的影响，在过流断面上各点的实际流速并不相同，但在工程上都是采用断面上流速的平均值即平均流速来分析和解决流体运动问题的。而事实上，过流断面上有些点的实际流速比平均流速小，又有一些点的实际流速比平均流速大（见图 2—4）。

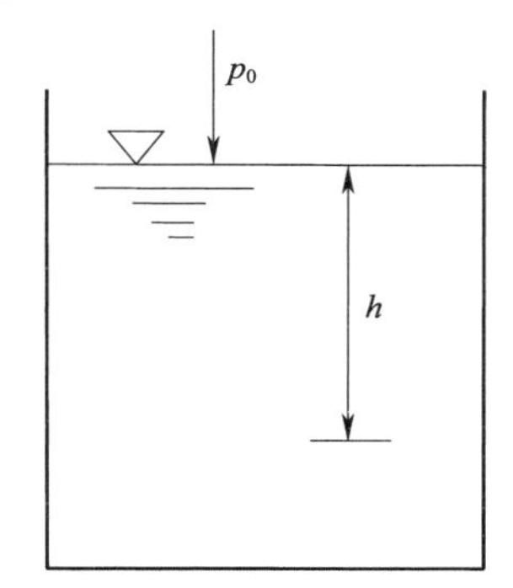

图 2—3　静止液体内某一点的压强

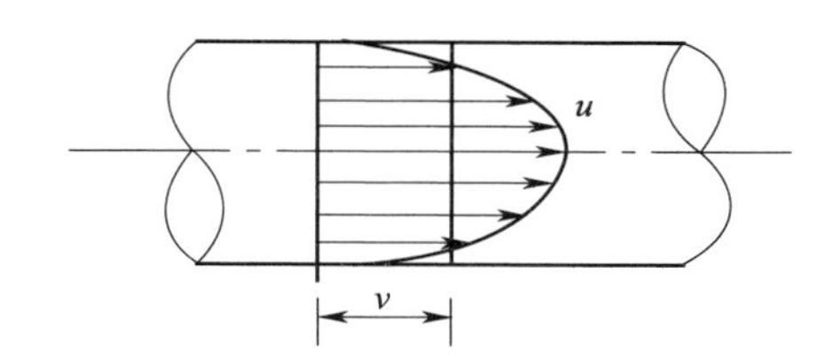

图 2—4　过流断面平均流速 v 与实际流速 u

（2）流量。单位时间内流经管路任一截面的流体量，称为流量。若流量用体积来计量，则称为体积流量，以 q_v 表示，其单位为 m^3/s。若流量用质量来计量，则称为质量流量，以 q_m 表示，其单位为 kg/s。体积流量和质量流量的关系为：

$$q_m = q_v \rho$$

（3）过水断面。过水断面是指流体运动时所通过的横断面，该断面与流体运动方向垂直。过水断面的形状与管道截面有关，有圆形、矩形、梯形等。在给水排水管道中采用圆管最多。

（4）恒定流与非恒定流。流体在运动过程中，其各点的流速和压强不随时间而变化，仅与空间位置有关，这种流动称为恒定流；反之，流体各点的流速和压强不仅与空间位置有关，而且还随时间而变化，这种流动就称为非恒定流。

例如当从水箱下部孔口泄水时，不断向水箱充水，保持水箱内水位不变，即使泄水量与冲水量相等，此时孔口泄流形状、流速和压强均不随时间而变化，这就是恒定流。反之，不向水箱充水，在孔口泄水时，水位是不断下降的，此时泄流形状、流速和压强都随时间而变化，这就是非恒定流。

2. 水头损失

固体边壁作为液体的边界条件会对流体产生显著的影响，也是产生水头损失的一个重要因素。为了方便分析和计算，根据液体运动边壁是否沿程变化，把水头损失分为沿程水头损失和局部水头损失。

沿程水头损失和局部水头损失，都是由于液体在运动过程中克服阻力做功而引起的，但是具有不同的特点。沿程阻力主要显示为"摩擦阻力"性质，而局部阻力主要是因为固体边界形状突然改变，从而引起水流内部结构遭到破坏，产生漩涡，以及在局部阻力之后，水流还要重新调整整体结构以适应新的均匀流条件所造成的。

3. 废水处理中基本工艺参数的计算

（1）回流比。在污水处理中，会利用污水厂的出水或生物处理单元的出水稀释进水以及利用沉淀池的污泥来补充生物处理单元内活性污泥的浓度（即微生物浓度）。回流水量或泥量（Q_R）与进水量（Q）之比称为回流比（R），即 $R = Q_R/Q$。

（2）水力停留时间。水力停留时间简写为 HRT，是指待处理污水在反应器内的平均停留时间，也就是污水与生物反应器内微生物作用的平均反应时间。因此，如果反应器的有效容积为 V（m^3），则 HRT = V/Q（h）。即水力停留时间等于反应器容积与进水流量之比。

在传统的活性污泥法中，水力停留时间很大程度上决定了污水的处理程度，因为它决定了污泥的停留时间。

（3）水力负荷。水力负荷（q）是单位体积滤料或单位表面积水处理构筑物每天可以处理的废水水量（如果采用回流系统，则包括回流水量），它是沉淀池、生物滤池等设计和运行的重要参数。

对于沉淀池而言，水力负荷计算公式为：

$$q = Q/A$$

式中 q——表面负荷，$m^3/(m^2 \cdot h)$；

Q——最大时污水流量，m^3/h；

A——沉淀池表面面积，m^2。

第 2 节　废　水　泵　房

学习目标

1. 了解泵房结构
2. 能够正确进行水泵机组运行中的巡视与检查

知识要求

一、泵房结构

污水泵房在污水处理系统中常被称为污水提升泵房，其作用主要是将上游来水提升至后续处理单位所要求的高度，使其实现重力自流。

1. 泵房的基本类型

污水泵房的类型取决于进水管渠的埋设深度、来水流量、水泵机组的型号与台数、水文地质条件以及施工方法等因素。按水泵启动方式，可以分为自灌式泵房和非自灌式泵房；按泵房平面形状，可以分为圆形泵房和矩形泵房；按集水间和机器间的组合情况，可以分为合建式泵房（见图 2—5）和分建式泵房（见图 2—6）；按控制方式，可以分为人工控制泵房，自动控制泵房和遥控泵房。

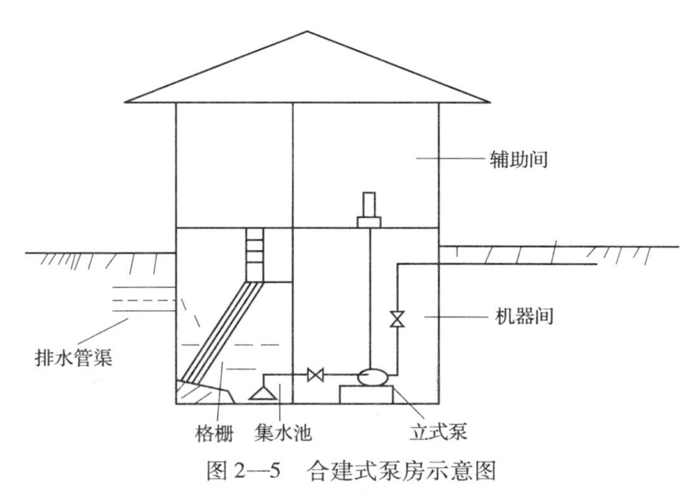

图 2—5　合建式泵房示意图

工程实践中，泵房的类型是多种多样的，例如：合建式泵房，集水池采用半圆形，机器间为矩形；合建椭圆形泵房，集水池露天或加盖；泵房地下部分为圆形钢筋混凝土结构，地上部分采用矩形砖砌体等。

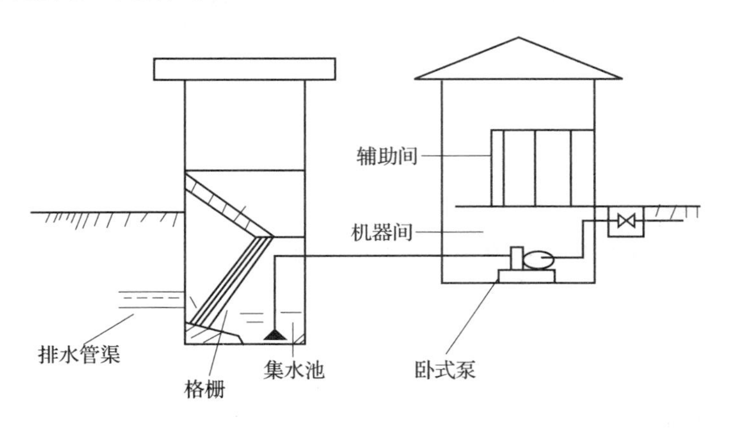

图2—6　分建式泵房示意图

2. 泵房结构分类与管道布置

（1）泵房结构分类。泵房的结构形式很多，按泵房能否移动分为固定式泵房和移动式泵房两大类。固定式泵房按其基础结构又分为分基型、干室型、湿室型和块基型四种结构形式。

（2）管道布置。每台水泵应设置一条单独的吸水管，这不仅改善了水利条件，而且可降低杂质堵塞管道的可能性。

吸水管的设计流速一般采用1.0~1.5 m/s，最低不得低于0.7 m/s，以免管内产生沉淀。当吸水管很短时，流速可提高至1.0~2.5 m/s。

如果水泵是非自灌式工作的，应利用真空泵或水射器引水启动，而不允许在吸水管进口处设置底阀，因为底阀在污水中易被堵塞，影响水泵的启动，且增加水头损失和电耗。

压水管（出水管）的流速一般不低于1.5 m/s；但两台或两台以上水泵合用一条压水管且仅一台水泵工作时，其流速也不得低于0.7 m/s，以免管内产生沉淀。每台水泵的压水管上均装设闸门。

泵房内敷设一般用明装。吸水管道常置于地面上，由于泵房较深，压水管多采用架空安装，通常沿墙架设在托架上。所有管道应注意高度。管道的位置不得妨碍泵房内的交通和检修工作。不允许把管道装设在电气设备的上空。

污水泵房的管道易受腐蚀，而钢管抵抗腐蚀的性能较差，因此，一般应避免使用钢管。

3. 污水泵房辅助设备

污水泵房的辅助设备有格栅、水位控制器、计量设备、引水装置、反冲洗装置、排水设备、采暖与通风设施、起重设备。

（1）格栅。格栅是污水泵房中最主要的辅助设备。格栅一般由一组或数组平行的金属栅条组成，斜置于泵房集水池的进口处，用来截留污水中较粗大的漂浮物和悬浮物，以防堵塞和缠绕水泵机组、曝气管、管道阀门和处理构筑物配水设施等。

（2）水位控制器。为适应污水泵房水泵开停频繁的特点，往往采用自动控制机组运行，自动控制机组自动停车的信号通常是由水位控制器发出的。

（3）计量设备。由于污水中含有杂质，其计量设备应考虑被堵塞的问题。设在污水处理厂内的泵站，可不考虑计量问题，单独设立的污水泵站可采用电磁流量计、超声波流量计、也可以采用弯头水表或文氏管水表计量，但应注意防止传压细管被污物堵塞，应有引高压清水冲洗传压细管的措施。

（4）引水装置。污水泵房一般设计成自灌式，无须引水装置，当水泵为非自灌工作时，采用真空泵或水射器抽气引水，也可采用密封水箱注水。当采用真空泵引水时，在真空泵与污水泵之间应设置气水分离箱，以免污水和杂质进入真空泵内。

（5）反冲洗装置。污水中所含杂质，往往部分沉淀在集水坑内，时间长了，腐化发臭，甚至堵塞集水坑，影响水泵正常吸水。为了松动集水坑内的沉渣，在坑内设置压力冲洗管。一般从水泵压水管上接出一根直径为 50 ~ 100 mm 的支管深入集水坑中，定期将沉渣冲起，由水泵抽走。也可在集水池间设置一自来水龙头，作为冲洗水源及时冲走坑内沉渣。

（6）排水设备。当水泵为非自灌式时，机器间高于集水池。机器间的污水能自流泄入集水池，可用管道把机器间的集水坑与集水池连接起来，其上装设阀门，排积水坑污水时，将闸门开启，污水排放完毕即将闸门关闭。当吸水管能形成真空时，也可在水泵吸水口附近（管径最小处）接出一根小管深入集水坑，水泵在低水位工作时，将坑中污水抽走。

如机器间污水不能自流入集水池时，则应设排水泵（或手摇泵）将坑中污水抽到集水池。

（7）采暖与通风。集水池一般不需要采暖设备，因为集水池较深，热量不易散失，且污水温度通常不低于 10 ~ 20℃。机器间如必须采暖时，一般采用火炉，也可采用暖气设备。

污水泵房的集水池通常利用通风管道自然通风，在屋顶设置风帽。机器间一般只在屋顶设置风帽，进行自然通风。只有在炎热地区，机组台数较多或功率很大，自然通风不满足要求时，才采用机械通风。

（8）起重设备。起重量在0.5 t以内时，设置移动三脚架或手动单梁吊车，也可在集水池和机器间的顶板上预留吊钩；起重量在0.5~2.0 t时，设置手动单梁吊车；起重量超过2.0 t时，设置手动桥式吊车。

二、水泵机组运行中的巡视与检查

1. 集水池和闸门井的巡视和检查

（1）集水池内水流均衡；水位必须高于停泵水位。

（2）当内外水位差高达30 cm时，应启动格栅除污机进行清捞工作，当采用可编程序控制器（PLC）自动控制时，应自动开启除污机。

（3）检查垃圾输送机和垃圾压榨机的联动情况，且应工作正常。

2. 配电设备的巡视和检查

（1）看电压值的变化情况，正常运行中，电压值应稳定在正常范围内。

（2）电流值应在电动机运行的额定值范围内。

（3）柜内电气设备无异常噪声。

3. 电动机的巡视和检查

（1）电动机运转无异声。电动机正常运行时声音均匀平稳。

（2）电动机升温正常，无异常振动情况。

（3）电动机无焦臭味。

（4）三相接线电缆温度均匀。

4. 水泵的巡视和检查

（1）轴承无异响，轴承温度正常，邮箱无渗油现象。

（2）泵体及管道各连接处应无渗漏水现象。

（3）水泵各螺栓应无松动和脱落现象。

（4）水泵无异常振动。

（5）听水泵运行时的声音，应无摩擦声或异常噪声。

第3节　沉　　淀

学习单元1　沉砂池

学习目标

1. 熟悉沉砂池的运行参数
2. 能正确排除格栅常见故障
3. 能熟练操作与调整沉砂池的工况

知识要求

一、沉砂池的运行与维护

1. 沉砂池的主要运行参数

（1）平流沉砂池的主要工艺参数如下：

1）污水在池内的最大流速为0.3 m/s，最小流速为0.15 m/s。

2）最大流量时，污水在池内的停留时间不少于30 s，一般为30～60 s。

3）有效水深应不大于1.2 m，一般采用0.25～1.0 m，池宽不小于0.6 m。

4）池底坡度一般为0.01～0.02，当设置除砂设备时，可根据除砂设备的要求考虑池底形状。

（2）曝气沉砂池的主要工艺参数如下：

1）水平流速一般取0.08～0.12 m/s。

2）污水在池内的停留时间为4～6 min；当雨天最大流量时为1～3 min。如作为预曝气，停留时间为10～30 min。

3）池的有效水深为2～3 m，池宽与池深比为1～1.5，池的长宽比可达5，当池的长宽比大于5时，应考虑设置横向挡板。

4）曝气沉砂池多采用穿孔管曝气，孔径为2.5～6.0 mm，距池底约0.6～0.9 m，并应有调节阀门。

（3）旋流沉砂池的主要工艺参数如下：

1）沉砂池最高设计流量时，停留时间不应小于30 s。

2）设计水力表面负荷宜为150～200 m^3/（m^2·h），有效水深宜为1.0～2.0 m，池径与池深比宜为2.0～2.5。

2. 沉砂池工艺运行控制

（1）沉砂池的设计流速应控制到只能分离去除相对密度较大的无机颗粒。在一般运行中，以去除颗粒直径大于0.2 mm的细砂为准，水力停留时间为0.1～1 min。

（2）如果在池前设置有细格栅，为了防止水流从栅前溢流，应及时清除栅渣，并在栅后设置水位报警器。

（3）对于重力排砂的沉砂池，在排砂时应关闭进出水闸阀，避免沉砂与污水一同进入排砂管道中。必要时为了加快排砂速度，应稍微开启进水闸阀。

（4）定期检查沉砂池各附属构件，避免并防止其生锈。同时应检查栅渣量，分析其含水率和有机物的含量。沉砂池操作环境很差，气体腐蚀性较强，管道、设备和闸门等容易腐蚀和磨损，因此要加强检查和保养工作，如注意运动机械设备的加油和检查设备的紧固状态、温升、振动和噪声等常规项目，并定期进行油漆防锈。

（5）曝气沉砂池的每一格一般都有配水调节闸门和空气调节阀门，应经常巡查沉砂池的运行状况，及时调整入流污水量和空气量，使每一格沉砂池的工作状况（液位、水量、气量、排砂次数等）相同。

（6）排砂操作要点是根据沉砂量的多少及变化规律，合理安排排砂次数，保证及时排砂。排砂次数太多，可能会使排砂含水率太高（除抓斗提砂以外）或因不必要操作增加运行费用；排砂次数太少，就会造成积砂，增加排砂难度，甚至破坏排砂设备。应在定期排砂时，密切注意排砂量、排砂含水率、设备运行状况，及时调整排砂次数。无论是桁车带泵排砂或链条式刮砂机，由于故障或其他原因停止排砂一段时间后，都不能直接启动。应认真检查池底积砂槽内砂量的多少，如沉砂太多，应人工清砂排空沉砂池，以免由于过载而损坏设备。

（7）沉砂池上的浮渣应定期以机械或人工方式清除，否则会产生臭味，影响环境卫生，或浮渣缠绕造成堵塞设备或管道。

（8）沉砂池池底排出的积砂，一般含有一些有机物，容易发臭。洗砂间应及时清洗沉砂，并清运出去，还应经常清洗维护洗砂、除砂设备，保持洗砂间环境卫生良好。

（9）做好测量与运行记录。每日测量或记录的项目有除砂量和曝气量；定期测量的项目有湿砂中的含砂量及有机成分含量。

二、格栅常见故障排除方法

由于长时间的使用，格栅可能会出现一些故障，如格栅出现卡死脱轨现象等，降低其使用效率。下面是一些常见的格栅故障排除方法：

（1）切断电源，当即中止设备的运转。

（2）查清设备的过载缘由，首要是检查是否有杂物卡住耙链，若有则当即将其铲除。

（3）耙齿因为遭到重击而变形，需求将其替换或卸下整形。

（4）耙链中的链板条遭到磨损或掉落，需要将其替换或修正。

学习单元2　沉淀池

学习目标

1. 了解理想沉淀池的模型
2. 熟悉初沉池的运行参数
3. 能够处置初沉池常见故障

知识要求

一、沉淀原理

1. 理想沉淀池

沉淀是水处理中最基本的方法之一。它是利用水中悬浮颗粒和水的密度差，在重力作用下产生下沉作用，以达到固液分离的一种过程。根据水流方向，沉淀池可以分为以下四种类型：平流式、竖流式、辐流式、斜板（管）式。

为了分析悬浮颗粒在沉淀池内运动的普遍规律及分离结果，研究者提出概念化的沉淀池——理想沉淀池。

（1）理想沉淀池的假定条件：

1）进出水均匀分布在整个横断面，即沉淀池中各进水断面上各点流速均相同。

2）悬浮物在沉降过程中以等速下沉。

3）悬浮物在沉降过程中的水平分速度等于水流速度，水流是稳定的。

4）悬浮物落到池底污泥区，不再上浮，即被除去。

理想平流沉淀池可分为流入区、流出区、沉淀区和污泥区四部分，如图2—7所示，可得出：

$$Q = Au$$

可写成：

$$\frac{Q}{A} = u = q$$

Q/A 的物理意义是：在单位时间内通过沉淀池单位表面积的流量，一般称为表面负荷。表面负荷以 q 表示，单位 $m^3/(m^2 \cdot h)$ 或 $m^3/(m^2 \cdot s)$。表面负荷的数值等于颗粒沉速，沉淀池的处理能力（Q）与池底面积和沉速成正比，而与池深无关。

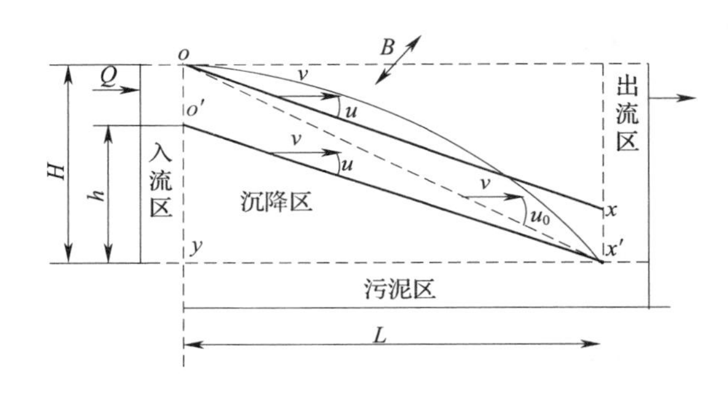

图2—7　理想平流沉淀池沉淀示意图

（2）实际沉淀池和理想沉淀池的区别：

1）主要是由于池进口及出口构造的局限，使水流在整个断面上分布不均匀，整个池子的有效容积没有得到充分利用，因此，废水在沉淀池中实际停留的时间要比理论时间短。

2）由于紊流的影响，悬浮颗粒的实际沉速比理想沉速小。

3）实际沉速还受水温、风吹等因素的影响。

2．沉淀类型

根据悬浮物的性质、浓度及絮凝性能，沉淀可分为四种类型，即自由沉淀、絮凝沉淀、拥挤沉淀和压缩沉淀。

（1）自由沉淀。悬浮颗粒的浓度低，在沉淀过程中呈离散状态，互不黏合，不改变颗粒的形状、尺寸及密度，各自完成独立的沉淀过程。这种类型多表现在沉砂池、初沉池初期。

（2）絮凝沉淀。悬浮颗粒的浓度比较高（50～500 mg/L），在沉淀过程中能发生凝聚或絮凝作用，使悬浮颗粒互相碰撞凝结，颗粒质量逐渐增加，沉降速度逐渐加快。经过混凝处理的水中颗粒的沉淀、初沉池后期、生物膜法二沉池、活性污泥二沉池初期等均属絮凝沉淀。

（3）拥挤沉淀。悬浮颗粒的粒度很高（大于500 mg/L），在沉降过程中，产生颗粒互相干扰的现象，在清水与浑水之间形成明显的交界面（混液面），并逐渐向下移动，因此又称成层沉淀。活性污泥法二沉池的后期、浓缩池上部等均属这种沉淀类型。

（4）压缩沉淀。悬浮颗粒浓度特高（以至于不再称水中颗粒物浓度，而称固体中的含固率），在沉降过程中，颗粒相互接触，靠重力压缩下层颗粒，使下层颗粒间隙中的液体被挤出界面上流，固体颗粒群被浓缩。活性污泥法二沉池污泥斗中、浓缩池污泥的浓缩过程属此类型。

二、初沉池的运行与维护

1. 初沉池的主要运行参数

（1）沉淀效率。沉淀效率通常用悬浮颗粒（SS）去除率表示，即进出沉淀池的废水中SS浓度降低的百分数。影响去除率的主要因素有：水力负荷及池中死角、布水不均、短流、排泥干扰等运行状态。

（2）水力负荷。水力负荷是沉淀池最重要的运行参数之一，其含义是单位沉淀池面积所处理的废水流量，即表面负荷，单位是$m^3/(m^2 \cdot h)$，容积负荷是单位沉淀池容积所处理的废水流量，单位是$m^3/(m^3 \cdot h)$。通常水力负荷越高，沉淀效率越低，沉淀出水水质越差。

（3）沉淀时间。对于城市污水处理厂，如无实际资料时，可参照经验参数选用，一般以1～1.5 h为宜。

（4）沉淀池出水。沉淀池出水一般应采用堰流，在整个池中应保持水平。

（5）储泥斗的容积。储泥斗的容积一般按不大于2日的污泥量计算。对二次沉淀池，按储泥时间不超过2 h计。

（6）静水压力数。沉淀池的污泥一般采用静水压力排泥法，初次沉淀池静水压力数应不小于1.5 m，活性污泥法曝气池后的二沉池静水压力数应不小于0.9 m，生物膜后的二沉池静水压力数应不小于1.2 m。

2. 初沉池的运行

废水处理工必须重视初沉池的运行操作管理，因为提高初沉池的沉淀效率可减轻曝气池的负荷、节约空气量、减少电耗、降低处理成本。

初沉池的运行操作主要有：取水样、撇浮渣、排泥、洗刷堰板及池壁、机械器保养维护、工艺适当调整等。

3. 初沉池常见故障的分析与处置

（1）污泥上浮。污泥上浮是由于原先已下沉的部分污泥因腐化分解而浮至水面，这时应加强撇渣器的运行管理，及时、彻底地去除浮渣，同时及时清理池中死角，防止积泥腐化。

（2）污泥发臭发黑。污泥发臭、发黑产生的原因是废水水质腐败或进入初沉池的消化污泥及其上清液浓度过高。解决方法有：对高浓度工业废水进行预曝气；停止已发生腐败的污水进入；减少或暂时停止高浓度工业废水的进入；改进废水管道系统的水力条件，以减少易腐败固体物的淤积；必要时可在废水管道中加氯，以减少或延迟废水的腐败（这种做法在废水管线不长或温度高时尤其有效，但应用时应避免加氯对废水生化处理系统造成的负面影响）。

（3）浮渣溢流。浮渣溢流产生的原因是浮渣撇除装置设置不当或撇渣不及时。改进方法有：增加除渣次数；更改出渣口位置，使浮渣收集离出水堰更远；严格控制工业废水的进入。

（4）悬浮物去除率降低。初沉池出水中带有细小悬浮颗粒的原因主要有：水力负荷冲击或长期超负荷；因为水短流而减少了停留时间，以致絮体在沉降下去之前即随水流进入出水堰；曝气池活性污泥过度曝气，使污泥自身氧化而解体；进水中增加了某些难沉淀污染物颗粒。

上述问题对应的解决方法有：增设调节池，均匀分配进水水力负荷；调整进水、出水配水设施的不均匀性，减轻冲击负荷的影响，克服短流现象；调整曝气池的运行参数，以改善污泥絮凝性能，如营养盐缺乏时及时补充；投加絮凝剂，改善某些难沉淀悬浮颗粒的沉降性能；使消化池、浓缩池的上清液均匀进入初沉池，消除其负面影响；使二沉池剩余污泥均匀进入初沉池，消除剩余污泥回流带来的负面影响。

（5）排泥故障。排泥故障由沉淀池结构、排泥管状况及操作不当等情况引起。

1）检查沉淀池结构是否合理，如排泥斗倾角是否大于60°角，泥斗表面是否平滑，排泥管是否伸到了泥斗底部，刮泥板距离池底是否太高，池中是否存在刮泥设施触及不到的死角等。对污泥聚集死角应采取水冲或设置斜板引导污泥向污泥斗汇集，必要时可进行人工刮除。

2）排泥管直径太小、管道太长、排泥水头不足都会导致排泥不畅。

3）操作不当。排泥间隔过长，沉淀池前面的细格栅管理不当导致杂物进入初沉池时都会造成排泥管堵塞。堵塞后的排泥管有多种清通方法，如用压缩空气或自来水对排泥管进行清理冲洗。堵塞特别严重时需要人工下池清掏。

第 4 节　气　　浮

学习目标

1. 了解气浮原理
2. 熟悉气浮系统运行参数
3. 能按规程运行压力溶气气浮系统

知识要求

一、气浮原理

气浮广泛应用于处理含有小悬浮物、藻类及微絮体等密度接近或低于水，很难利用沉淀法实现固液分离的各种废水或回收工业废水中的有用物质。气浮可代替二次沉淀，分离和浓缩剩余活性污泥，特别适用于那些易于产生污泥膨胀的生化处理工艺中，如处理造纸厂废水中的纸浆纤维及填料；分离回收含油废水中的悬浮油和乳化油，例如油脂、纤维、藻类等，也可用以浓缩活性污泥。

气浮法是在水中形成高度分散的微小气泡，黏附废水中疏水性的固体或液体颗粒，形成水－气－颗粒三相混合体系，颗粒黏附气泡后，变成表观密度小于水的絮体而上浮到水面，形成浮渣层被刮除，从而实现固液或者液液分离的过程。实现气浮有两个条件：水中有足够的微小气泡，分离物质呈悬浮状态或具有疏水性，从而黏附于气泡而上浮分离。

气泡能否与悬浮颗粒发生有效附着主要取决于颗粒的表面性质，疏水性颗粒易附着气泡，一起上浮。对于亲水性物质则需加入浮洗剂、表面活性剂等以增加颗粒的疏水性，使其易于附着气泡，提高气浮效果。

二、常用气浮法

在实际生产中，常用的有曝气气浮法、溶气气浮法和电解气浮法。

1．曝气气浮法

在气浮池的底部设置微孔扩散板或扩散管，压缩空气从板面或管面以微小气泡的形式逸出于水中。也有在池底处安装叶轮，轮轴垂直于水面，而压缩空气通到叶轮下方，借叶轮高速转动时的搅拌作用，将大气泡切割成为小气泡。这种气浮法一般溶气量不大，适用于小型废水处理厂。

2. 溶气气浮法

溶解在水中的气体，在水面气压降低时就可以从水中逸出。

（1）使气浮池上的空间呈真空状态，处在常压下的水流进池后即释出微气泡，称真空溶气法。

（2）空气加压溶入水中达到饱和，溶气水流减压进入气浮池时即释出微气泡，称加压溶气法，此法较为常用。加压溶气法又有全流程溶气法、部分溶气法、部分回流溶气法三种。加压溶气水可以是所处理水的全部或一部分，也可以是气浮池出水的回流水，回流水量占所处理水量的百分比称回流比，是影响气浮效率的重要因素，须由试验确定。其中部分回流溶气法因混凝效果好、节省混凝剂用量、动力消耗少等优点，在实际生产中广泛应用。加压溶气法的设备有加压泵、溶气罐和空气压缩机等。溶气罐为承压钢筒，内部常设置导流板或放置填料。溶气罐出水通过减压阀或释放器进入气浮池，如图2—8所示。

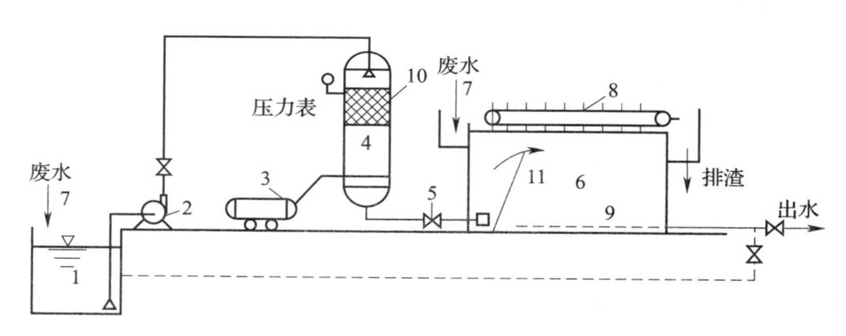

图2—8 部分回流溶气法流程

1—原水 2—水泵 3—空压机 4—溶气罐 5—减压阀 6—气浮池
7—废水 8—刮渣机 9—集水系统 10—填料 11—隔板

3. 电解气浮法

电解气浮法是在池中布设电极，通入5～10 V的直流电，从而产生微小气泡，但由于电耗大、电极板极易结垢等缺点，所以主要用于中小规模的工业废水处理。

三、压力溶气气浮系统

1. 压力溶气气浮系统的组成

压力溶气气浮系统由压力溶气系统、溶气释放系统及气浮分离系统组成。气浮效果取决于溶气量、析出气泡的大小及均匀性。而这些因素又与压力、温度、溶气时间、溶气罐及释放器构造等有关。

（1）压力溶气系统由水泵、空压机、压力溶气罐及其附属设备组成。压力溶气罐是影响溶气效果的关键设备，一般喷淋式填料压力溶气罐效率较高，其效率取决于填料特征、填料层高度、液流分布方式、气液流向及温度等。

（2）溶气释放系统由释放器（穿空管、减压阀）及溶气水管路所组成。

（3）气浮分离系统即气浮池。气浮池的布置形式较多，根据待处理水的水质特点、处理要求及各种具体条件，目前已经建成了许多种形式的气浮池，其中有平流与竖流、方形与圆形等布置，同时也出现了气浮与反应、气浮与沉淀、气浮与过滤等工艺一体化的组合形式。目前常用的气浮池均为敞开式的水池。气浮池可分为平流式和竖流式两种基本形式，如图 2—9 所示。气浮池分为接触室和分离室两个区域。接触室是溶气水与废水混合、微气泡与悬浮物黏附的区域；分离室也称气浮区，是悬浮物以微气泡为载体上浮分离的区域。

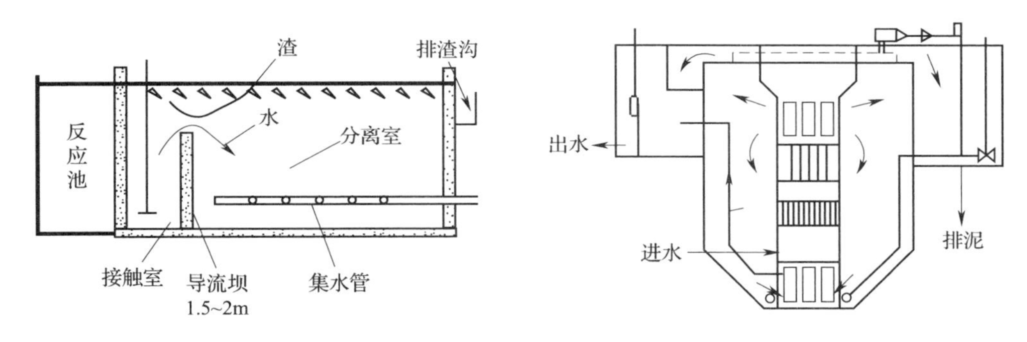

图 2—9　气浮池结构

废水进入反应池（可用机械搅拌、折板、孔室旋流等形式）完成反应后，将水流导向底部，以便从下部进入气浮接触室，延长絮体与气泡的接触时间，池面浮渣刮入集渣槽，清水由底部集水管集取。

气浮池的工艺形式是多样化的，实际应用时需根据原废水水质、水温、建造条件（如地形、用地面积、投资、建材来源）及管理水平等方面综合考虑。

2．气浮系统的主要设备

气浮系统主要由加压泵、溶气罐、释放器等设备组成。

（1）加压泵。加压泵用来供给一定压力的水量。压力过高或过低都会对气浮产生不利影响。如压力过高时，溶解的空气量增加，经减压后析出大量的空气，会促进微气泡的并聚，对气浮分离不利。另外，由于高压下所需的溶气水量较少，不利于溶气水与原废水的充分混合。当加压泵压力过低，势必要增加溶气水量，从而增加气浮池的容积。

（2）溶气罐。溶气罐的作用是实施高压水与空气的充分接触，加速空气的溶解。通常会在溶气罐中填充填料。填料可加剧紊动程度，提高液相的分散程度，不断更新液相和气相的界面，从而提高溶气效率。

（3）释放器。释放器的作用是通过减压，迅速将溶于水中的空气以极为细小的气泡形式释放出来，要求微气泡的直径在 20～100 μm。目前生产中采用的减压释放设备分两类：一种是减压阀，另一种是专用释放器。

3. 气浮系统主要运行参数

一般采用喷淋式填料溶气罐，罐内水的停留时间为 2～5 min，压力为 0.2～0.4 MPa。溶气罐需设放气阀，定期把积存在罐顶的受压空气放掉。填料层高通常取 1～1.6 m。常用填料有拉西环、波纹填料、阶梯环等。在水温为 20～30℃范围内，释气量为理论饱和溶气量的 90%～99%，比不加填料的溶气效率高 30% 左右。

废水在气浮池内停留时间一般为 10～20 min。平流式气浮池的工作水深为 2.0～2.5 m，池长与池宽比建议在 1.5∶1～1∶1 之间，单格宽度不超过 10 m，池长不超过 15 m。

当进行混凝气浮时，在池前端应增设废水反应室，反应室容积按废水停留时间为 10 min 计算。

反应池宜与气浮池合建。为避免打碎絮体，应注意水流的衔接。进入气浮池接触室的流量宜控制在 0.1 m/s 以下。

接触室的水流上升流速一般取 10～20 mm/s，室内的水力停留时间不少于 60 s。

气浮分离室的水流（向下）流速一般取 1.5～2.5 mm/s，即分离室的表面负荷率取 5.4～9.0 m^3/（m^2·h）。

分离室底部设有树枝状或环装的穿孔集水管，可以使集水均匀。集水管的最大流速宜控制在 0.5 m/s 左右。

4. 压力溶气气浮系统操作规程

（1）开机前检查

1）检查所有阀门处于正常工作状态。

2）检查溶气罐水位处于正常工作状态。

3）检查电气设备处于正常工作状态。

（2）开机步骤

1）配备加入絮凝剂，配好药剂，启动搅拌系统。

2）启动空压机，打开进气阀，将进气压力调整到 0.2 MPa。

3）开启溶气水泵，向溶气罐进水，调节溶气罐水位至溶气罐液位计 1/3 左右，此时溶气罐的压力应达到 0.4 MPa，溶气进水泵连续正常工作 3～10 min 后，方可开动气浮进水泵。

4）根据出水水质变化，调整加药量、进水量、溶气水量，保证出水水质。

5）根据浮渣生成情况，控制出水闸板，调整浮渣液位至刮渣机排泥要求，启动刮渣机进行刮渣。

6）开机后应检查气浮进水和排水系统，实现进出水的平衡，保证气浮系统正常工作。

（3）停机步骤

1）关闭刮渣机。

2）关闭气浮进水泵。

3）关闭溶气水泵。

4）关闭空压机。

5）检查所有阀门至正常停机状态。

（4）注意事项

1）溶气罐液位一经调整后应予以保持，不应经常调整。

2）根据出水水质，及时调整加药量、进水量、溶气水量。

3）定期给各轴承、链条、链轮、齿轮、齿条、滑道加润滑脂（10 天左右），三个月进行一次检修。

5. 气浮系统调节与维护

（1）要合理选择溶气水的压力与回流比。压力与回流比选择过小会影响净水效果，压力选择过高既增加电耗，又会因气泡合并而使无用气泡增加；回流比选择过大，既浪费电能、增加设备投资，又使池中复负荷增大，造成水流不稳定而影响出水水质。

（2）要合理选择溶气释放器的种类及型号，并妥善加以布置，同时注意释放器的堵塞问题。

（3）溶气罐应尽可能靠近释放器，同时，连续释放器的溶气水管直径宜适当放大，以尽量减少管路中的压力降，避免沿途减压而造成的气泡提前析出与合并变大。

（4）在调试前，应首先调试压力溶气系统与溶气释放系统，测试用的溶气水应是清水。待上述系统运转正常后，才向反应池内注入原水。

（5）压力溶气罐的进、出水阀门，在运行时必须完全打开，避免由于出水阀门处截流，而使气泡提前释放，并在管道内合并变大。

（6）运行时压力溶气罐内的水位必须妥善加以控制，水位不能淹没填料层，但也不能过低，以防在出水中带出大量气泡，破坏净水效果和浮渣层，一般水位保持在离罐底 60 cm 以上。

（7）空压机的压力需要在大于溶气罐的压力时，才向罐内注入空气，为防止压力水倒灌入空压机，可在进气管上装设单向阀。

（8）需要经常观察池面情况，如发现接触区浮渣面不平，局部冒出大气泡鼓出或破裂，则表明气泡与絮体黏附不好，需要调整加药量或改变混凝剂的种类。

（9）为了在刮渣时尽量不影响出水水质，刮渣时需要抬高水位，并根据最佳的浮渣堆积厚度及浮渣含水率进行定期刮渣。

（10）冬季水温较低影响混凝效果时，除可采取增加投药量的措施外，还可以利用增加回流水量或提高溶气压力的方法，增加微气泡的数量及其与絮体的黏附，保证处理效果。

（11）根据反应池的絮体、气浮池分离区的浮渣及出水水质等变化情况，及时调整混凝剂的投加量，同时要经常检查加药管的运行情况，防止堵塞（尤其在冬季）。

（12）做好日常运行记录，包括处理水量、投药量、溶气水量、溶气罐压力、水温、耗电量、进出水水质、刮渣周期、泥渣含水率等。

第5节　过　　滤

1. 了解过滤原理
2. 熟悉过滤池的类型和特点
3. 熟悉过滤池的运行参数
4. 能正确进行过滤池的日常维护

一、过滤原理

过滤是指通过具有空隙的颗粒状滤料层或其他多孔介质（如纤维束等）截留废水中细小固体颗粒的处理过程。在废水处理中，过滤主要用于去除悬浮颗粒和胶体杂质，特别是用重力沉淀法不能有效去除的微小颗粒（固体和油类）和细菌。颗粒材料过滤对废水中的BOD、COD等也有一定的去除作用。

在过滤过程中，水中的污染物颗粒主要通过以下三种作用被去除：

1. 筛滤作用

滤料之间的空隙就像一个筛子，污水中比空隙大的杂质会被滤料筛除，从而与污水分离。

2. 沉淀作用

可以把滤料抽象成一个个层层叠起来的微小沉淀池，则该沉淀池具有巨大的表面积，污水中的部分颗粒会沉淀到滤料颗粒的表面上而被去除。

3. 接触吸附作用

由于滤料的表面积非常大，因此必然存在较强的吸附能力。污水在滤层孔隙中曲折流动时，杂质颗粒与滤料有着非常多的接触机会，会被吸附到滤料颗粒表面，从污水中被去除。被吸附的杂质颗粒一部分可能会由于水流而被剥离，但它马上又会被下层的滤料所吸附截留。

在实际的过滤过程中，上述三种作用往往是同时起作用，只是随条件不同而有主次之分。对粒径较大的悬浮颗粒，以筛滤作用为主，因为这一过程主要发生在滤料表层，通常称为表面过滤。对于细微悬浮物，以发生在滤料深层的沉淀作用和接触吸附作用为主，称为深层过滤。

二、过滤池的类型和特点

过滤池主要由滤料层、承托层、配水系统和冲洗系统组成。按照滤料的分层结构，过滤池可分为单层滤料滤池、双层滤料滤池和三层滤料滤池。当处理给水或较清洁的工业废水时，滤料一般用细粒石英砂；当处理生物单元出水时，滤料一般用粗粒石英砂和均质陶粒。

在原水中不投加絮凝剂就进行过滤的方式称为直接过滤。污水经过混凝后立即进入滤池的过滤方式称为微絮凝过滤。采用微絮凝过滤通常使用高分子絮凝剂或高分子助凝剂。按照滤速的大小，过滤池可分为慢滤池和快滤池。

根据作用水头，过滤池可分为重力式滤池和压力式滤池。按照水流过滤层的方向，过滤池可分为上向流、下向流、双向流等。一般的单层滤料滤池，经水反冲洗会使砂层的粒径分布自上而下逐渐增加，因为粒径小的细滤料被浮选到最上层，这样废水经过滤料时，污染物颗粒基本上被截留在最上层，使下部滤料不能发挥过滤作用，因而会造成下向流滤池工作周期缩短。采用上向流滤池，可以使过滤池的截污能力加强，水头损失减小。废水首先通过粗粒径滤层，再通过细粒径滤层，这样能较充分地发挥滤层的作用，可以延长滤池的运行周期，配水均匀，易于观察出水水质，但污染物被截流在滤池下部，滤料不易冲洗干净。这种滤池较适用于中小型给水和工业废水的处理。双向流滤池一般在废水处理中很少采用。

三、过滤池的运行

慢滤池的过滤速度一般在0.1～0.2 m/h之间，而快滤池的滤速则一般在5 m/h以上。慢滤池虽然出水水质较好，但因其处理能力太小，实际中已很少采用。V形滤池（见图2—10）是快滤池的一种，以其进水槽形状为V形而得名，由于其截污量大，冲洗效果好等明显优势，近年来我国新建的大、中水厂中大都采用了这种滤水工艺。

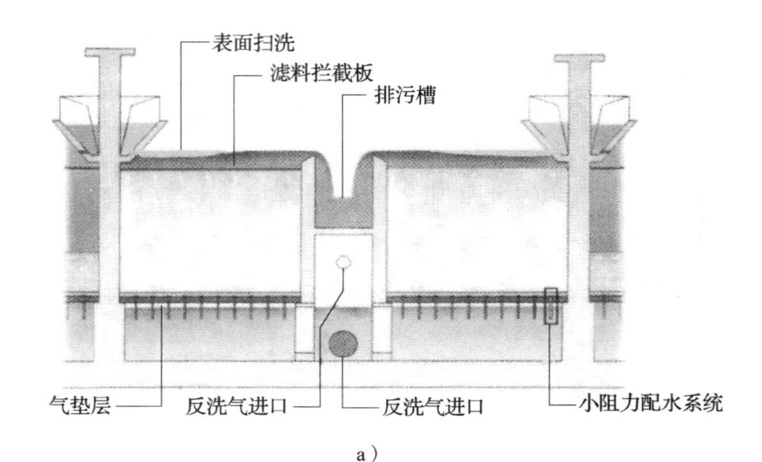

a）

b）

图2—10 V形滤池

a）V形滤池示意图 b）某废水处理厂V形滤池

1. 过滤池主要运行参数

（1）滤速。滤速是滤池单位面积在单位时间内的过滤水量，计算公式如下：

$$u = \frac{Q}{A}$$

式中 u——滤速，m/h；

Q——过滤水量，m^3/h；

A——滤池的过滤面积，m^2。

滤速大，产水量高，滤池负荷增加，容易影响出水水质，可缩短工作周期。滤速低，出水浊度低，但工作周期长。要在兼顾水质、产量和运行要求的条件下，合理确定滤速，一般单层滤料滤池滤速应控制在 8 ~ 10 m/h，而纤维束过滤器滤速可达到 25 m/h。

（2）工作周期。过滤池工作周期是指开始过滤至需要冲洗所持续的时间。一般情况下，按已确定的工作周期运行，但当过滤池水头损失增至最高允许值或出水水质低于最低允许值时，应提前对过滤池进行冲洗。

（3）滤料的表面积（m^2）。如冲洗时间不足，滤料得不到足够的水流剪切和碰撞摩擦，则清洗不干净。一般普通快滤池冲洗时间不少于 5 ~ 7 min，普通双层过滤池冲洗时间不少于 6 ~ 8 min。

滤层膨胀率是反冲洗时滤层膨胀后所增加的厚度与膨胀前厚度之比，计算公式如下：

$$e = \frac{L - L_0}{L_0} \times 100\%$$

式中 e——滤料的膨胀率；

L——滤料层膨胀后厚度，m；

L_0——滤料层膨胀前厚度，m。

膨胀率 e 与反冲洗强度及滤料的种类和粒径有关。对于一定种类和粒径的滤料来说，e 和 q（冲洗强度）成正比，即冲洗强度越大，膨胀率也越大。在污水深度处理中，过高的膨胀率不一定有较好的冲洗效果。相反，将膨胀率控制在 10% 以下，使滤料处于微膨胀状态则可使滤料颗粒间增加相互挤撞摩擦的机会，使其表面黏附的有机物去除。

（4）冲洗条件。经过一个周期，滤层内特别是上部截留了大量泥渣和其他杂质，把这些杂质冲洗干净，恢复到过滤前的状态，这是过滤能够进行的重要条件。合理的冲洗条件包括要有足够的冲洗强度、冲洗时间和滤层膨胀率。例如单独用水冲洗砂滤料的冲洗强度为 12 ~ 15 L/（m^2·s）、膨胀率为 45%，冲洗时间 5 ~ 7 min，冲洗后的排水浊度 <20NTU。

冲洗强度是指单位滤池面积在单位时间内消耗的冲洗水量，计算公式如下：

$$q = \frac{Q'}{A}$$

式中 q——冲洗强度，L/（m^2·s）；

Q'——冲洗水量，L/s；

A——单位滤池面积，m^2。

2. 过滤池的运行过程

快滤池的运行分过滤和反冲洗两个过程。双层过滤滤池的过滤效果较好，一般底层用粒径0.5～1.2 mm的石英砂，层高500 mm；上层用陶粒或无烟煤，粒径为0.8～1.8 mm，层高300～500 mm。滤速8～10 m/h，反冲洗强度为15～16 L/（m^2·s），延时8～10 min。

（1）沉淀池出水浊度的控制。沉淀池出水浊度直接影响滤池的过滤质量和运转周期。为确保滤池浊度在3NTU以下，工作周期在24 h左右，则沉淀出水口浊度一般应控制在10NTU以下为好。

（2）滤速的调节。每个滤池都有最佳滤速。所谓最佳滤速，就是滤料、入流污水水质及滤料深度在一定条件下，保证出水要求前提下的最大滤速。在滤料粒径和级配一定的条件下，最佳滤速和入流水质有关，当入流水质恶化，污染物升高时，需降低滤速以保证出水水质。

在实际运行时，可以先以低速过滤，此时出水水质好，然后逐步提高滤速，出水水质降低到接近或达到要求的水质时，对应的滤速即为最佳滤速。

（3）过滤周期的调节。在滤速一定的条件下，过滤周期的长短受水温影响较大。冬季水温低，水的黏度较大，杂质不易与水分离，易穿透滤层，周期短，这将会使反冲洗频繁，此时应降低滤速；夏季水温高，周期长，应适当提高滤速，缩短工作周期，以防止滤料孔隙间的有机物产生厌氧分解，

（4）冲洗效果的调节。冲洗效果的调节主要根据冲洗条件进行控制，应根据滤池的出水浊度及水头损失等指标及时对滤池进行冲洗。在滤料层一定的条件下，反冲洗强度和历时受原水水质和水温的影响较大。原水污染物浓度大或者水温高时，滤层截污量大，如果反洗水的温度也较高，所需要的反冲洗强度就较大，反冲洗时间也较长。

（5）滤前加氯。在二级生化出水较差时，应在滤前加氯（最好在混凝沉淀前），这样可以有效抑制微生物滋生，防止滤层堵塞、改善过滤性能，提高出水水质。

四、过滤池的维护

1. 日常维护

（1）定期放空过滤池，对滤层进行全面检查。

（2）定期对表层滤料进行大强度表面清洗或更换。

（3）应经常维护各种闸、阀，保证开启正常。喷头应经常检查是否堵塞。

（4）应时刻保持过滤池池壁及排水槽清洁，并及时清除生长的藻类。

2. 异常现象分析和对策

（1）滤料层产生泥球。产生泥球是由于原水中污染物浓度过高，反冲洗效果不好，反

冲洗配水不均，滤速太低过，滤周期太长。相应的对策是加强预处理，提高反洗强度和延长反洗历时，对配水系统进行检修，提高滤速和加强预氯化等杀菌藻措施。

（2）气阻。在过滤末期，部分滤层气体积聚在孔隙中，阻碍水流通过，出水量明显减少，此为气阻现象。排除方法是：停止过滤，反冲洗；保持滤层足够水深，设排气管，加大滤速。

（3）跑砂。因冲洗强度过大或过滤材料级配不当造成细砂被冲走，此时可适当调整冲洗强度。

（4）生物繁殖。出现生物繁殖可加氯解决。

第6节　氧化还原

学习目标

1. 了解氧化还原的原理
2. 熟悉常用的氧化还原药剂的使用
3. 掌握氧化还原设备的运行与维护要求

知识要求

一、氧化还原法

1. 氧化还原的原理

利用某些溶解于废水中的有毒有害物质在氧化-还原反应中能把它们转化成为低毒或无毒无害的新物质，或者转化成容易从水中分离排除的形态（气体或固体），从而达到处理的目的，这种方法称为废水处理中的氧化还原法。

在氧化-还原反应中，参加化学反应的原子或离子有电子的得失，因而引起化合价的升高或降低。失去电子的过程叫氧化，得到电子的过程叫还原。若有得到电子的物质就必然有失去电子的物质，因而氧化与还原总是同时发生的。得到电子的物质称氧化剂，因为它使另一物质失去电子受到氧化。失去电子的物质称还原剂，因为它使另一物质得到电子而还原。对于有机物的化学氧化或还原过程，往往难以用电子的转移来分析判断，一般将加氧或去氢的反应称为氧化，或者将有机物与强氧化剂相作用生成 CO_2、H_2O 等的反应判定为氧化反应；将加氢或去氧的反应称为还原。

2. 常用氧化还原剂

（1）在废水处理中常用的氧化剂：O_2，Cl_2，O_3，漂白粉、次氯酸钠、高锰酸钾、双氧水等。

（2）在废水处理中常用的还原剂：铁屑、锌粉、硼氢化钠中的 BH_4^-，$FeSO_4$ 和 $FeCl_2$ 中的 Fe^{2+}，SO_2，亚硫酸盐（$NaHSO_3$、Na_2SO_3）等。

3. 氧化还原法类型及特点

常见的氧化法有空气氧化法、氯氧化法和臭氧氧化法。化学还原法主要有药剂（亚硫酸钠、硫酸亚铁、硫代硫酸钠）还原法和金属（铁屑、锌粉）还原法。

（1）空气氧化法。空气氧化法是利用空气中的氧气氧化废水中有机物和还原性物质的一种处理方法。如处理含硫废水时，空气氧化的能力较弱，为提高氧化效果，氧化要在一定条件下进行，如采用高温、高压条件，或使用催化剂。目前，从经济等方面考虑，国内多采用催化剂氧化法，即在催化剂作用下，利用空气中的氧将硫化物氧化成硫代硫酸盐或硫酸盐。采用的催化剂有醌类化合物、锰、铜、铁、钴等金属盐类，以及活性炭等。一般认为，该处理方法反应时间长，能耗较大。

（2）氯氧化法。氯氧化法主要用于废水中氰化物、硫化物、酚、醇、醛、油类的氧化去除，还用于消毒、脱色、除臭。常用的氯系氧化剂有液氯、漂白粉、次氯酸钠、二氧化氯等。氯氧化法是一种成熟的方法，在工艺设备等方面都积累了丰富的经验，不少氰化厂用氯氧化法处理含氰废水可获得较满意的效果，氰化物可降低到 0.5 mg/L 甚至更低。此外，氯的品种可选择，其运输、使用比较为人们所熟悉，且工艺、设备简单，易操作，投资少。

氯氧化法的缺点是：处理废水过程中如果设备密闭不好，有害气体逸入空气中，污染操作环境；当用漂白粉或漂粉精处理高浓度含氰废水时，由于用量大，废水中氯离子浓度高，与铜形成络合物，使铜超标；排水氯离子浓度高，使地表水和土壤盐化、水利设施腐蚀；氯系氧化剂尤其是液氯的运输和使用有一定的危险性，因氯泄漏造成的人畜中毒、农田及鱼塘受危害的事故在其他行业时有发生；属于破坏氰化物的处理方法，不能回收废水中任何有用物质。

（3）臭氧氧化法。用臭氧作为氧化剂对废水进行净化和消毒处理的方法叫臭氧氧化法。臭氧是一种强氧化剂，在废水处理中可用于除臭、脱色、杀菌、除铁、除氰化物、除有机物等。臭氧氧化法的主要优点是反应迅速，流程简单，没有二次污染问题，臭氧现场制备不必存储运输，操作管理也较方便。但臭氧氧化法也存在一定的缺点：臭氧发生器能耗高；高浓度臭氧是有毒气体，因此操作中要注意个人防护并加强通风；臭氧具有腐蚀性，与之接触的容器、管路均应采用耐腐蚀材料或做防腐处理；臭氧的利用率较低，造成投加量增加。这些缺点造成臭氧目前主要用于低浓度、难降解有机废水的处理和消毒杀菌。

（4）药剂还原法。废水处理中常用药剂还原法去除六价铬，还原在酸性条件下进行（pH 值 <4 为宜），将六价铬转化为三价铬，然后可通过加碱使 pH 值升至 7.5 ~ 9，使三价铬转化为氢氧化铬沉淀，从溶液中分离去除。常用的还原剂有亚硫酸氢钠、二氧化硫、硫酸亚铁等。其中亚硫酸氢钠具有设备简单、沉渣量少、易于回收利用等优点，因而利用较广。

（5）金属还原法。金属还原法常用来去除废水中的汞并加以回收。常用的还原剂为比汞活泼的金属（铁屑、锌粒、铝粉、铜屑等）。采用铁屑过滤时：pH 值为 6 ~ 9 较好，耗铁量最小；采用锌粉时：pH 值为 9 ~ 11 较好；采用铜屑时：pH 值为 1 ~ 10 均可，一般用于废水含酸浓度较大的场合。废水中有机汞通常先用氧化剂（如氯）将其破坏，使之转化为无机汞后，再用金属置换。

二、氧化还原设备的运行与维护

常用的氧化还原设备有氯氧化设备、空气氧化设备、臭氧氧化设备、金属过滤床还原设备和硫酸亚铁 + 石灰还原系统。

1. 氯氧化设备的运行

氯氧化设备的处理构筑物主要有反应池和沉淀池，反应池常采用压缩空气搅拌或水泵循环搅拌。当含氰废水量较小，浓度变化较大，要求处理程度较高时，一般采用间歇式处理法。多数情况下设置两个反应池，交替进行间歇处理。当水量较大，含氰浓度较低时，可采用连续处理法，其流程如图 2—11 所示。处理设备包括废水均和池、混合反应池、投药设备等。反应池容积按 10 ~ 30 min 的停留时间设计。可采用压缩空气进行剧烈搅拌，可以避免金属氰化物等沉淀析出，并促进吸附在金属氢氧化物上的氰化物氧化。当采用漂白粉作为氧化剂时，渣量较大，为水量的 2.8% ~ 5.0%，需设专门的沉淀池。由于污泥中往往含有相当数量的溶解氰化物，处置时必须注意。如果用液氯和 NaOH 可不设沉淀池。

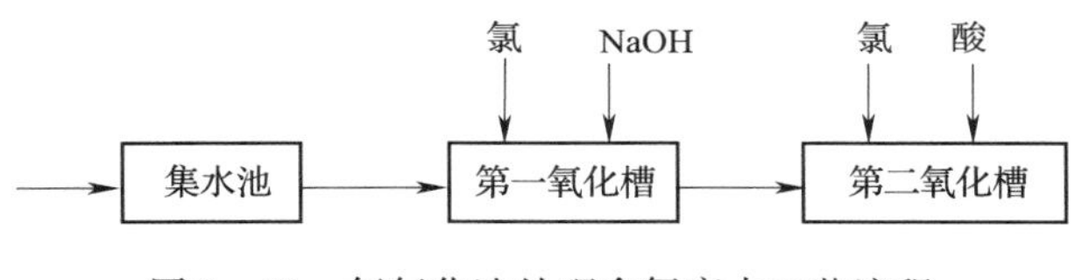

图 2—11　氯氧化法处理含氰废水工艺流程

2. 空气氧化设备的运行

空气氧化法采用的设备是空气氧化塔，图2—12所示为空气氧化塔处理含硫废水的工艺流程。污水经喷嘴雾化，在氧化塔内分4段进行氧化反应，氧化速度随反应温度提高而上升。当污水中含硫量较低时，温度可适当降低，但不能低于70℃。氧化过程中气水比应大于15∶1，增加气水比，使气液的接触面加大，有利于空气中氧向水中扩散。随着气水比的提高，氧化速度相应加快。反应时间不宜少于1 h，一般采用1.5 ~2.5 h。随着反应时间的增加，污水中有害硫化物相应降低。塔顶压力常采用常压或0.01 ~0.05 MPa。

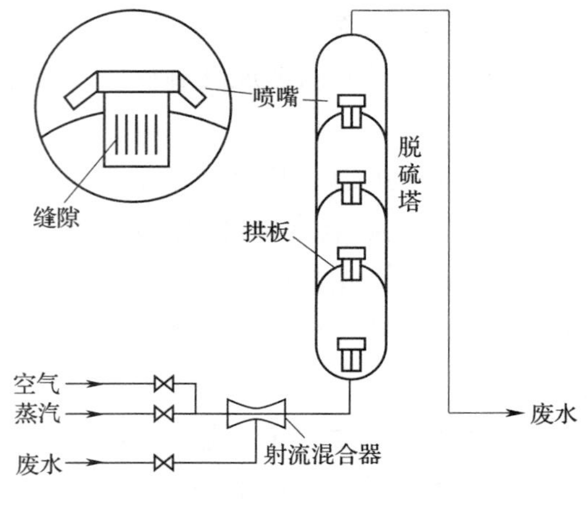

图2—12　氧化脱硫塔

3. 臭氧氧化设备的运行

臭氧氧化设备包括臭氧发生器、混合反应器和尾气处理系统3部分。

（1）臭氧发生器。制备臭氧的方法较多，有化学法、电解法、紫外光法、无声放电法等。目前的臭氧发生器主要有三种：高压放电式、紫外线照射式和电解式，其中最常用的是高压放电式。

（2）混合反应器。臭氧氧化设备中最重要的设备是混合反应器，其作用是促进气水扩散混合，使气水充分接触，加快反应。废水中常用的混合反应器有两类：一类是微孔扩散板式；另一类接触混合方式（常采用射流器）。

微孔扩散板式混合反应器的废水从反应器上部注入，由上而下流动，臭氧化空气从池底扩散板喷出，以微小气泡上升、与废水逆流接触。这种混合器的特点是：设备简单，气量容易调节，接触时间较长，反应充分；适用于反应速度慢的污染物，如烷基苯磺酸钠（ABS）、COD、焦油、污泥、氨氮等。

射流接触池的高压废水通过喷嘴处时，因速度很高而产生负压，把臭氧化空气吸入水中。这种混合反应器的特点是混合充分，但接触时间较短，适用于反应速度快的污染物，如铁（Ⅱ）、锰（Ⅱ）、氰、酚、亲水性燃料、细菌等。

在接触设备的运行维护中应注意：臭氧输送管道及臭氧设备必须密闭，防止泄露。在设备运行之前应检查是否漏气，运行中一旦发生泄漏应立即关闭臭氧发生器电源，打开排风扇排除臭氧，再进行检修。

（3）尾气处理系统。臭氧是有毒气体，通常从接触反应器排出的尾气中的臭氧体积分数为$500 \times 10^{-6} \sim 3\ 000 \times 10^{-6}$。尾气直接排放将对周围环境造成污染，需要对尾气进行适当处理。常用的臭氧尾气处理方法有化学法和电加热分解法。化学法通常为催化剂法和活性炭吸收法；电加热分解法是利用臭氧受热加速分解的特性处理臭氧尾气。

4. 金属过滤床还原设备的运行

金属过滤还原法除汞的处理系统中，污水以一定的速度自下而上通过铁屑滤池，使污水与还原剂金属相接触，污水中的汞离子被还原为金属汞而析出，金属本身被氧化为离子而进入水中。铁屑还原产生的汞渣可定期排放，污水经一定的时间后从滤池流出。铁屑的还原效果主要与污水的 pH 值有关，当污水的 pH 值低，污水中的氢离子被还原为氢气逸出。因此，应先调整 pH 值后再进行处理。反应温度一般控制在 20～30℃范围内。

5. 硫酸亚铁＋石灰还原系统的运行

可以采用硫酸亚铁＋石灰法处理含铬废水，处理构筑物有间歇式和连续式两种。间歇式适用于含铬浓度变化大、水量小、排放要求严格的含铬废水；连续式适用于浓度变化小、水量较大的含铬废水。反应池一般为矩形，当采用连续处理时，反应池宜分为酸性反应池和碱性反应池两部分，反应池中应设搅拌设备。

三、氧化还原法案例

图 2—13 所示为某厂氰化镀铜－锡合金废水连续式完全氧化处理工艺流程。含氰废水总氰浓度为 90～100 mg/L，氢氧化钠和次氯酸钠在泵前投入，pH 值控制在 10 以上，Cl: CN = 2。废水经泵混合后送入第一隔板翻腾式反应池，反应时间约 20 min，然后进入第二隔板翻腾式反应池，投加硫酸和次氯酸钠，控制 pH 值为 6.0～6.5，次氯酸钠投加量（以氯计）为一级的 1.2 倍，反应时间为 10 min。出水余氯量以 6 mg/L 为宜，可用沉淀法或气浮法进行固液分离，出水排放，污泥脱水后进行处置或利用。

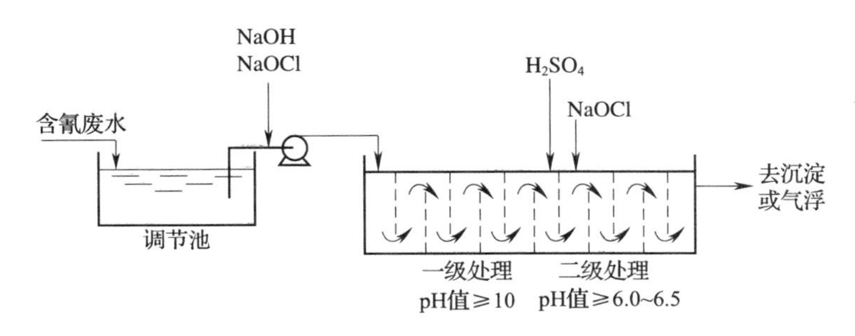

图 2—13　连续式完全氧化处理工艺流程

第7节　电化学法

学习目标

1. 了解电化学法的原理
2. 了解常见电化学法
3. 掌握电解设备的运行与维护

知识要求

一、电化学原理

电化学包括原电池、电解、电镀等技术。废水处理中常用电解技术。电解质溶液在直流电的作用下发生电化学反应的过程称为电解。电解是电能转化为化学能的过程，实现这种转化的装置称为电解槽。

电解需要直流电源，整流设备可根据电解所需的总电流和总电压选用。在电解槽中与电源正极相连接的称为阳极，与电源负极相连接的称为阴极，两电极插在电解质溶液中，接通直流电源后，阴极与阳极间存在电位差，驱使溶液中的正离子移向阴极，在阴极得到电子，进行还原反应；负离子移向阳极，在阳极放出电子，进行氧化反应。阳极能接纳电子，起氧化剂作用，而阴极能放出电子，起还原剂作用。电解槽处理废水的实质就是利用电解作用，对废水进行电解，使废水中有害物质在阳极和阴极上发生氧化还原反应，沉淀在电极表面或电解槽中，或生成气体从水中溢出，从而降低废水中有害物质的浓度或把有害物质变成无毒、低毒的物质。

二、常用电化学法

电化学处理废水技术根据电极反应发生的方式不同，可分为电渗析法、电凝聚法、电解气浮法、电催化氧化法、微电解法等。

1. 电渗析法

电渗析法是在直流电场的作用下，利用阴、阳离子交换膜对溶液中阴、阳离子的选择透过性（即阳膜只允许阳离子通过，阴膜只允许阴离子通过），使溶液中的溶质与水分离的一种物理化学过程。

电渗析系统由一系列阴、阳离子交换膜交替排列于电极之间，组成许多由膜隔开的水室，如图2—14所示。当原水进入这些小室时，在直流电场的作用下，溶液中的离子做定向迁移，阳离子向阴极迁移，阴离子向阳极迁移。但由于离子交换膜具有选择透过性，结果使一些小室离子浓度降低而成为淡水室，与淡水室相邻的小室则因富集了大量离子而成为浓水室。从淡水室和浓水室分别得到淡水和浓水，原水中的离子得到了分离和浓缩，水便得到了净化。

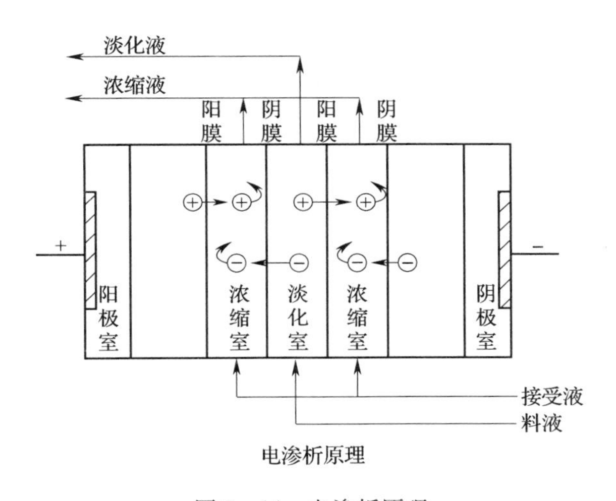

图2—14　电渗析原理

电渗析最先用于海水淡化制取饮用水和工业用水，海水浓缩制取食盐。电渗析法在废水处理实践中应用有：

（1）处理碱法造纸废液，从溶液中回收碱，从淡液中回收木质素。

（2）从含金属离子的废水中分离和浓缩重金属离子，然后对浓缩液进一步处理或回收利用，如含Cu^{2+}，Zn^{2+}，Cr（Ⅵ），Ni^{2+}等金属离子的废水都适宜用电渗析法处理。

（3）从放射性废水中分离放射性元素。

（4）从芒硝废液中制取硫酸和氢氧化钠。

（5）从酸性废液中制取硫酸。

（6）处理电镀废水和废液。

目前，用电渗析法处理废水主要用于去除废水中的盐分，不能去除非水溶性电解质的胶体物质和有机物。对铁、锰或高分子有机酸等物质，即使为离子状态，但由于易沉积在膜上，造成膜性能的劣化，因此，需要进行预处理将其去除。下面以镀镍废水为例介绍电渗析法在废水处理中的应用。

废液进入电渗析设备前须经过过滤等预处理，以去除其中的悬浮杂质及有机物，然后分别进入电渗析器。经电渗析处理后，浓水中镍的浓度升高，可以返回镀槽重复使用；淡水中镍浓度减少，可以返回水洗槽用作清洗水的补充水。用这种方法可以达到废水密闭循环的目的。

在电渗析中关键的部件是离子交换膜，它的性能对电渗析效果影响很大。工业废水的成分相当复杂，所含有的酸、碱、氧化物等物质对膜都有侵害作用。此外，电极材料需耐受反应产物的腐蚀。

2. 电凝聚法

电凝聚法是利用可溶性电极（铁电极或铝电极）电解产生的 Fe^{3+}、Al^{3+} 等阳离子与水电离产生的 OH^- 结合生成的胶体，与水中的污染物颗粒发生凝聚作用实现分离净化的过程。在电解过程中，阳极表面产生的中间产物（如羟自由基、原子态氧）对有机污染物也有一定的降解作用。电凝聚法适用于脱色、除油等，具有处理效果好、占地面积小、设备简单、操作方便等优点，但是它存在阳极金属消耗量大、需要大量盐类做辅助药剂、能耗高、运行费用较高等缺点。

3. 电解气浮法

电解气浮法是废水在电解时产生 H_2 和 O_2，废水中有机物和氯化物电解氧化也会析出二氧化碳和氯气等微小细泡，这些气泡能将废水中的疏水性微粒黏附浮上，发生气浮作用，实现废水净化的过程。该方法能够去除的污染物范围较广。

4. 电催化氧化法

电催化氧化法是通过阳极氧化反应和催化材料的作用产生超氧自由基等活性基团来氧化水体中的有机物，实现废水净化的过程。该法主要用于去除水中氰、酚等有毒、有害、难生化降解的有机污染物。

5. 微电解法

微电解法是目前处理高浓度有机废水较为理想的工艺，又称内电解法。它是以铁屑和炭构成原电池，利用填充在废水中的微电解材料自身产生 1.2 V 电位差对废水进行电解处理，实现有机污染物降解的过程。

三、电解设备的运行与维护

（1）电解槽通电前必须检查所有的机电设备安全可靠，所有器具完好无损。

（2）电解槽在运行一段时间后易发生电解室进液孔、出气孔被堵，气体总出口和碱液循环系统被堵现象，在运行中要定期用清水清洗电解槽。

（3）电解槽有时会由于碱液循环量不均，引起槽体温度变化造成局部过量的漏碱，因此运行中要加强电解液循环，使电解槽各部分受热均匀。

（4）电解槽由于绝缘不良发生短路，使金属部分被烧坏而造成泄漏，在运行中电解槽长期停机要用电解液或碱性水浸泡。

（5）搅拌可以促进离子的对流和扩散，减少电极的浓差极化现象，并能起清洁电极表面的作用，防止沉淀物在电解槽中沉淀。

（6）电解操作间应保证通风良好，操作人员应注意用电安全。

四、电解凝聚法处理纸厂废水

废水进行电解凝聚处理时，不仅对胶态杂质及悬浮杂质有凝聚沉淀作用，而且由于阳极的氧化作用和阴极的还原作用，能去除水中多种污染物。根据试验，用电解凝聚法处理纸厂废水，电极采用铁板，槽电压为 10 ~ 20 V，电解时间为 10 ~ 15 min。该废水的 COD 高达 1 500 ~ 2 000 mg/L，色度也很高。经处理后，COD 去除率为 55% ~ 70%，色度去除率为 90% ~ 95%。

第 8 节　吸　　附

学习目标

1. 了解吸附原理
2. 熟悉常用吸附剂的使用方法
3. 掌握吸附效果的影响因素
4. 能够进行吸附装置运行与维护操作

知识要求

一、吸附原理

1. 吸附概念

当气体或液体与固体接触时，在固体表面上某些成分被富集的过程称为吸附。吸附法就是利用多孔性的固体物质，使废水中的一种或多种物质被吸附在固体表面而去除的方法。具有吸附能力的多孔性固体物质称为吸附剂，而废水中被吸附的物质称为吸附质。

在废水处理中，吸附法主要用于去除废水中的重金属离子、有毒且难生物降解的有机物、放射性元素等，也可作为废水深度处理的一种工艺，以保证再生水的质量。

2. 吸附平衡和吸附量

废水与吸附剂接触后，一方面吸附质被吸附剂吸附；另一方面，一部分已被吸附的吸附质因热运动的结果而脱离吸附剂表面，又回到液相中去。前者称为吸附过程，后者称为解吸过程。在一定的温度和压力下，当吸附速度和解吸速度相等时，则单位时间内吸附的数量等于解吸的数量，吸附质在溶液中的浓度和吸附剂表面上的浓度都不再改变，即达到吸附平衡。此时吸附质在溶液中的浓度称为平衡浓度。

吸附剂吸附能力的大小以吸附量 q（g/g）表示。所谓吸附量是指单位质量的吸附剂（g）所吸附的吸附剂的质量（g）。取一定容积 V（L），含吸附质浓度为 C_0（g/L）的水样，向其中投加吸附剂的质量为 W（g）。当达到吸附平衡时，废水中剩余的吸附质浓度为 C（g），则吸附量 q 可用下式计算：

$$q=\frac{V\left(C_0-C\right)}{W}$$

式中 V——废水容积，L；

W——吸附剂投量，g；

C_0——原水吸附质浓度，g/L；

C——吸附平衡时水中剩余的吸附质浓度，g/L。

在温度一定的条件下，吸附量随吸附质平衡浓度的提高而增加。把吸附量随平衡浓度而变化的曲线称为吸附等温线。吸附量是选择吸附剂和设计吸附设备的重要参数。

3. 吸附的影响因素

了解吸附影响因素的目的是为了选择合适的吸附剂和控制合适的操作条件。影响吸附的因素很多，其中主要有吸附剂的性质，吸附质的性质和吸附过程的操作条件等。

（1）吸附剂的性质。吸附量的多少随着吸附剂表面积的增大而增加，吸附剂的孔径、颗粒度等都影响比表面积的大小，从而影响吸附性能。不同的吸附剂或用不同的方法制造的吸附剂，其吸附性能也不相同。吸附剂的极性对不同吸附质的吸附性能也不一样，一般极性分子（或离子）型的吸附剂容易吸附极性分子（或离子）型的吸附质，非极性分子型的吸附剂容易吸附非极性分子的吸附质。

（2）吸附质的性质

1）溶解度。吸附质在废水中的溶解度对吸附有较大影响，一般吸附质的溶解度越低，越容易被吸附。

2）表面自由能。能够使液体表面自由能降低得越多的吸附质，也越容易被吸附。

3）电离和极性。简单化合物，非解离的分子较离子化合物的吸附量大，但随着化合物结构的复杂化，电离对吸附的影响减小。衡量溶质极性对吸附的影响，服从极性相容原则，即极性的吸附剂易吸附极性的吸附质，非极性的吸附剂则易于吸附非极性的吸附质。

4）吸附质分子的大小和不饱和度。吸附质分子的大小和不饱和度对吸附也有着影响，如果吸附质是有机物，其分子越小，吸附反应就进行得越快。

5）吸附质的浓度。吸附质的浓度增加，吸附量也随之增加，但浓度增加到一定程度后，再提高浓度时，吸附量虽仍有增加，但速度减慢。当全部吸附表面被吸附质占据时，吸附量就达到极限状态而不再随着吸附质浓度的提高而增加。

（3）废水的 pH 值。PH 值对吸附质在溶液中存在的形态（电离、络合）和溶解度均有影响，因而对吸附性能也产生影响。水中的有机物一般在低 pH 值时，电离度较小，吸附去除率高。活性炭一般在酸性溶液中比在碱性溶液中有更高的吸附率。

（4）温度。因吸附反应通常是放热过程，温度升高吸附量减少，反之吸附量增加。但是在水处理中，一般温度变化不大，因而温度的影响往往很小，常常可以不加考虑。

（5）共存物质。共存物质的影响较复杂，有的可以互相诱发吸附，有的能独立地被吸附，有的则相互起干扰作用。一般共存多种吸附质时，吸附剂对某种吸附质的吸附能力比只含该种吸附质时的吸附能力差。

（6）接触时间。在进行吸附时，应保证吸附质与吸附剂有一定的接触时间，使吸附接近平衡，充分利用吸附能力。吸附平衡所需的时间取决于吸附速度。吸附速度越快，达到吸附平衡所需的时间就越短。

二、吸附剂分类

作为工业用的吸附剂，必须具有较大的比表面积，较高的吸附容量，良好的吸附选择性、稳定性、耐磨性、耐腐蚀、较好的机械强度，并且具有价廉易得等特点。

1. 常用吸附剂

（1）活性炭；（2）活性白土、漂白土、硅藻土等天然矿物质；（3）硅胶（坚硬、多孔结构的硅酸聚合物颗粒）；（4）活性氧化铝；（5）沸石分子筛（铝硅酸盐晶体）；（6）吸附树脂；（7）腐殖酸类吸附剂（天然的富含腐殖酸的风化煤、泥煤、褐煤等）。

2. 活性炭的分类

活性炭是用含碳为主的物质（如木材、木炭、椰子壳、煤、废纸浆等）作为原料，经粉碎及加黏合剂成形后，经加热脱水、炭化、活化而制成的多孔性炭结构的吸附剂。活性炭的性质因原料和制备方法的不同差别很大。按孔径可分为三类：小孔（孔径≤2 nm）、过渡孔（孔径在 2～100 nm 之间）和大孔（孔径≥100 nm）；按原料可分为果壳系、泥炭褐煤系、烟煤系和石油系；按形态分，可分为粉末活性炭、颗粒活性炭、纤维活性炭等。活性炭具有吸附容量大，性能稳定，抗腐蚀，在高温解吸时结构热稳定性能好，解吸容易等特点，可吸附解吸多次反复使用，被广泛用于环境保护和工业领域。

三、吸附装置

吸附装置是填充有吸附剂的吸附床或吸附柱。在废水处理中，吸附操作方式有静态间歇操作和动态连续操作。动态连续操作常用的设备有固定床、移动床和流化床。

1. 静态间歇操作

静态吸附法为间歇式，将干（或湿）粉末活性炭投入水中，不断搅拌，然后再用沉淀或过滤方法将炭和处理后的水分离开。如经过一次吸附后，出水的水质达不到要求时，往往采用多次静态吸附操作。静态吸附法适用于间歇排放和水量较小的场合，也可作为应急措施采用。

静态吸附法的优点是：可利用原有的设备进行活性炭的吸附和分离，基建及设备投资少，不增加建筑面积。缺点是活性炭粉末对污染负荷变动的适应性差，吸附能力未被充分利用，污泥处理困难，作业环境恶劣。

2. 动态连续操作

（1）固定床。固定床动态吸附是废水处理工艺中最常用的一种方式。由于吸附剂固定填充在吸附柱（或塔）中，所以叫固定床。废水连续流过吸附剂层，吸附质便不断地被吸附。若吸附剂数量足够，出水中吸附质的浓度即可降低至接近零。但随着运行时间的延长，出水中吸附质的浓度会逐渐增加。当达到某一规定的数值时，就必须停止通水，进行吸附剂再生。

固定床的优点是：运行稳定、管理方便、出水水质良好；活性炭再生后可循环3～7年。缺点是基建、设备投资较高，并占有一定土地面积。

（2）移动床。废水从吸附塔底部进入与吸附剂进行接触，处理后的水由塔顶流出。塔底部接近饱和的某一段高度的吸附剂间歇地排出，再生后从塔顶加入。

这种方式较固定床能够充分利用吸附剂的吸附容量，水头损失小。由于采用升流式，废水从塔底流入，从塔顶流出，被截留的悬浮物随饱和的吸附剂间歇地从塔底排出，所以不需要反冲洗设备。但这种操作方式要求塔内吸附剂上下层不能互相混合，操作管理要求严格。移动床进水悬浮物浓度要求在30 mg/L以下。移动床炭层高度可达5～10 m，因此装置占地面积小、设备简单、出水水质好，目前较大规模的废水处理多采用这种操作方式。

（3）流化床。废水从底部进入向上流动，活性炭在水中处于膨胀状态或流化状态。活性炭与水的接触面积大，因此用少量的炭可处理较多的废水，基建费用低。这种操作适于处理含悬浮物较多的废水，不需要进行反冲。流化床一般连续卸炭和投炭。这种运行方式操作复杂且活性炭磨损量和动力消耗均较大，在废水处理中较少使用。

四、活性炭吸附装置的运行

1. 活性炭的预处理

粒状活性炭进柱前应在清水中浸泡、冲洗去污物。装柱后用5% HCl 及4% NaOH 溶液交替动态处理1～3次，流速18～21 m/h，用量约为活性炭体积的3倍左右，每次处理后均需用清水淋洗到中性为止。

2. 进水的预处理

废水进入吸附装置前，应尽量去除悬浮物、胶体物质以及油类，以防堵塞炭的细孔或使炭层堵塞，可采用砂滤作为吸附的预处理。

3. 活性炭的投加、排除及输送

（1）粉末活性炭。粉末活性炭用于废水处理时，首先将粉状炭配制成一定浓度的悬浮液，一般以5%～10%的浓度储存在具有搅拌设备的容器中，待使用时根据水质情况用螺旋齿轮输送泵投加到混合反应池中。由于粉末活性炭的比重小，因此要采取特殊措施防止泄漏。在粉末活性炭投加室，要设有空气除尘及过滤装置，防止对空气的污染。

粉状炭在使用后以浆状排除，采用加热再生时，首先应进行炭水分离，采用过滤或压滤机械进行脱水，滤饼送至再生炉进行再生。粉状炭的炭浆一般用泵输送。

（2）粒状活性炭。粒状活性炭投加到吸附装置前，一般经过一定容积的储炭槽（或罐），其容量根据处理水量和吸附装置的形式及大小而变动。当需向吸附装置补充新炭或再生炭时，借水的流动将粒状炭带出。

4. 炭层滤速的确定

确定炭层滤速，要结合吸附塔的活性炭填充量、吸附效率、再生频率等进行综合考虑。

5. 反冲洗固定床和降流式移动床

为避免悬浮物和生物产生的黏液堵塞炭层，固定床和降流式移动床必须反冲洗。可设置表面冲洗或空气冲洗。冲洗水应尽量用炭滤水至少应为过滤水，当进入炭层的水质浊度较高或前处理欠佳时，反冲洗后的初滤水应考虑弃流。

6. 活性炭处理某些废水时遇到的问题

活性炭处理某些废水时，在固定床或移动床吸附塔内常有厌氧微生物吸附繁殖生长，使炭层堵塞，出水水质恶化，并带有 H_2S 臭味，给活性炭吸附塔的正常运转带来困难。

为了防止出水中 H_2S 臭味的产生，在设计吸附装置时应采取必要的措施和设置必要的设备及构筑物，如在活性炭吸附装置前采用生化处理，降低进水中 COD 的含量。

7. 吸附装置的材料

由于活性炭与普通钢材接触将产生严重的电化学腐蚀，因此吸附装置应该优先考虑钢筋混凝土结构或不锈钢、塑料等材料。

8. 流量调节

每座炭塔或炭床应有流量调节设置或计量装置，以便控制。

9. 粉末炭的使用

使用粉末炭时，要考虑防火，以及电气设备的防爆，建筑的采光、通风、防尘和集尘。

10. 做好日常运行记录

做好日常运行记录，包括处理水量、水温、进出水水质、炭的损失量和补加量、反冲洗周期、耗电量等。

五、活性炭的再生

活性炭再生（即活化），是指用物理或化学方法在不破坏活性炭原有结构的前提下，将吸附于活性炭上的吸附质予以去除，恢复其吸附性能，从而达到重复使用的目的。活性炭的再生主要有以下几种方法：

1. 加热再生法

在高温下吸附质分子易于从吸附剂活性中心点脱离。被吸附的有机物在高温下能氧化分解，或以气态分子形式逸出，或断裂成短链，因此吸附质易于解吸。

加热再生过程分五步进行：

（1）脱水。使活性炭和输送液分离。

（2）干燥。加温到 100～150℃，将细孔中的水分蒸发出来，同时使一部分低沸点的有机物也挥发出来。

（3）炭化。加热到 300～700℃，高沸点的有机物由于热分解，一部分成为低沸点物质而挥发，另一部分被炭化留在活性炭细孔中。

（4）活化。加热到 700～1 000℃，使炭化后留在细孔中的残留炭与活化气体（如蒸汽、CO_2、O_2等）反应，反应产物以气态形式（CO_2、CO、H_2）逸出，达到重新造孔的目的。

（5）冷却。活化后的活性炭用水急剧冷却，防止氧化。

2. 化学再生法

通过化学反应，可使吸附质转化为易溶于水的物质而解吸下来。例如，处理含铬废水时，用浓度为 10%～20% 的硫酸浸泡活性炭 4～6 h，使铬变成硫酸铬溶解出来；也可用氢氧化钠使六价铬转化成 Na_2CrO_4 溶解下来。再如，吸附苯酚的活性炭，可用氢氧化钠再生，使其以酚钠盐的形式溶于水而解吸。

3. 生物再生法

利用微生物的作用，将被活性炭吸附的有机物氧化分解，从而可使活性炭得到再生。此法目前尚处于试验阶段。

六、吸附法在废水处理中的应用

目前吸附法已经成功应用于含重金属离子废水、含油废水、染料废水、火药化工废水、有机磷废水、显影废水、印染废水、合成洗涤剂废水的处理。下面以含汞废水的处理为例，介绍吸附法在废水处理中的应用。

某厂用活性炭处理含汞废水的流程如图 2—15 所示。含汞废水经硫化钠沉淀（同时投加石灰调节 pH 值，加硫酸亚铁做混凝剂）处理后，仍含汞约 1 mg/L，高峰时达 2 ~ 3 mg/L，而允许排放的标准为 0.05 mg/L，所以采用活性炭吸附法进一步处理。由于水量较小（每天 10 ~ 20 m^3），采取静态间歇吸附池两个交替工作，即一池进行处理时，废水注入另一池。每个吸附池容积 40 m^3，内装 1 m 厚的活性炭。当吸附池中废水进满后，用压缩空气搅拌 30 min，然后静置沉淀 2 h，经取样测定含汞量符合排放标准后，放掉上清液，进行下一批处理。每池用炭量为废水量的 5%，外加 1/3 的余量，共计 2.7 t。活性炭的再生周期约 1 年，采用加热再生法再生。

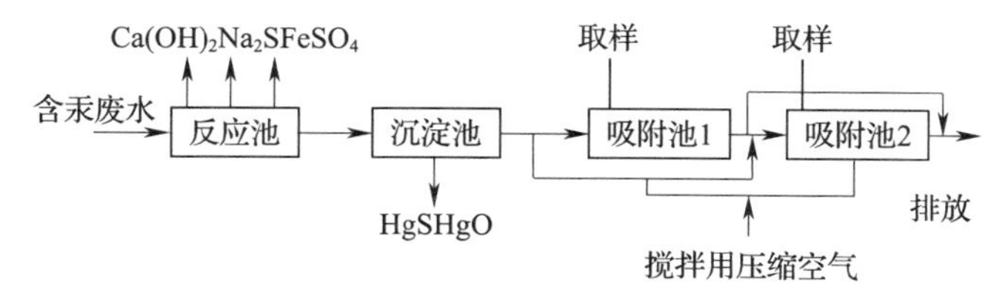

图 2—15　吸附法处理含汞废水流程

第 9 节　离子交换法

学习目标

1. 了解离子交换原理

2. 熟悉离子交换剂的分类与使用

3. 能正确进行离子交换装置运行操作与维护

知识要求

一、离子交换法原理

离子交换法是水处理中软化和除盐的主要方法之一。在废水处理中，离子交换法主要用于去除废水中的金属离子。离子交换的实质是不溶性离子化合物（离子交换剂）上的交换离子与溶液中的其他同性离子的交换反应，是一种特殊的吸附过程，通常是可逆性化学吸附，其反应式可表达为：

$$RH + M^{+} \rightleftharpoons RM + H^{+}$$

式中　RH——表示交换树脂；

M^{+}——表示交换离子；

RM——表示饱和树脂。

在平衡浓度下，反应浓度符合下列关系式：

$$K = \frac{[RM]\ [H^{+}]}{[RM]\ [M^{+}]}$$

K 是平衡常数。$K > 1$，表示反应能顺利地向右方进行。K 值越大，越有利于交换反应，而越不利于逆反应。K 值的大小能定量地反映离子交换剂对离子交换选择性的大小。

二、常用离子交换剂

离子交换剂是实现交换功能的最基本的物质。离子交换剂根据其材料可分为无机离子交换剂和有机离子交换剂，又可分为天然离子交换剂和人工合成离子交换剂等。水处理中用的离子交换剂主要有磺化煤和离子交换树脂。离子交换树脂是人工合成的高分子聚合物，由树脂本体（又称母体或骨架）和活性基团两部分组成。离子交换树脂按树脂的类型和孔结构的不同可分为：凝胶型树脂、大孔型树脂、多孔凝胶型树脂、巨孔型树脂、高孔型树脂等。离子交换树脂根据活性基团的不同可分为：含有酸性基团的阳离子交换树脂，含有碱性基团的阴离子交换树脂，含有胺羧基团等的螯合树脂，含有氧化还原基团的氧化还原树脂及两性树脂等。其中，阴、阳离子交换树脂按照活性基团电离的强弱程度，可分为强酸性树脂、弱酸性树脂、强碱性树脂和弱碱性树脂。

三、离子交换系统

1. 离子交换系统的组成和类型

一个完整的离子交换系统由预处理单元、离子交换单元、树脂再生单元和电控仪表单元等组成，其中离子交换单元是系统的核心。按照操作方式的不同，离子交换设备有固定床、移动床和流动床三种。固定床工作时，树脂床层固定不变，水流由上而下流动。固定床的优点是设备紧凑、操作简单、出水水质好；缺点是再生费用较大，生产效率不够高，但目前仍是应用最为广泛的一种离子交换设备。在废水处理中，单层固定床离子交换器是最常用的一种形式。

固定床式离子交换系统是指树脂的交换和再生是在同一设备内，不同的时间段进行，即树脂再生时，离子交换程序就要停止运行。固定床依据不同的使用要求和水力流向，又可分为：

（1）只装填一种树脂的单床或多床式。

（2）将装填阳树脂的离子交换柱和装填阴离子的离子交换柱串联在一起的复合床式。

（3）依靠水流的作用力将树脂层托浮起来运行的浮动床式。

（4）在逆流再生固定床内，依据一定配比装填强、弱两种树脂的双层床式。

2. 离子交换系统的运行

（1）离子交换系统运行操作。离子交换系统操作过程主要包括四个阶段：交换、反冲洗、再生和清洗。离子交换器的阀门配置如图 2—16 所示。

1）交换。交换阶段是利用离子交换树脂的交换能力，从废水中去除目标离子的操作过程。

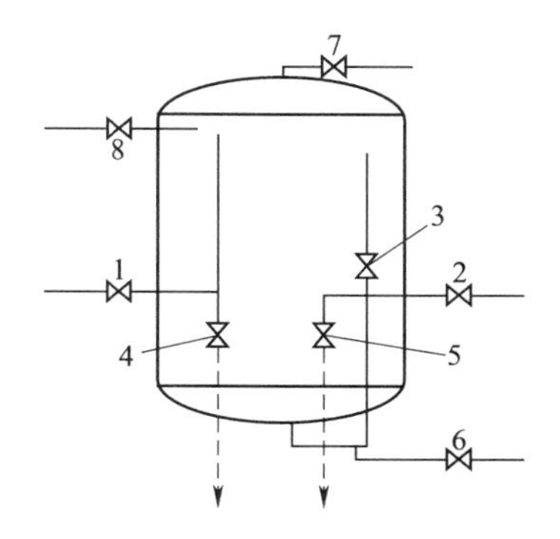

图 2—16　离子交换器阀门配置图

1—进水阀　2—出水阀　3—反洗进水阀

4—反洗排水阀　5—清洗排水阀

6—底部放水阀　7—排气阀

8—进再生液阀

操作时，开启进水阀 1 和出水阀 2，其余阀门关闭，交换过程主要与树脂层高度、水流速度、原水质量浓度、树脂性能以及再生速度等因素有关。当出水中的离子浓度达到限值时，应进行再生。

2）反冲洗。反冲洗的目的是松动树脂层，使再生液能均匀渗入层中，与交换剂颗粒充分接触，同时把过滤过程中产生的破碎粒子和截留的污物冲走。树脂层在反冲洗时要膨胀 30% ~40%。冲洗水可用自来水或废再生液。

反洗前先关闭阀门 1 和 2，打开反洗进水阀 3，然后再逐渐打大排水阀4进行反洗。

3）再生。在树脂失效后，必须再生才能再使用。通过树脂再生，一方面可以恢复树脂的交换能力，另一方面可回收有用物质。离子交换树脂的再生是离子交换的逆过程。

再生时先关闭阀门3和4，打开排气阀7及清洗排水阀5，将水放到离树脂层表面10 cm左右，再关闭阀门5，开启进再生液阀8，排出交换器内空气后，即关闭阀门7，再适当开启阀门5，进行再生。

4）清洗。清洗的目的是洗涤残留的再生液和再生时可能出现的反应产物。通常清洗的水流方向和交换时一样，所以又称为正洗。清洗的水流速度应先小后大。清洗过程后期应特别注意掌握清洗终点的pH值，避免重新消耗树脂的交换容量。

清洗时，先关闭阀门8，然后开启阀门1及5。清洗水最好用交换处理后的净水。

停止运行后，交换器内水位应高于树脂层表面50～100 mm，以防树脂风干。检查、清扫设备，做好日常保养工作，并将各阀门关闭，断开电源开关。

（2）离子交换系统运行管理注意事项

1）悬浮物和油脂。由于污水中的悬浮物会堵塞树脂空隙、油脂会将树脂颗粒包裹起来，影响离子交换的正常运行。因此必须对进水进行充分预处理，以降低其中的悬浮物和油脂类物质含量，预处理一般是过滤、气浮、澄清等方法。

2）有机物。某些高分子有机物与树脂活性基团的固定离子结合力很大，一旦结合就很难进行再生，进而影响树脂的再生率和交换能力。处理含有此类物质的污水可选用低交联度的树脂，或者对污水进行预处理，将高分子有机物从水中去除。

3）高价金属离子。Fe^{3+}，Cr^{3+}，Al^{3+}等高价金属离子容易被树脂吸附，而且再生时难以洗脱，使树脂的交换能力降低。树脂高铁中毒后，颜色会变深，此时可用高浓度酸长时间浸泡再生。

4）pH值。强酸或强碱离子交换树脂的活性基团电离能力强，交换能力基本上与污水的pH值无关。但弱酸树脂和弱碱树脂则分别需要在碱性条件和酸性条件下，才能发挥出较大的交换能力。因此，针对不同酸、碱污水，应该选用不同的交换树脂；对于已经选定的交换树脂，可根据处理污水中离子的性质和树脂的特性，对污水进行pH值调整。

5）水温。在一定范围内，水温升高可以加速离子交换的过程，但水温超过树脂的允许使用温度范围后，会导致树脂交换基团的分解和破坏。如果待处理污水的温度过高，必须进行降温。

6）氧化剂。Cl_2，O_2，$Cr_2O_7^{2-}$等强氧化剂会引起树脂的氧化分解，导致活性基团的交换能力丧失和树脂固体母体的老化，影响树脂的正常使用。因此，在处理含有强氧化剂的污水时，一定要选用化学稳定性较好、交联度大的树脂，或加入适量的还原剂消除氧化剂的影响。

7）电解质。交换树脂在高电解质浓度的情况下，由于渗透压的作用会导致树脂出现破碎现象。当处理含盐量浓度较高的污水时，应当选用交联度较大的树脂。

四、离子交换法在废水处理中的应用

离子交换法处理镀铬的清洗水，可以做到水的循环利用和铬酸的回收利用，但要求六价铬离子浓度不宜大于200 mg/L，另外镀黑铬和镀含氟铬的清洗废水不宜采用离子交换法进行处理。离子交换法处理含铬清洗废水可采用三阴柱串联全饱和工艺流程，如图2—17所示。

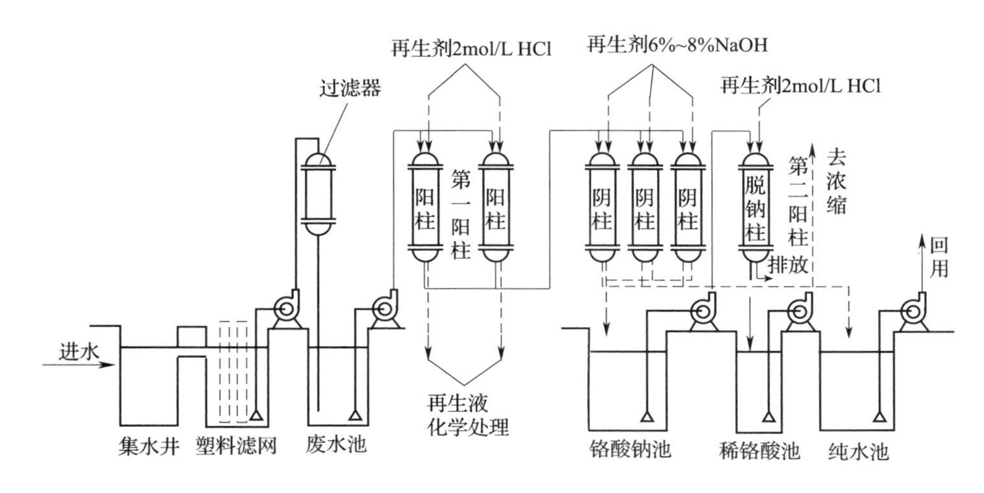

图2—17　镀铬漂洗水离子交换处理工艺流程

含铬废水主要含有以铬酸根（CrO_4^{2-}）和重铬酸根离子（$Cr_2O_7^{2-}$）形式存在的六价铬。废水经过滤柱预处理后，经阳柱去除废水中的阳离子（M^{n+}），反应后，废水呈酸性，使pH值下降。当pH值降到5以下时，废水中的六价铬大部分以$Cr_2O_7^{2-}$的形式存在。接着废水进入Ⅰ号阴柱，去除铬酸根离子和重铬酸根离子，其反应如下：

$$2ROH + Cr_2O_7^{2-} = R_2Cr_2O_7 + 2OH^-$$

$$2ROH + CrO_4^{2-} = R_2CrO_4 + 2OH^-$$

当Ⅰ号阴柱出水六价铬达到规定浓度时，此时树脂层内树脂带有的OH^-基本上为废水中的CrO_4^{2-}，$Cr_2O_7^{2-}$，SO_4^{2-}与Cl^-所取代。树脂层中的阴离子按它们选择性的大小，从上到下分层，显然下层没有完全为$Cr_2O_7^{2-}$所饱和，如果此时进行再生，则洗脱液中SO_4^{2-}和Cl^-的浓度较高，铬酸浓度较低。为了提高铬酸的浓度和纯度，将Ⅱ号柱串联在Ⅰ号柱后，这时继续向Ⅰ号柱通废水，则Ⅰ号柱内 $Cr_2O_7^{2-}$ 含量逐渐增加，而 SO_4^{2-} 和 Cl^- 含量逐渐下降，最后当Ⅰ号柱出水中六价铬浓度与进水的浓度相同时，才对Ⅰ号柱进行再生。这种流程称为双阴柱全酸性全饱和流程。

第 10 节 膜分离技术

学习目标

1. 熟悉膜分离技术的分类与应用
2. 掌握膜处理系统运行操作与维护要求

知识要求

膜分离技术以压力为推动力，根据孔径大小有微滤（MF）、超滤（UF）、纳滤（NF）以及反渗透（RO）等，分离图谱如图 2—18 所示。

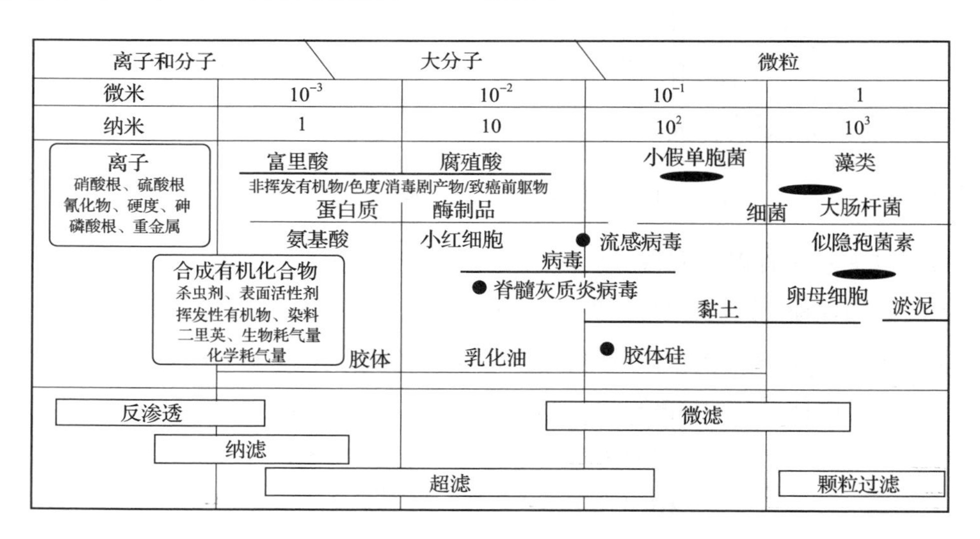

图 2—18 分离图谱

一、膜处理原理

利用特殊的薄膜使溶剂（通常是水）同溶质或微粒分离的方法称为膜分离法。用隔膜分离溶液时，使溶质通过膜的方法称为渗析，使溶剂通过膜的方法称为渗透。

根据溶质或溶剂透过膜的推动力不同，膜处理技术可分为 3 类（见表 2—1）。其中常用的是反渗透和超滤，其次是扩散渗析和微滤。

表 2—1　　膜处理技术分类与特征

种类	膜的名称	分离驱动力	膜孔径（μm）	用途
扩散渗析	渗析膜	浓度差	—	用于回收酸、碱等
微滤	微滤膜	压力差（小）	0.02 ~ 1.0	去除微粒、亚微粒和细粒物质
超滤	超滤膜	压力差（较大）	0.005 ~ 0.02	截留大分子，去除颜料、油漆、微生物等
反渗透	反渗透膜	压力差（大）	<0.002	分离小分子溶质，用于海水淡化，去除无机离子和有机物

二、微滤、超滤、反渗透技术在废水处理中的应用

1. 微滤

微滤又称微孔过滤，是以多孔膜（微孔滤膜）为过滤介质，在 0.1 ~ 0.3MPa 的压力推动下，截留溶液中的沙砾、淤泥、黏土等颗粒及藻类和细菌等，而大量溶剂、小分子及少量大分子溶质都能透过膜的分离过程。

一般认为微滤的分离膜的物理结构起决定作用。此外，吸附和电性能等因素对截留率也有影响。其有效分离范围为 0.1 ~ 10 μm 的粒子，操作静压差为 0.01 ~ 0.2 MPa。

根据微粒在微滤过程中的截留位置，可分为筛分、吸附及架桥三种截留机制，它们的微滤原理如下：

（1）筛分。微孔滤膜拦截比膜孔径大或与膜孔径相当的微粒，又称机械截留。

（2）吸附。微粒通过物理化学吸附而被滤膜吸附。微粒尺寸小于膜孔也可被截留。

（3）架桥。微粒相互堆积推挤，导致许多微粒无法进入膜孔或卡在孔中，以此完成截留。

目前，微滤技术主要用于去除水中悬浮物，微小粒子和细菌，进行水的高度净化。

2. 超滤

超滤是一种介于微滤与纳滤之间，能够将溶液净化，分离或者浓缩的膜分离技术。超滤又称超过滤，用于去除废水中大分子物质和颗粒。一般来说，超滤膜的孔径在 0.05 μm ~ 1 nm 之间，主要用于截留去除水中的悬浮物、胶体、微粒、细菌和病毒等大分子物质。

超滤工作原理如图 2—19 所示，在外力的作用下，被分离的溶液以一定的流速沿着超滤膜表面流动，溶液中的溶剂和低分子量物质、无机离子，从高压侧透过超滤膜进入低压

侧，并作为滤液而排出；而溶液中高分子物质、胶体微粒及微生物等被超滤膜截留，溶液被浓缩并以浓缩液形式排出。

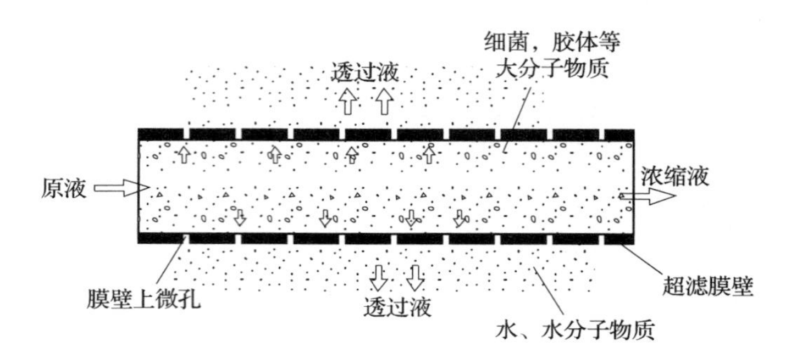

图2—19　超滤工作原理图

在废水处理中，超滤法目前主要用于还原性染料废水、电泳涂漆废水、含乳化油废水及生活污水的处理。图2—20所示为超滤法处理染料废水的典型工艺流程。在染色工艺中，从轧染机还原箱底部溢流出的废水中含有浓度较高的燃料，用超滤法处理这种废水，不仅可进行脱色减轻废水的污染，而且还能回收染料，有明显的经济效益。

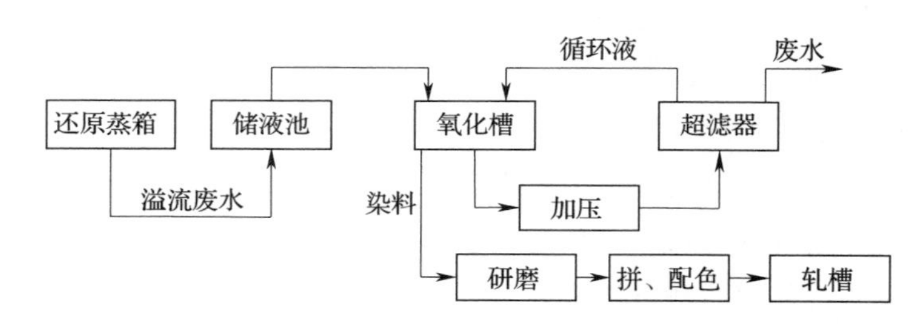

图2—20　超虑法处理染料废水的工艺流程

3. 反渗透

反渗透法是一种借助压力促使水分子反向渗透，以浓缩溶液或废水的方法。如果将纯水和盐水用半透膜隔开（见图2—21），此半透膜只有水分子能够透过而其他溶质不能透过。则水分子将透过半透膜进入溶液（盐水），溶液逐渐从浓变稀，液面则不断上升，直到某一定值为止，这个现象叫渗透。高出水面的水柱高度（取决于盐水的浓度）是由于溶液的渗透压所致。可以理解，如果我们向溶液的一侧施加压力，并且超过它的渗透压，则溶液中的水就会透过半透膜，流向纯水的一侧，而溶质被截留在溶液的一侧，这种方法就是反渗透法。

任何溶液都具有相应的渗透压，其数值取决于溶液中溶质的分子数（离子浓度），而与溶质的性质无关。

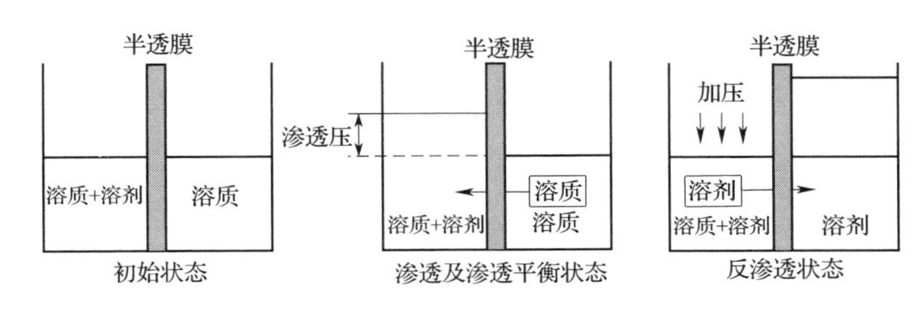

图 2—21　渗透与反渗透原理图

反渗透膜是实现反渗透过程的关键，因此要求反渗透膜具有较好的分离透过性和物化稳定性。反渗透膜的物化稳定性主要是指膜允许使用的最高温度、压力、适用的 pH 值范围和膜的耐氯、耐氧化及耐有机溶剂性能等。

反渗透系统主要由预处理系统、高压泵系统、RO 膜单元（主要是压力容器及膜元件）、仪表及控制系统及产水储存单元组成。目前反渗透主要用于造纸、电镀、印染、食品等行业废水处理和城市污水深度处理。

三、膜处理系统的运行

一般膜处理系统都包含预处理系统、膜处理装置（微滤膜/超滤膜/反渗透膜元件、管道及阀门等，是整个膜处理系统的核心）、后处理系统、清洗系统及电气控制系统等。

1. 系统预处理运行操作

（1）微滤和超滤系统的预处理。微滤或超滤膜的过滤精度在 0.1 ~ 0.5 μm 或 0.002 ~ 0.1 μm，也就是说直径大于 0.1 μm 或 0.002 μm 的污染物在理论上都可以通过微滤或超滤去除，但进水浊度不应该过高，否则大量的污染物堆积在膜面上，使反冲洗周期缩短，反冲洗历时延长，最终导致产水量严重降低。因此，为了保证膜过滤的正常进行，必须限制进水浓度。一般微滤和超滤的进水浊度应控制在 100NTU 以下，如进水浓度过高，则需对进水进行充分的预处理，有时在进膜过滤装置之前还要根据不同的膜设置过滤精度在 5 ~ 200 μm 不等的精密过滤器。

（2）反渗透（RO）系统的预处理。反渗透系统的预处理系统一般包括原水泵、加药装置、石英砂过滤器、活性炭过滤器、精密过滤器等。其主要作用是降低进水的污染指数和余氯等其他杂质，达到反渗透的进水要求。针对废水水质情况及反渗透系统回收率等主要工艺设计参数的要求，选择合适的预处理系统是保证反渗透系统正常运行的关键。

SDI 值（污泥密度指数）是确定反渗透系统进水水质的综合指标，也是检验预处理系统出水是否达到反渗透进水要求的主要手段。它的大小对反渗透系统运行寿命至关重要。不同组件要求的SDI值不同，中空纤维膜组件一般要求SDI值小于3，卷式膜组件一般要求SDI值小于5。

2. 超滤系统运行操作

（1）开机前准备

1）进水水质检查。当预处理系统出水浊度、余氯和pH值在系统限定值范围内才可进入超滤设备进行处理。

2）系统检查。设备及连接是否正确，阀门的开启状态是否正确，清洗系统的连接是否正确。对于手动操作系统要注意开机时进水阀门不能全开，浓水阀门和产水阀门应全开，以避免开机时压力过大对超滤膜产生冲击。

3）仪表检查。检查各仪表是否正常，尤其是压力表是否完好。

（2）启动。开机准备完成后，可打开电源，启动泵后立即停止，检查泵的叶轮转向是否正确，泵的运转是否有异常噪声。当确认正常后方可正式启动。启动后应检查接口、管线有无渗漏，在自控程序运转的第一周期内检查阀门的启闭是否正常，各种仪表的运转是否正常。

（3）运行。在运行时，应定时检查仪表是否正常，水泵有无异常噪声，产水水质是否符合要求，尤其要注意压力表和产水流量，当出现异常时，应立即停机检查。运行过程中按设计要求做好设备监控和记录工作，并定期对设备进行清洗和灭菌、消毒。

（4）停机。先降低系统压力和跨膜压差然后停机。

（5）系统维护管理。当停机不超过7天时，可每天对设备进行10～30 min的保护性运行，以新鲜的水置换出设备内的存水；当设备长期停用时，应对设备进行彻底的清洗和消毒并注入膜保护剂和抑菌剂，保持膜的湿润并注意膜的抑菌和防霉。

3. 反渗透系统的组成和运行操作

（1）系统的组成。反渗透装置主要包括多级高压泵、反渗透膜元件、膜壳（压力容器）、支架等组成。膜元件的主要性能指标有脱盐率（截留率）、水的回收率及水通量。其主要作用是去除水中的杂质，使出水满足使用要求。后处理系统是在反渗透不能满足出水要求的情况下增加的配置，提高反渗透的出水水质，满足使用要求。清洗系统主要由清洗水箱、清洗水泵、精密过滤器组成。当反渗透系统受到污染，出水指标不能满足要求时，需要对反渗透进行清洗使之恢复功能。电气控制系统是用来控制整个反渗透系统正常运行的，包括仪表盘、控制盘、各种电器保护、电气控制柜等。

反渗透系统的工艺流程如图2—22所示。

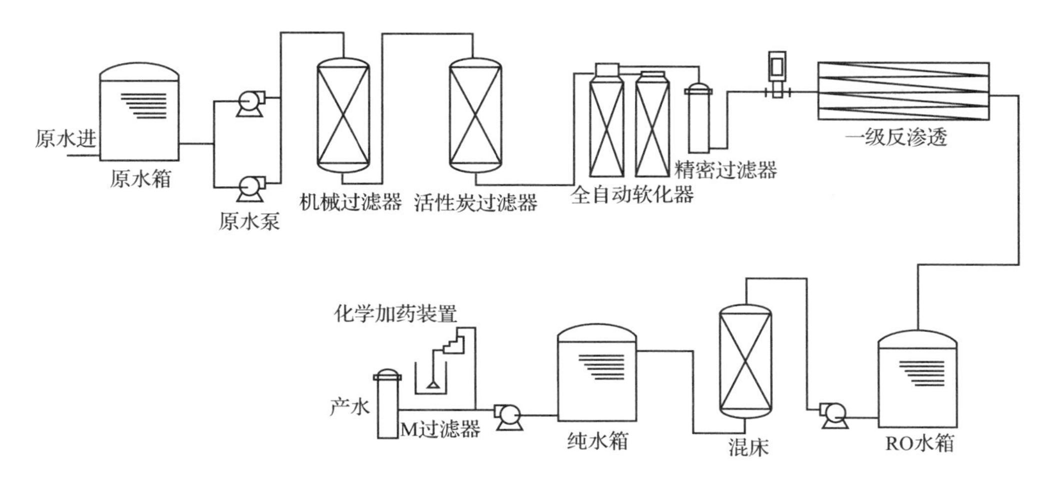

图2—22　典型一级反渗透工艺流程图

（2）系统的运行操作

1）启动前检查。系统初次启动前，完成以下事项的检查：所有阀门处于正确位置，系统进水阀、产水阀、浓水阀处于全开状态；所有预处理系统已经进行反洗或清洗并处于清洁状态，预处理中如果使用了氯等氧化药剂，确保进水采取了相关措施除去氯；安全正确地连接了所有压力容器；预产水的水质及pH值满足进水要求。

2）启动前准备。用低压、低流量的合格预处理产水赶走压力容器及系统内的空气，冲洗阶段仔细检查所有的管路、阀门及设备有无泄漏，若有则予以修理；检查浓水管路泄压阀是否处于水流状态，直到排出所有的空气才停止低压低流量冲洗；再次确认浓水、产水处于全开状态。

3）启动运行。启动高压泵，运行时，应定时检查仪表是否正常，水泵有无异常噪声，产水水质是否符合要求。

4）停机。缓慢关闭进水控制阀，当高压泵排放流量下降至最低流量时，停止高压泵。

（3）系统的维护

1）在第一次启动处理系统前，必须认真做好预处理检查、膜元件安装、仪表的校正和系统的其他检查工作。

2）系统每一次的启动和停止，都牵涉到系统压力与流量的突变，对膜元件产生机械应力，因此，应尽量减少系统设备的启动和停止次数。

3）日常启动常常由自控系统来实现自动控制，因此应定期校正仪表、检查报警器和安全保护装置的灵敏性，经常进行防腐和防漏维护。

4）定期分析进水水质和透过水的水质，尤其是要严格控制进水水质，确保进水的预处理措施运行可靠。当透过水量降低过多或水质不合格时，要立即对膜进行清洗再生，如果再生后仍不见好转，就应当及时更换膜组件。

（4）反渗透系统的故障现象主要有3类：透水量减少、盐透过率增大（脱盐率下降）和压降增大。造成这些故障的原因有很多，应尽量从这些故障现象中找出问题的实质，以尽快实施检修和维护对策（见表2—2）。

表2—2　　反渗透系统的故障原因及解决办法

现象			直接原因	间接原因	解决方法
产水流量	盐透过率	压差			
下降	持平	增加	生物污垢	1. 原水被污染 2. 系统（如活性炭过滤器中的微生物）停用 3. 杀菌剂投加量不足	1. 清洗、消毒 2. 对预处理过程做调整 3. 调整杀菌剂的使用频率及用量
下降	持平	持平	有机污垢	给水中含有用于预处理的阳离子凝聚	1. 清洗膜元件 2. 调整预处理过程
下降	增加	增加	水垢	1. 超过了无机盐的溶解度回收率太高给水水质改变 2. 超过阻垢剂的阻垢能力	1. 垢的鉴别及清洗 2. 加强对水垢的控制，采用阻垢能力高的阻垢剂 3. 降低回收率
下降	增加	增加	胶体污染	1. 原水被污染 2. 预处理不够 3. 混凝剂使用不当	1. 清洗膜元件 2. 检查预处理过程中混凝剂的种类及投加量，调整预处理的工况 3. 加入特效阻垢剂
增加	增加	持平	薄膜氧化（前端膜元件最易受影响）	给水中存在游离氯、臭氧或其他氧化剂（在中性或碱性pH值下对膜伤害最大）	1. 通过对膜元件的解剖和分析，确定是否为氧化伤害 2. 更换膜元件
增加	增加	持平	薄膜渗漏	1. 渗透液背压 2. 给水中存在金属氧化物或其他颗粒杂质使膜表面磨损	1. 更换损坏的膜元件 2. 改善前处理，更换精密过滤器滤芯

续表

现象			直接原因	间接原因	解决方法
产水流量	盐透过率	压差			
增加	增加	持平	O 形圈泄漏	1. 安装不当 2. 老化或受损（水锤造成膜元件移动等）	1. 检查具体位置 2. 更换 O 形圈
增加	增加	持平	渗透水管损坏（中间析层破裂）	1. 启停操作不当 2. 水垢或污垢产生的剪切力、应力或磨损 3. 渗透液背压	1. 检查具体位置 2. 更换膜元件
下降	下降	持平	薄膜压紧	1. 水锤 2. 高温、高给水压力	1. 调整运行工况 2. 更换膜元件

本章思考题

1. 简述水头损失产生的原因。
2. 描述绝对压强、大气压强、真空度三者的关系。
3. 列举污水泵房中有哪些设备?
4. 描述理想沉淀池的工作过程。
5. 结合实例、列举沉淀的四种类型。
6. 描述部分回流溶气法的工艺流程。
7. 当处理生物单元出水时，为什么一般要选用双层滤料?
8. 简述用氯氧化法处理氰化废水的工艺流程。
9. 列举电渗析法在废水处理中的应用。
10. 描述活性炭加热再生的过程。
11. 解释离子交换树脂再生前为什么需要反冲洗的过程?
12. 哪些因素会影响 RO 膜的脱盐率?

第3章

活性污泥法

第1节　活性污泥法基础

学习目标

1. 了解处于不同生长周期的活性污泥对废水生物处理效果的影响
2. 了解微生物处理前后过程中依次出现的微生物种类
3. 掌握生物处理中微生物适宜生长繁殖的环境条件
4. 掌握活性污泥培养驯化的方法
5. 能够从物理性状上辨别活性污泥是否正常
6. 能够通过活性污泥镜检分析系统状态

知识要求

在曝气池中，活性污泥上栖息着以菌胶团为主的微生物群，具有很强的吸附与氧化有机物的能力，悬浮状态的微生物与污染物充分接触，通过微生物分泌的胞外酶或胞内酶的作用，将复杂的有机物质分解为简单的无机物。微生物在转化为有机物质的过程中，将一部分分解产物用于合成微生物细胞原生质和细胞内的储藏物，另一部分变为代谢产物排出体外并释放出能量，即分解与合成的相互统一，以此供微生物的原生质合成和生命活动的需要。于是，微生物不断地生长繁殖，不断地转化废水中的污染物，使废水得以净化。

一、废水生物处理中的微生物基础

1. 好氧微生物的新陈代谢

微生物在生命活动过程中，不断从外界环境中摄取营养物质，通过生物酶催化的复杂生化反应，提供能量并合成新的生物机体，不断进行着生长繁殖和自我更新，并向外界环境排泄废物。

新陈代谢大体上分为两大类：物质分解及提供能量的代谢，即分解代谢；消耗能量合成生物体的代谢，即合成代谢。生活污水中的有机物则主要有蛋白质、碳水化合物和脂肪。这些有机物主要由碳、氢、氧、氮、硫、磷等几种元素构成。它们好氧分解的最终产物是稳定而无臭的物质，包括二氧化碳、水、硝酸盐、硫酸盐、磷酸盐等，其分解反应可以概括地表示如下：

$$有机\ C \rightarrow CO_2 + 碳酸盐或重碳酸盐$$

$$有机\ N \rightarrow NH_3 \rightarrow HNO_2 \rightarrow HNO_3$$

$$有机\ S \rightarrow H_2SO_4$$

$$有机\ P \rightarrow H_3PO_4$$

上述式中的亚硝酸、硝酸、硫酸和磷酸可与水中的碱性物质作用，形成相应的盐类。

2. 好氧微生物的生长条件

影响活性污泥微生物生长的环境因素比较多，一般来说，其中最主要的是微生物的反应温度、溶解氧、pH 值、营养平衡以及有毒物质。

（1）反应温度。在活性污泥微生物适宜生长温度的范围内，温度越高，活性污泥微生物的活性越高，一般将活性污泥微生物生长繁殖的最高和最低温度的极限值分别控制为 35℃和 10℃。温度变化很大时，原生动物会改变原有形态，而使活性污泥结构变得松散。

（2）溶解氧。溶解氧是影响好氧生物处理的重要因素，溶解氧过低，好氧性的活性污泥微生物得不到充足的氧，其活性受影响，新陈代谢能力降低，同时对溶解氧要求较低的微生物将逐步成为优势种属，影响正常的生化反应过程，造成处理效率的降低。为了保证活性污泥系统运行正常，在混合液中需要保持浓度在 2 mg/L 以上的溶解氧。

（3）pH 值。活性污泥微生物适宜存在于中性和偏碱性的环境中，pH 值范围是 6.5 ~ 8.5。pH 值低于 6.5 时，有利于真菌的生长繁殖，降低到 4.5 时，真菌将完全占优势，活性污泥絮凝体遭到破坏，易产生污泥膨胀现象，原生动物完全消失，处理水质恶化。如果 pH 值超过 9，菌胶团可能解体，活性污泥絮凝体将遭到破坏。当污水的 pH 值变化比较大时，应设置调节池，以保持曝气池内的 pH 值在合理范围内。

（4）营养平衡。对活性污泥微生物来说，污水中营养物质的平衡一般以 BOD_5: N: P 的关系来表示。较适宜的 BOD_5: N: P 比例为 100: 5: 1。大多数污水营养比较均衡适宜，一般不需调整。当碳源不足时，可加淀粉浆料。当废水中的氮、磷不能满足活性污泥微生物生长的需要时，应向反应器内投加适量的氮、磷等营养物质。如果需要补充氮源，可以投加硫酸铵、硝酸铵、尿素和氨水等；如果需要补充磷，则可投加过磷酸钙、磷酸等。

（5）有毒物质。大多数外源性化学物都可能对活性污泥微生物的生理功能产生影响甚至毒害作用，而对活性污泥微生物有害的物质达到一定浓度后都会明显影响废水的生物处理。污水生物处理中常见的有毒物质有：

1）重金属离子，如铅、镉、铬、砷、铜、铁、锌等。

2）有机物类，如酚、甲醛、甲醇、苯、氯苯等。

3）无机物类，如硫化物、氰化钾、氯化钠、硫酸根、硝酸根等。

对某一种废水来说，需要根据所选择的处理工艺路线，通过实验来确定毒物的允许浓度。如果废水中所含有毒物质超过允许浓度，必须在生化处理前进行处理以去除有毒物质。

长期的驯化可以使微生物承受较高浓度的有毒物质。稀释是降低有毒物毒害作用的常用办法。

二、活性污泥

1. 活性污泥的物理性状

生活污水厂的活性污泥呈茶褐色，稍具有泥土味，活性污泥的含水率在99.2%～99.8%之间，比重略大于1，一般在1.002～1.006之间，粒径在0.02～0.2 mm之间，具有良好的凝聚沉降性能，具有一定的吸附性。

2. 活性污泥的组成

活性污泥就是在曝气池中生长繁殖的含有各种好氧微生物群体的絮状物。在显微镜下观察活性污泥可以看到大量的细菌、真菌、原生动物、后生动物等多种生物群体，他们组成了一个特有的生态系统。其中细菌是活性污泥净化功能最活跃的成分，主要菌种有：动胶杆菌属、假单胞菌属、微球菌属、黄杆菌属、芽孢杆菌属、产碱杆菌属、无色杆菌属等。从活性污泥的组成成分上看，包括了活性细胞（Ma）、微生物内源代谢的残留物（Me）、吸附的原废水中难于生物降解的有机物（Mi）和吸附的无机物质（Mii）。活性细胞主要是指能降解有机物的细菌、真菌等。从活性污泥的组成形式上看，细菌、真菌是以菌胶团的形式存在，菌胶团是由细菌分泌的多糖类黏性物质将细菌等包覆成的黏性团块，菌胶团构成了适宜细菌等生长的小环境，也较容易沉淀。

3. 活性污泥的功能

在曝气池中生长繁殖着的各种好氧微生物群体的絮状物即活性污泥是处理有机废水的主体。在适宜的环境中，活性污泥通过三个途径去除污水中的有机物。

（1）活性污泥中的微生物将有机物分解以获得合成细胞和维持生命活动等所需的能量。

（2）利用产生的能量将有机物合成新的组织细胞，使自身得以生长繁殖。

（3）活性污泥絮体本身有很强的吸附能力，能吸附废水中呈胶体、悬浮状的有机物，通过二沉池沉淀也能带走一部分有机物。

4. 活性污泥中主要微生物的种类及作用

栖息在活性污泥中的微生物以好氧细菌为主，同时也生活着真菌、放线菌、酵母菌以及原生动物和微型后生动物等，这些微生物群体在活性污泥上组成了一个相对稳定的微小生态系。在活性污泥中生物种类很多，主要常见的有以下几种：

（1）细菌。占绝大多数，生殖速率高，世代时间一般为 20～30 min；大多以菌胶团形式存在，它们是构成活性污泥絮状体的主要成分，有很强的吸附、氧化有机物的能力。菌胶团絮凝体的形成可使细菌避免被微型动物吞噬，而性能良好的絮体是活性污泥絮凝、吸附和沉降功能正常发挥的基础。

在生物法脱氮工艺中，好氧条件下，硝化菌是能将氨氮转化为亚硝酸盐，再将亚硝酸盐转化为硝酸盐的细菌。在硝化过程中会使耗氧量增加，pH 值下降。在缺氧条件下，脱氮菌能利用硝酸盐中的氧（结合氧）来氧化分解有机物，最终将亚硝酸盐、硝酸盐还原为氮气，从而实现脱氮。

在生物除磷工艺中，厌氧条件下，聚磷菌能够使体内所储存的磷释放出来，以便获取能量，当聚磷菌再次进入营养丰富的好氧环境时，对磷有过量摄取的能力，超量摄取磷的聚磷菌随剩余污泥排放而实现了生物除磷。

（2）真菌。活性污泥中的真菌主要是腐生的丝状真菌，分属酵母菌和霉菌两大类。丝状细菌在活性污泥中交叉穿织于菌胶团内，或附着生长于絮凝体表面，少数种类也可游离于污泥絮凝体之间。

（3）原生动物。原生动物可不断地摄食水中的游离细菌，起到了进一步净化水质的作用，而且可作为处理系统运行管理的一种指标。在活性污泥系统启动的初期，活性污泥尚未得到良好的培育，混合液中游离细菌居多，处理水水质欠佳，此时出现的原生动物，最初为肉足虫类（如变形虫）占优势，继之出现的则是以游泳型的纤毛虫为主，如豆形虫、肾形虫、草履虫等。当活性污泥菌胶团培育成熟，结构良好，活性较强，成为处理系统微生物的主要存在形式时，此时处理水水质良好，出现的原生动物则将以带柄固着型的纤毛虫为主，如钟虫、等枝虫、独缩虫、聚缩虫和盖纤虫等。通过显微镜的镜检，能够观察到出现在活性污泥中的原生动物，并可辨别确定其种属，据此能够判断处理水质的优劣，因此，可以将原生动物作为活性污泥系统运行效果的指示性生物。

（4）微型后生动物（见图 3—1）。后生动物在活性污泥系统中并不经常出现，只有在处理水质良好时才有一些微型后生动物存在，主要有轮虫、线虫和寡毛类。它们多以细菌、原生动物以及活性污泥碎片为食。一般来说，轮虫的出现反映了有机质的含量较低，水质较好；线虫可在城市污水厂的活性污泥中大量存在。活性污泥中的寡毛类以颤蚯蚓为代表，是活性污泥中体形最大、分化较高级的一种多细胞生物。

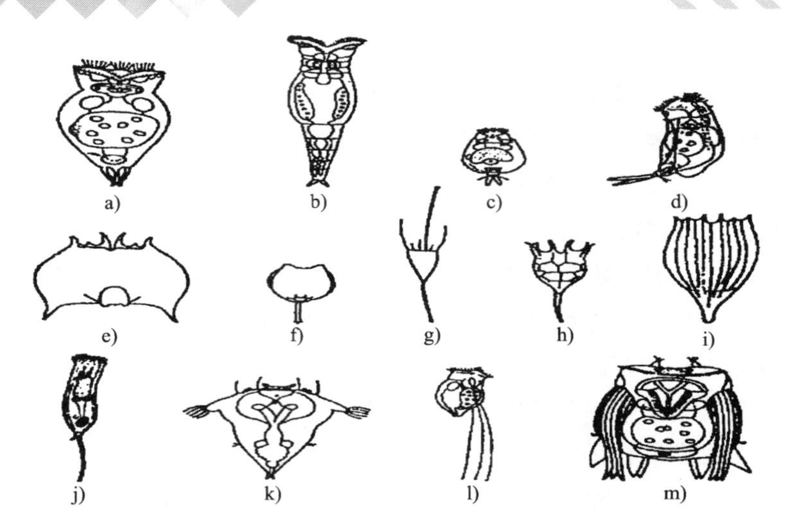

图3—1　常见的后生动物

a）水轮虫　b）旋轮虫　c）须足轮虫　d）前足轮虫　e）短轮虫　f）前趾轮虫　g）盖氏轮虫　h）龟甲轮虫　i）叶轮虫　j）鬼轮虫　k）疣毛轮虫　l）三肢轮虫　m）多肢轮虫

5．活性污泥性能指标

（1）混合液污泥浓度（MLSS）。混合液污泥浓度是指曝气池中废水混合液的悬浮固体浓度，即活性污泥在曝气池内的浓度。它表示的是单位容积混合液内所含有的活性污泥固体质量，单位为mg/L。MLSS包括活性污泥组成的各种物质：

$$MLSS = Ma + Me + Mi + Mii$$

式中　Ma——活性污泥中具有活性的细胞部分；

Me——微生物内源代谢的残留物，这部分物质无活性且难于生物降解；

Mi——难于降解的原废水中的有机物；

Mii——附着于活性污泥上的原废水中的无机物。

用MLSS表示微生物量是不够准确的，因为它包括了活性污泥吸附的无机惰性物质，这部分物质没有生物活性。但由于测定方法比较简便，在工程上常用本项指标表示活性污泥微生物数量的相对值。

（2）混合液挥发性悬浮固体MLVSS。MLVSS是指活性污泥混合液中有机固体物质的浓度，即：MLVSS = Ma + Me + Mi，单位与MLSS的相同。用它表示活性污泥微生物量比用MLSS更切合实际，它能够比较准确地表示活性污泥活性部分的数量。但是需要注意，其中仍然包括微生物自身氧化的残留物和不能被微生物降解的惰性有机物质等，它表示的仍然是活性污泥数量的相对数值。

在一般情况下，MLVSS/MLSS的值比较固定，对于生活污水，常为0.75左右。目前，不少污水处理厂根据曝气池中混合液的污泥浓度来控制系统的运行，若 MLSS 或 MLVSS 不断增高，表明污泥增长过快，排泥量过少。

（3）污泥沉降比（SV）（%）。污泥沉降比又称“30 分钟沉降体积”，是指曝气池混合液在 1 000 mL 量筒中，静置沉降 30 min 后，所形成的沉淀污泥与原混合液的体积比，以百分数表示。正常污泥在静置 30 min 后，一般可以达到它的最大密度，通过沉降结果能够及早发现污泥膨胀等异常现象的发生。另外，沉降正常时能够反映曝气池正常运行时的污泥量，可用于控制剩余污泥的排放量。通常曝气池混合液的沉降比正常范围为 15% ~ 30%。污泥沉降比测定方法比较简单，且能说明问题，应用广泛，是评定活性污泥质量的重要指标之一。

（4）污泥体积指数（SVI）。污泥体积指数（SVI）又称污泥指数，是指曝气池出口处的混合液经 30 min 沉淀后，每克干污泥所形成的沉淀污泥所占的体积，以毫升（mL）计。其计算式为：

$$SVI = SV\ (mL/L)\ /MLSS\ (g/L)$$

SVI 值的单位为 mL/g，但一般都只写数字，把单位简化。由于排除了污泥浓度对沉降体积的影响，SVI 值能够更好地反映出活性污泥结构的松紧程度以及活性污泥的凝聚、沉淀性能。一般认为：

当 SVI < 100 时，污泥沉降性能良好，吸附性能差，泥水分离好；

当 SVI 为 100 ~ 200 时，污泥沉降性能、吸附性能较好、泥水分离正常；

当 SVI > 200 时，污泥沉降性能较差，吸附性能好，泥水分离差，污泥易膨胀。

正常情况下，城市污水 SVI 应控制在 100 ~ 150 之间为宜，但根据污水性质不同，这个指标也有差异。如污水中溶解性有机物含量高时，正常的 SVI 值可能较高；相反，污水中含无机悬浮物多时，正常的 SVI 值可能较低。

（5）泥龄。泥龄是指活性污泥在曝气池中平均停留时间，在计算时常用系统中的活性污泥总量与每天排放的剩余污泥量之比表达。泥龄实质上反映了活性污泥在系统中降解有机物的时间长短。活性污泥工艺中每天要排放一定的剩余污泥，这部分剩余污泥量就是由活性污泥降解有机物后增殖产生的，这使得活性污泥中微生物降解有机物速率和微生物净增长速率联系起来，当需要在一定的时间内达到一定的有机物去除量，就需要有一定量的微生物（相当于曝气池内活性污泥量）反应一定时间（相当于泥龄），同时会净增殖一定的微生物（相当于剩余污泥量）。

实际上，泥龄的确定要根据处理要求、供氧情况、污泥浓度及进水负荷等来确定，同时一般要保留一定的安全余地。一般来讲，水温低、进水负荷增高、处理要求提高、污泥浓度低，就需要增大泥龄。

（6）污泥的耗氧速率（OUR）。污泥的耗氧速率是单位体积污泥在单位时间内消耗氧的量。测定活性污泥耗氧速率（OUR），可判断有无毒物流入、负荷条件和排泥平衡情况，以更好地控制污水处理过程。它是评价污泥微生物代谢活性的一个重要指标。在日常运行中，污泥耗氧速率的大小及其变化趋势可指示处理系统负荷的变化情况，并可以此来控制剩余污泥的排放。污泥的耗氧速率值若大大高于正常值，往往提示污泥负荷过高，这时出水水质较差，残留有机物较多，处理效果亦差。污泥耗氧速率值长期低于正常值，这种情况往往在活性污泥负荷低下的延时曝气处理系统中可见，这时出水中残存有机物数量较少，处理完全，但若长期运行，也会使污泥因缺乏营养而解絮。处理系统在遭受毒物冲击而导致污泥中毒时，污泥耗氧速率值的突然下降常是最为灵敏的早期警报。此外，还可通过测定污泥在不同工业废水中耗氧速率值的高低，来判断该废水的可生化性及废水毒性的极限程度。

6. 活性污泥镜检与状态分析

污水处理厂运行正常状况下，活性污泥的污泥絮粒大、边缘清晰、结构紧实，呈封闭状、具有良好的吸附和沉降性能。絮粒以菌胶团细菌为骨架，穿插生长一些丝状菌，但丝状菌数量远少于菌胶团细菌，微型动物以固着类纤毛虫为主，如钟虫、盖纤虫、累枝虫等，有时能见到楯纤虫、少量的游动纤毛虫、轮虫等（见表3—1）。

表3—1　　活性污泥法运行过程中的指示性生物

运行状况	指示性生物
活性污泥良好	有钟虫属、盖虫属、有肋楯纤虫属、独缩虫属、聚缩虫属、各类吸管虫属、轮虫类、累枝虫属、寡毛类等固着型种属或匍匐型种属生物
污泥恶化	有豆形虫属、滴虫属、聚屋滴虫属等生物
恶化恢复到正常	有漫游虫属、管叶虫属等慢速游泳型或匍匐型等生物
持续超负荷曝气，溶解氧过高	会出现大量的肉足类及轮虫类生物
污泥膨胀	有浮游球衣菌、硫发菌及各类霉菌等生物
活性污泥解体	有蛞蝓简变虫、辐射变形虫等肉足类生物
冲击负荷、流入少量毒物	楯纤虫急剧减少

7. 溶解氧DO

对混合液中的游离细菌来说，溶解氧保持在0.1～0.3 mg/L的浓度即可满足要求。但是，活性污泥是微生物群体“聚居”的絮凝体，溶解氧必须扩散到活性污泥絮凝体的深处。为了保证活性污泥系统运行的安全性，往往会要求在混合液中保持2 mg/L以上的溶解氧浓度。曝气池中溶解氧持续不足时，活性污泥颜色较正常时发黑，并散发出臭味。溶解氧过高时，在一般情况下，通过镜检，每毫升活性污泥中可以观察到300个左右轮虫，而在正常情况下，很少能观察到肉足类生物。当曝气池中持续曝气量过高时，会出现大量的肉足类及轮虫类生物。溶解氧过高，大量耗能，在经济上是不适宜的，特别对于耗氧速率不高而泥龄偏长的系统，强烈的混合使破碎的菌胶团絮体很难再凝聚，在二沉池表面形成深褐色的浮渣。

8. 有机负荷

有机负荷有 BOD 容积负荷和 BOD 污泥负荷二种。BOD 容积负荷 N_v 是指单位容积的曝气池在单位时间内所去除的有机物污染物的量，单位 kg BOD_5/（m^3·d）。BOD 污泥负荷 N_s，也称污泥负荷，是指单位质量的活性污泥在单位时间内所去除的有机污染物的量。污泥负荷在微生物代谢方面的含义就是 *F/M*（营养物与活性微生物重量之比）比值，单位 kgBOD_5/（kg 污泥·d）。

$$N_s = F/M = QS/(VX)$$

式中 N_s——污泥负荷，kg（BOD_5）/（kg 污泥·d）；

Q——每天进水量，m^3/d；

S——BOD_5浓度，mg/L；

V——曝气池有效容积，m^3；

X——污泥浓度，mg/L。

在运行时通过回流污泥调整曝气池中的污泥浓度，即可控制污泥负荷。传统活性污泥法的污泥负荷一般控制在 0.2～0.4 kgBOD_5/（kg 污泥·d），容积负荷控制在 0.3～0.8 kgBOD_5/（m^3·d）。

9. 活性污泥的生长规律

活性污泥中微生物的增殖是活性污泥在曝气池内发生反应、有机物被降解的必然结果，而微生物增殖的结果则是活性污泥的增长。活性污泥的增殖曲线如图 3—2 所示。

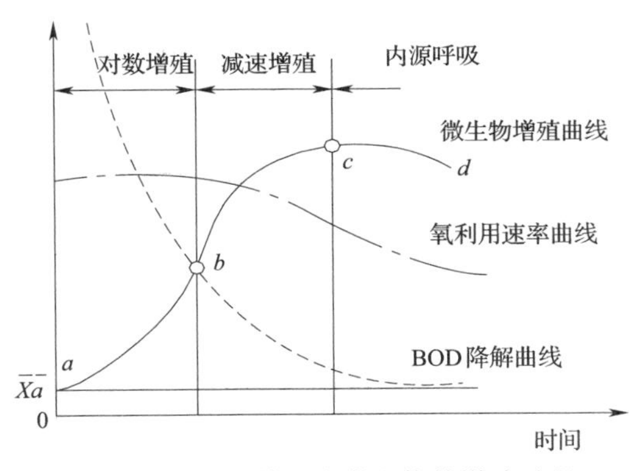

图 3—2 纯种单细胞微生物的增殖过程

注意：①间歇静态培养；②底物是一次投加；③图中同时还表示了有机底物降解和氧的消耗曲线。

和纯种单细胞微生物的增殖过程相似，活性污泥的增殖也分4个阶段。

（1）适应期。适应期是活性污泥微生物对于新的环境条件、污水中有机污染物的种类等的一个短暂的适应过程。经过适应期后，微生物从数量上可能没有增殖，但发生了一些质的变化：菌体体积有所增大；酶系统也已做了相应调整；产生了一些适应新环境的变异等。BOD_5，COD等各项污染指标可能并无较大变化。

（2）对数增长期。有机底物非常丰富，*F/M*值高，营养物质不是微生物增殖的控制因素。微生物的增长速率与基质浓度无关，它仅由微生物本身所特有的最小世代时间所控制，即只受微生物自身的生理机能的限制。微生物以最高速率对有机物进行摄取，也以最高速率增殖合成新细胞。此时，活性污泥具有很高的能量水平，其中的微生物活动能力很强，导致污泥质地松散，不能形成较好的絮凝体，污泥的沉淀性能不佳；活性污泥的代谢速率极高，需氧量大，一般不采用此阶段作为运行工况，但也有采用的，如高负荷活性污泥法。

（3）减速增长期。*F/M*值下降到一定水平后，有机底物的浓度成为微生物增殖的控制因素，微生物的增殖速率与残存的有机底物呈正比，有机底物的降解速率也开始下降，微生物的增殖速率在逐渐下降，但微生物的量还在增长。此时，活性污泥的能量水平已下降，絮凝体开始形成，活性污泥的凝聚、吸附以及沉淀性能均较好，由于残存的有机物浓度较低，出水水质有较大改善，并且整个系统运行稳定。一般来说，大多数活性污泥处理厂将曝气池的运行工况控制在这一范围内。

（4）内源呼吸期。内源呼吸的速率在这个时期之初首次超过了合成速率，因此从整体上来说，活性污泥的量在减少，最终所有的活细胞将消亡，而仅残留下内源呼吸的残留物，而这些物质多是难以降解的细胞壁等。此时，污泥的无机化程度较高，沉降性能良好，但凝聚性较差，有机物基本消耗殆尽，处理水质良好。一般不用这一阶段作为运行工况，但也有采用的，如延时曝气法。

通过活性污泥的增殖规律分析研究，可以得到以下结论：

在正常运行时，曝气池中的活性污泥不需要历经适应期，或者说适应期很短；活性污泥处于生长周期的哪一段主要是由*F/M*值所控制的，*F/M*值比较大时，活性污泥处于对数生长期；*F/M*值一般时，处于减速增值期；*F/M*值很小时，处于内源呼吸期。处于不同增殖期的活性污泥，其性能不同，出水水质也不同，如内源呼吸期时污水中的有机物被微生物几乎耗尽，出水水质会非常好。

通过调整参与反应的微生物数量，即*M*值，可调控*F/M*值，进而调控曝气池活性污泥的运行工况，达到特定的要求。

根据出水水质、污泥的沉降性、处理速度综合平衡，实际运行时常将活性污泥控制在减速增长期末期或内源呼吸期初期。*F/M* 值是设计运行时一个重要参数。

第 2 节　普通活性污泥法

学习目标

1. 了解普通活性污泥法工艺调节与控制的因素及对处理效果的影响
2. 熟悉其他活性污泥工艺的特点
3. 掌握普通活性污泥法工艺特点
4. 掌握活性污泥指标在实际应用中的作用
5. 能够完成普通活性污泥法工艺巡检并正确记录状态
6. 能够辨别普通活性污泥工艺运行中的异常情况并提出解决方案

知识要求

一、普通活性污泥工艺

1. 普通活性污泥工艺系统

普通活性污泥法，也称传统活性污泥法，是最基本的活性污泥处理工艺。经初沉池沉淀后的污水和回流污泥在呈长条状曝气池的前端进入，在池内呈推流式流动至池的尾端，曝气设备在池长方向上均匀曝气，在曝气池内完成对有机物的吸附、氧化分解过程，混合液随后进入二沉池实现泥水分离，上清液经消毒后可直接排放，沉淀污泥一部分作为回流污泥返回曝气池，其余作为剩余污泥进入污泥处理系统。

传统活性污泥法主要是去除有机物和悬浮物，对于典型的生活污水而言，传统活性污泥工艺完全能达到出水 BOD 小于 20 mg/L，SS 小于 20 mg/L 的基本要求。其具有以下特点：处理效果好，BOD_5的去除率可达 90% ~95%；对废水的处理程度比较灵活，可根据要求进行调节。为了避免池首端形成厌氧状态，对冲击负荷的适应性较弱，不宜采用过高的有机负荷，因而池容较大，占地面积较大；在池末端可能出现供氧速率高于需氧速率的现象，造成动力费用的浪费。传统活性污泥法从诞生之日起就经历着不断改进、演变，渐减曝气、阶段曝气、接触稳定等都可看成是传统活性污泥工艺的改进。

2. 传统活性污泥法主要运行参数

传统活性污泥法处理生活污水时主要运行参数（无脱氮除磷要求），见表3—2。

表3—2　　传统活性污泥法主要运行参数

参数名称	参数范围	单位
污泥负荷	0.2～0.4	kgBOD/（kg污泥·d）
容积负荷	0.3～0.8	kgBOD/（m^3·d）
MLSS	1 500～2 500	mg/L
泥龄	2～5	天
气水比	3～7:1	—
曝气时间	6～8	h
回流比	20%～50%	—
BOD去除率	95%	—

二、活性污泥培养与驯化

活性污泥系统投产前必须培养驯化出足够数量的活性污泥。培养是使微生物的数量不断增长，以达到一定的污泥浓度。驯化则是对微生物种群进行淘汰和诱导，不适应水质和环境条件的微生物被淘汰，适应的微生物得以存活，并诱导出相应的酶系统。所以驯化过程是改变微生物的种群，使其适应新的水质和环境条件的过程。用来培养和驯化的微生物种源叫作菌种。培养和驯化是不可分割的，培养过程中投加的污水对微生物有驯化作用，驯化过程中微生物的数量也会增长。培养与驯化是相互促进的统一体。

对于小型活性污泥系统，可以一次投加足够数量的菌种，直接进入运行状态，或经短时间驯化后进入运行状态，这样可以大大缩短启动时间。对于较大规模的活性污泥系统，必须依靠培养与驯化获得足够数量的污泥。

1. 菌种来源

活性污泥菌种一般为相同水质或不同水质污水处理系统的活性污泥、厌氧消化污泥、城市污水、可生化性强的工业废水和粪便水等。

2. 培养与驯化方法

根据培养液的进入方式，可分为连续式和间歇式，视具体情况而定。

（1）间歇式培养驯化，当菌种来自不同水质的处理系统时，应先驯化后培养。

1）驯化。活性污泥的接种量按曝气池有效容积的5%～10%计算。接种后加少量低浓度污水闷曝几日（约3天），使溶解氧升至1.0 mg/L左右，污泥恢复活性。污泥复活后投加低浓度污水（应加入适量粪便水或生活污水调整营养比），进水量和浓度（COD≤500 mg/L）视具体情况而定。进水后曝气 20 h 左右，静置沉淀 1 ~1.5 h，排去上清液。用同浓度污水每天换水重复操作 1 次，运行 3 ~7 天。通过镜检和检测，发现微生物量增加，污泥浓度增大，可增加一级浓度（级差 COD≤100 mg/L），再按前一级的方法运行。以后每 3 ~7 天增加一级浓度，直到加入原污水为止。

驯化初期，污泥结构松散，游离细菌较多，会出现鞭毛虫和游动性纤毛虫，有一定的沉淀性能。随着驯化的进行，原生动物由低级向高级演变。驯化后期以游动性纤毛虫为主，出现少量耐污型纤毛虫，如累枝虫等，活性污泥沉降性能较好，泥水界限分明，上层较清，驯化结束。

2）培养。污泥驯化后连续进入原污水曝气培养。开始时流量较小，通过镜检和出水水质来控制培养进度，逐步增大进水流量。培养过程中，菌胶团结构紧密，原生动物以钟虫为主，也有轮虫出现。直到全面形成大颗粒活性污泥絮团，结构紧密，沉降性能良好，沉降比达到 30% 以上，污泥指数达到 100 左右，钟虫等大量出现，轮虫增多，MLSS 达 2 000 ~3 000 mg/L，各项指标达到设计要求时，结束培养，进入正式运行阶段。在培养过程中，溶解氧一般控制在 2 ~3 mg/L。

采用粪便水或城市污水等可生化性强的污水作为菌种，而待处理的污水水质又与菌种污水不同时，也需培养驯化出合格的污泥。此时培养在先，驯化在后。用 COD 在 400 ~600 mg/L 的菌种污水作为培养液，粗滤后注入曝气池，曝气数日，待池内出现模糊不清的絮状污泥后停止曝气，静置沉淀 1 ~1.5 h，排掉全池容积 50% ~70% 的上清液，再换上新鲜培养液，继续曝气。如此循环，每天换水 1 次，后期每天换水 2 次，通过镜检微生物相，检测处理效果，直到 COD 去除率不小于 80%，污泥沉降比不小于 30%，SVI 污泥体积指数达到 100 左右，MLSS 为 2 000 ~3 000 mg/L，形成性能良好的污泥为止，即转入驯化阶段。驯化的方法同上。

间歇式培养驯化时，为防止污泥出现厌氧状态，两次曝气的时间间隔应小于 2 h。

（2）连续式培养驯化，当采用相同（或相近）水质的污泥或相同（或相近）水质的粪便水等污水作为菌种时，可省去驯化过程，直接用连续进水曝气培养法培养活性污泥。连续培养驯化时，必须进行污泥回流。

1）采用水质相同的污泥作为菌种。污泥接种量为曝气池有效容积的 5% ~10%，向曝气池内注满污水闷曝数日，使溶解氧保持在 1.0 mg/L 左右，让污泥恢复活性。然后以小流量进入污水，约每 3 ~5 天增加一个流量等级，直至达到设计流量。开始时的停留时间为 1 天，直至达到设计停留时间。究竟何时提高流量，要视生物相的变化和处理效果而定。若微生物种类增多，生物量增大，出水水质变好，则增大流量，否则，减少流量或停止进水。

随着进水流量的增大，溶解氧浓度要逐渐提高。当进水流量达到设计流量，污泥浓度和性能及净化效果符合要求时，溶解氧浓度应维持在2～3 mg/L。此时已完成培养，可转入正常运行。

2）采用水质不同的污水作为菌种，如粪便水等。将菌种污水注满曝气池，闷曝几日，待出现模糊不清的污泥絮体时，开始小流量进入待处理污水，停留时间为1天，再根据生物相和污泥浓度的变化及出水水质，控制培养进度，直至正常运行。

采用水质不同的污水作为菌种时，为缩短培养驯化时间，也可采用连续同步操作。开始时以COD为400～600 mg/L的粪便水等可生化性强的污水为主体，加入少量待处理工业废水作为培养液，以小流量连续进入，培养驯化同时进行。通过镜检和检测，控制进度。开始时停留时间为1天，以后逐步缩短至设计值。在正常情况下，逐步增大工业废水的比例和进水流量，直至达到设计流量及要求的污泥性能和浓度，完成培养驯化，开始正常运行。

在污泥的培养驯化过程中，无论采用哪一种方法，都应为微生物的生长创造良好的条件。

三、活性污泥系统的调节与控制

1. 进水水量和水质的变化

在大多数污水厂进水的水质和水量会发生一定的变化，这种变化又可以分为规律性来源和冲击负荷来源两类，如变化过大超出了系统承受能力，就会影响出水水质，甚至导致系统瘫痪。规律性来源引起的变化具有可重复性，如工业生产规律性排放的废水等。因为有规律性，可利用管网或调节池、提升泵编组运行、预先调整好活性污泥系统的状态，以适应水质和水量的变化等方法调节。冲击负荷来源引起的变化一般在发生的时间上具有不确定性，持续时间短，变化幅度大，不具可重复性，往往对活性污泥系统造成破坏性的后果，例如暴雨引起的进水水量增高、工业废水的无规律集中排放等。及时掌握进水状况是应对冲击负荷来源引起变化的先决条件，并要估算变化幅度范围，其次要掌握系统最大的承受能力，必要时按应急预案处理，避免活性污泥系统造成灾难性破坏。

（1）进水水量波动的应对策略。进水水量波动最直接的是对曝气池和沉淀池的水力冲击，造成停留时间不足。最好是提前通知处理厂有水量波动，加大调节池的抽水力度，提前预留调节池空间体积，以便最大限度延长来水的处理时间，减少水力冲击负荷；提高絮凝剂和助凝剂的投加量，保证物化段的处理效果；确认开启曝气设备的数量，调整二沉池回流污泥量，减小回流量，以减轻曝气段入口的进水流量；停止或减少排泥量来应对水量的波动。

（2）进水水质波动的应对策略。有机物含量过高时，充分发挥调节池的均质调节作用，提高沉淀池的沉降效果，将水中有机固体悬浮颗粒尽可能多地去除。充分发挥生化反应池的作用，提高回流水量可在一定程度上提高水处理效率。

洗涤剂等表面活性剂过多时，易漂浮在水体表面，造成水体携氧能力减弱，同时易产生多量泡沫影响系统正常运转，曝气设备的充氧能力有所下降。表面活性剂或洗涤剂不会导致废水中有机物浓度过高，除在物化阶段提高废水 pH 值能抑制泡沫过多产生，重点是让这部分废水尽快流出处理系统。需要提高活性污泥浓度，加大二沉池回流污泥量，使进入活性污泥系统的表面活性剂或洗涤剂能尽快流出生化系统。

2. 泥龄

从运行控制上来讲，活性污泥系统的优化只有在泥龄得到优化的基础上才能实现。泥龄太短，在二沉池中会观察到大片的絮体和污泥颗粒，容易受水力作用流出沉淀池；泥龄过长，就要求供氧上升、增加处理成本、增加二沉池负荷、产生污泥灰分化等问题。对于以 BOD 为去除目的的传统活性污泥工艺，为使活性污泥能良好地絮凝，泥龄一般会控制在 2 ~5 天，在严寒地区泥龄需更长，可达 5 ~ 15 天。泥龄的控制属长效控制，通常需要 2 ~3 个泥龄时间才能观察到系统性能的变化，一般按平均值进行控制，使污泥浓度的变化幅度不超过 5% ~10% 。

3. 温度

大多数情况，温度对传统活性污泥工艺系统影响并不大，温度对系统的影响主要体现在污泥产量和供氧需求上。温度低时内源呼吸变得不是很显著，污泥产量会略有提高，耗氧速率会下降，如温度从 14℃提高到 22℃，污泥产量和需氧量会有 5% 的波动。采用鼓风曝气时，由于空气经压缩后温度上升，曝气池内温度会比进水温度略高。

4. 污泥浓度

维持较高的污泥浓度对曝气池的运行是有利的，可减少曝气时间，有利于提高净化效率，同时运行更安全，尤其在处理有毒、难以生物降解或负荷变化大的废水时，可使系统耐受较高的毒物浓度或冲击负荷，保证系统正常而稳定地运行。但提高污泥浓度必须要考虑以下几点：

（1）曝气池中需要保证有充沛的溶解氧，不能超出曝气设备自身合理的氧传递速率。试验表明，污泥浓度每增加 1 g/L，污泥氧吸收率下降 3% ~4% ，结果使能耗上升。

（2）过高的污泥浓度还会增加二沉池的负担，若不能在二沉池中正常沉降，则会影响出水水质、影响回流污泥浓度及回流量。

（3）维持较高的污泥浓度意味着泥龄的增加，随着泥龄的增加，污泥中微生物的量并不是呈正比同步增加的。

（4）对浓度低的废水，污泥浓度高会造成负荷过低，使微生物生长不良，处理效果反而受到影响。一般普通活性污泥工艺中污泥浓度控制在1 500 mg/L～2 500 mg/L是适宜的。

5．回流

污泥回流的作用是补充曝气池混合液流出带走的活性污泥，使曝池内的污泥浓度MLSS保持相对稳定。同时对缓冲进水水质的变化也能起到一定的作用，二级生物处理系统的抗冲击负荷能力主要是通过曝气池中拥有足够的活性污泥实现的，而曝气池中维持稳定的污泥浓度离不开回流污泥的连续进行。回流涉及到回流污泥浓度和回流比，回流污泥浓度和二沉池沉淀工作状况有密切联系，回流比是回流污泥量与进水量之比。若要提高曝气池中的污泥浓度，就要提高回流比。回流比提高在一定程度上增加了二沉池的负荷，使回流污泥浓度下降，削弱了提高曝气池污泥浓度的作用。回流比的调整有一定的范围，传统活性污泥法的回流比一般在20%～50%。

四、活性污泥法系统运行

1．工艺运行

（1）掌握系统运行状态

1）现场巡视并记录数据。巡视是操作员的一项重要工作，规范的巡视行为能根据实际污水处理工艺情况结合操作员自身的生产运行管理经验，及时发现故障，保障污水处理工艺的正常运行。其主要内容包括了各类仪器仪表、处理构筑物和处理机械设备的巡视。活性污泥法系统常见的仪器仪表有：中控室的监控系统、自控系统、数据采集及通信网络系统和在线数据系统；处理设施现场的液位计、在线流量测定仪器、在线溶氧仪等；鼓风机房风机的电动机油压表、油温表、进出口差压表等；各污泥污水泵的电压电流表等；配电间的电压电流表、有功电度表等。活性污泥法系统的处理构筑物包括了初沉池、曝气池和二沉池，重点有颜色、污泥浓度、污泥形状、气味；二沉池泥面高度；配水是否均匀、曝气是否均匀；有无泡沫、漂浮杂物、漂泥；污泥管道有无堵塞；出水堰板是否平整、是否生长生物膜等。活性污泥法系统中常见的污水处理机械设备有：各类污水污泥阀门、管道、曝气设备、扩散器、配水设施、出水堰、吸泥机、刮泥机、水下推流机等。在巡视时要按要求准确记录好数据，便于以后应对可能出现的问题，也有利于总结经验。巡视时采取看、听、闻、摸等手段发现系统工艺、构筑物和机械设备运行中出现的问题以及可能的隐患。

2）测定分析水质。对处理过程中各处理构筑物中的水质进行测定能更及时准确掌握实际污水处理状况，也是进行工艺调整的依据，同时积累宝贵的实际运行资料，便于分析原因，总结污水处理经验。水质的分析测定内容包括了水温，pH 值，MLSS，MLVSS，SV，DO，RSSS、耗氧速率、BOD，COD、氨氮、生物相、SS、硝酸盐氮、总磷、大肠杆菌、透明度等。

（2）保证机械设备的正常运行。随着废水处理自动化的发展，越来越多的机械设备应用于实际生产中，并越来越复杂。这就需要对机械设备进行必要的检测、维护和保养，保证其能正常工作。如经常检查联轴器、法兰、电动机基座等连接部位的螺栓；对转动设备及时添加润滑油或润滑脂；对水泵电动机按时进行保养维护；对接触污水污泥的设备进行防腐保养。

（3）建立完善操作制度。建立持证上岗制度，使操作人员能掌握正常的系统运行状况，了解相关的专业知识、技能及安全知识；制定完善的工作计划、规范的操作流程及具体操作步骤；做好常规的系统安全防护工作，如张贴安全警示性标志、工艺流程图和管道走向提示性标志等；制定常见问题的处理方案及基本处理流程、应急预案；健全检查、考核、奖罚制度。

2. 活性污泥工艺运行中的异常情况及解决措施

（1）污泥膨胀

1）污泥膨胀的表现。污泥膨胀是活性污泥法系统常见的一种异常现象。污泥膨胀时活性污泥比重变小，沉降性能变差，混合液在沉淀阶段不能进行正常的泥水分离，二沉池泥面不断上升，导致污泥流失，出水的水质变差，SVI 值异常升高，出水 SS 超过排放标准，也导致出水的 COD 和 BOD_5超标。严重时造成污泥大量流失，回流污泥浓度降低，导致曝气池污泥浓度降低，生化系统性能下降甚至系统崩溃。

2）污泥膨胀的原因。污泥膨胀有两类，一类是丝状菌膨胀：一般认为，活性污泥所处的环境条件发生了不利于正常细菌生长的变化，导致丝状菌的过度繁殖。正常的活性污泥中都含有一定丝状菌，它是形成活性污泥絮体的骨架材料。活性污泥中丝状菌数量太少或没有，则不能形成大的絮体，沉降性能不佳；而丝状菌过度繁殖，则会形成丝状菌污泥膨胀。在正常情况下，菌胶团的生长速率大于丝状菌的生长速率，不会出现丝状菌的过度繁殖；但在某些特定环境中，丝状菌大量繁殖，其数量会超过菌胶团细菌，从而过度繁殖导致丝状菌污泥膨胀。这些条件与温度、DO、营养物等有关。另一类是黏性膨胀：黏性膨胀的原因是菌胶团生理活动异常，当进水中含有大量的溶解性有机物，使污泥负荷太高，缺乏 N、P 或 DO 不足，细菌不能及时分解附着在体外过量的多聚糖类物质，这些物质含有很多氢氧基而具有亲水性，使活性污泥结合水高达 400%，呈黏性的凝胶状，使活性污泥在沉淀阶段不能有效进行泥水分离。

3）污泥膨胀的控制措施

①对于丝状菌的过度繁殖引起的污泥膨胀，主要措施：找出引起丝状菌的过度繁殖的环境因素并调整；加入絮凝剂、黏泥、消石灰等，增强活性污泥的凝聚性能，加速泥水分离；向生化池投加含氯杀菌剂，一般认为丝状菌对氯的抵抗力较细菌差，抑制丝状菌生长；对现有的工艺进行改造，如在曝气池前增设厌氧区防止生化池内丝状菌过度繁殖、用气浮替代二沉池、采用 MBR 等。

②对于黏性膨胀只需将细菌及时分解附着在体外过量的多聚糖类物质即可。可采取的措施：降低进水负荷、调整营养、增大回流污泥、增大曝气、延长曝气时间等。

（2）曝气池内活性污泥不增长或减少

1）二沉池出水 SS 过高，污泥流失过多。可能是因为污泥膨胀所致或是二沉池水力负荷过大，可按污泥膨胀予以应对。

2）进水有机负荷偏低。活性污泥繁殖增长所需的有机物相对不足，使活性污泥中的微生物处于维持状态，甚至微生物处于内源代谢阶段，造成活性污泥量减少。对策是减少曝气量或减少生化池运转个数，以减少水力停留时间。

3）曝气量过大。使活性污泥过氧化，污泥总量不增加。对策是合理调整曝气量，减少供风量。

4）营养物质不平衡。造成活性污泥微生物的凝聚性变差。对策是应补充足量的 N、P 等营养。

5）剩余污泥量过大。使活性污泥的增长量小于剩余污泥的排放量。对策是应减少剩余污泥的排放量。

（3）二沉池出水 SS 含量增大

1）活性污泥膨胀使污泥沉降性能变差，泥水界面接近水面，造成出水大量带泥。解决办法是控制污泥膨胀。

2）进水负荷突然增加，增加了二沉池水力负荷，流速增大，影响污泥颗粒的沉降，造成出水带泥。解决办法是均衡水量，合理调度。

3）生化系统活性污泥浓度偏高，二沉池泥水界面接近水面，造成出水带泥。解决办法是加强剩余污泥的排放。

4）活性污泥解体造成污泥絮凝性下降，出水带泥。解决办法是控制污泥解体。

5）刮（吸）泥机工作状况不佳，造成二沉池污泥和水流出现短流，污泥不能及时回流，污泥缺氧腐化解体后随水流出。解决办法是及时检修刮（吸）泥机，使其恢复正常状态。

6）活性污泥在二沉池停留时间太长，污泥因缺氧而解体。解决办法是增大回流比，缩短在二沉池的停留时间。

7）水中硝酸盐浓度较高，二沉池局部出现污泥反硝化现象，氮气挟泥块随水溢出。解决办法是加大污泥回流量，减少污泥停留时间。

（4）二沉池溶解氧偏低或偏高

1）活性污泥在二沉池停留时间太长，污泥中好氧微生物继续好氧，造成 DO 下降。对策是加大污泥回流量，减少污泥停留时间。

2）刮（吸）泥机工作状况不好，污泥停留时间过长，污泥中好氧微生物继续好氧，造成 DO 下降。对策是及时检修刮（吸）泥机，使其恢复正常状态。

3）曝气池进水有机负荷偏低或曝气量过大，造成 DO 过大，可提高进水水力负荷或减少鼓风量，以便节能运行。

4）二沉池出水水质浑浊，DO 却升高，可能活性污泥中毒所至。对策是查明有毒物质的来源并予以排除。

（5）二沉池出水 BOD_5和 COD 突然升高

1）进入生化池的污水量突然增大，有机负荷突然升高或有毒、有害物质浓度突然升高，造成活性污泥活性的降低。解决办法是加强进厂水质检测，合理调动使进水均衡。

2）曝气池管理不善，运行条件改变，活性污泥净化功能降低。解决办法是加强曝气池运行管理，及时调整工艺参数。

3）二沉池管理不善也会使二沉池功能降低，对策是加强二沉池的管理，定期巡检，发现问题及时整改。

（6）活性污泥法的泡沫现象

1）由表面活性剂形成的启动泡沫。一般在活性污泥工艺运行的初期，活性污泥的净化功能尚未形成，污水中的表面活性剂在曝气的作用下形成了泡沫，但随着活性污泥的成熟，表面活性剂逐渐被降解，泡沫会逐渐消失。可采取水力消泡或投加消泡剂解决。

2）由于丝状微生物的增长，与气泡、絮体颗粒形成稳定的泡沫。水力消泡、投加杀生剂或消泡剂能减少泡沫的增长，却不能消除泡沫形成的内在原因。可采取降低污泥龄，减少污泥在生化池的停留时间，抑制生长周期较长的放线菌的生长；回流厌氧消化池上的上清液，厌氧消化池上的上清液能抑制丝状菌的生长，但有可能影响出水水质；向曝气池投加填料，使容易产生泡沫的微生物固着在载体上生长；投加絮凝剂，使混合液表面失稳，使丝状菌分散重新进入污泥絮体中。

五、活性污泥法改良工艺简介

1. 阶段曝气活性污泥法

阶段曝气活性污泥法（见图 3—3）又称分段进水活性污泥法、多点进水活性污泥法或分步曝气法。这种方法基本类似于传统活性污泥法，回流污泥从池首端进入，沿池长均匀曝气，主要对进水方式进行了改进，废水沿池长分段注入曝气池，入流废水在曝气池中分3~4个点进入，均化了需氧量，避免了前段供氧不足，后段供氧过剩的缺点。采用阶段曝气活性污泥法，使有机物负荷分布较均衡，改善了供养速率与需氧速率间的矛盾，有利于降低能耗；废水分段注入，负荷分布均匀，提高了曝气池对冲击负荷的适应能力。

2. 渐减曝气活性污泥法

该方法基本类似于传统活性污泥法，废水和回流污泥从池首端进入，主要对曝气进行了改进，为了使供氧量和曝气池需氧量匹配，采取曝气量沿程逐步递减方法。改变传统活性污泥法的等距离均量布置扩散器的缺点，而是合理的布置空气扩散器，使布气沿程变化，以提高处理效率。

3. 吸附再生活性污泥法

吸附再生活性污泥法（见图3—4）又称接触稳定法。利用再生活性污泥初期的吸附作用，与污水混合后，除去废水中呈悬浮、胶体状有机物的废水生物处理技术。污水同活性污泥法在吸附池混合接触20~40 min完成吸附，进入二沉池，沉淀后排水排泥，从沉淀池排除的部分污泥回流到再生池内进行生物代谢曝气3~6 h，恢复活性，再进入吸附池。再生池容积为传统活性污泥法的50%，但处理效果较低于传统活性污泥法，一般BOD去除率为80%~90%。此法适用于处理含胶体状有机物的废水，如牛奶场的污水。采取该方法时常不设置初沉池，因而降低了处理厂的投资。

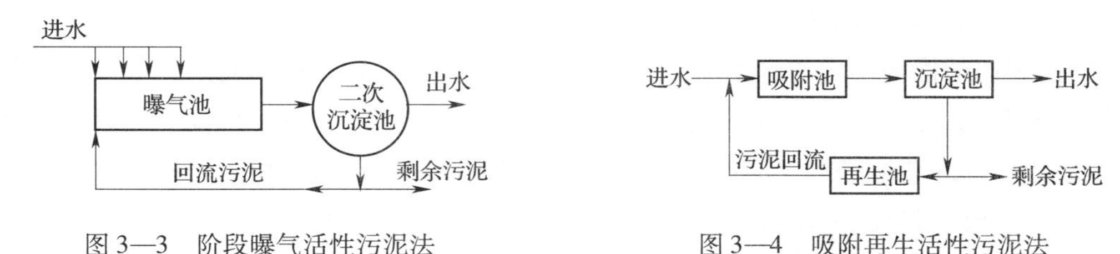

图3—3　阶段曝气活性污泥法　　图3—4　吸附再生活性污泥法

4. 完全混合活性污泥法

污水进入曝气池后能立即和整池子的水混合，分散到整个池子中，使负荷更加均衡。由于污水一进入曝气池，就立即被大量混合液稀释，所以对冲击负荷有一定的抵抗能力；可以方便地通过对 F/M 值的调节，将反应器内的有机物降解反应控制在最佳状态，但也容易发生污泥膨胀；为便于混合，池子不能太大，太大易出现短流等问题，造成处理水水质下降。该方法适合于处理较高浓度的有机工业废水。

5. 延时曝气活性污泥法

延时曝气活性污泥法又称完全氧化活性污泥法。利用该方法时，对污水进行长时间曝气，一般为 24 ~48 h，甚至更长，有机负荷率非常低，*F/M* 值较低，活性污泥在时间和空间上部分处于内源呼吸期。传统意义上的延时曝气法，处理出水水质稳定性较好，对废水冲击负荷有较强的适应性，在某些情况下，可以不设初次沉淀池，剩余污泥少且稳定。该方法要求池容大、曝气时间长，建设费用和运行费用都较高，而且占地大，因此，一般适用于对出水水质要求较高的小型城镇污水和工业污水处理厂。

6. MBR 工艺

膜生物反应器（MBR）是一种由膜分离单元与生物处理单元相结合的新型水处理技术，它利用膜分离设备替代二沉池，将曝气池中的活性污泥和大分子有机物截留住，这种工艺可将曝气池与二沉池合二为一，分离效果远好于传统的沉淀池，出水水质良好，理论上出水悬浮物和浊度接近于零，可直接回用，实现了污水资源化。

膜的高效截留作用使微生物完全截留在生物反应器内，实现反应器水力停留时间（HRT）和污泥龄（SRT）的完全分离，利于硝化细菌的截留和繁殖，系统硝化效率高。通过运行方式的改变也可有脱氨和除磷功能。反应器在高容积负荷、低污泥负荷、长泥龄下运行，剩余污泥产量极低。由于具有固液分离率高、出水水质好、处理效率高、占地空间小、运行管理简单、剩余污泥少等优点，膜生物反应器在饮用水深度处理领域已经受到越来越多的关注和应用。

一般说来，膜组件的形式主要有平板式、管式、卷式、毛细管式、中空纤维式等。其中平板式、管式膜组件主要应用于分置式 MBR，而一体式工艺中多采用中空纤维式和平板式膜组件。两类膜的生物反应器系统组成如图 3—5 所示。

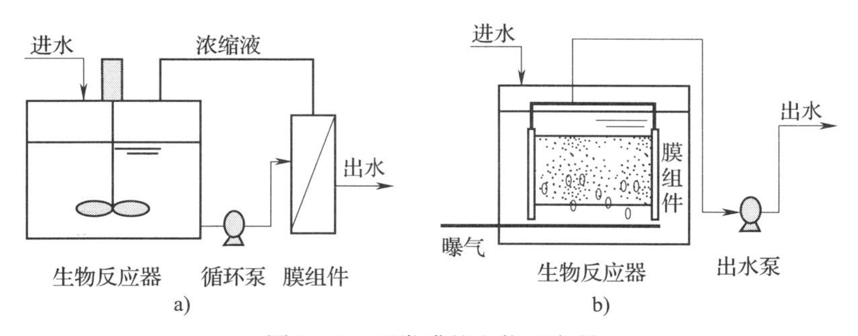

图 3—5　两类膜的生物反应器

a）分置式膜 - 生物反应器　b）一体式膜 - 生物反应器

MBR 的稳定运行受到生物动力学参数（如容积负荷、污泥负荷、MLSS、HRT、SRT 等），膜的固有性质（如膜材料、膜孔径等），废水的性质，操作条件和方式（膜通量、工作压力、曝气、出水方式等），反应器水力条件等诸多因素的影响。

MBR 工艺的操作压力一般在 0.02 ~0.06 MPa 之间，这主要依据膜材料和废水性质而定。MBR 中的气水比以控制在 1∶15～1∶30 间为佳，溶解氧宜控制在 1.5～2.0 mg/L。

MBR 工艺的推广应用受到膜污染问题的制约。膜污染的存在影响膜的稳定运行、造成膜的频繁清洗和更换，是影响 MBR 工艺经济性的重要原因之一。

膜污染的控制可以通过以下方法来减轻：对混合液进行预处理；增大紊流度以减小水动力学边界层的厚度；减小膜通量；进行在线的或周期性的膜清洗。膜清洗包括物理清洗和化学清洗。物理清洗包括用清水或清水与空气混合流体进行反清洗（应在低压下进行，以免损伤膜）；通过水力控制海绵颗粒流经膜表面进行清洗；用电场过滤、脉冲清洗、脉冲电解及电渗透反冲洗等方法进行清洗；对膜表面进行动态吹扫和静态吹扫等。化学清洗是使用化学清洗剂，如稀酸、稀碱、表面活性剂、弱氧化剂等，对膜进行浸泡和清洗。

第3节　脱氮除磷工艺

学习目标

1. 了解 A^2/O 本身的不足及强化脱氮除磷效果后引发的新问题
2. 熟悉 A/O、A^2/O 工艺流程的特点
3. 掌握生物脱氮除磷处理主要工艺过程
4. 掌握影响生物脱氮除磷的条件
5. 掌握 A/O、A^2/O 工艺流程
6. 能够针对 A^2/O 运行中出现的异常情况提出合理的解决方案

知识要求

水体富营养化是指在人类活动的影响下，生物所需的氮、磷等营养物质大量进入湖泊、河口、海湾等缓流水体，引起藻类及其他浮游生物迅速繁殖，水体溶解氧量下降，水质恶化，鱼类及其他生物大量死亡的现象。

对于城市污水来说，利用传统的活性污泥法进行处理，对氮的去除率一般只有 40% 左右，对磷的去除率一般只有 20%～30%。随着水环境保护要求的提高，国内大城市污水处理厂出水水质由目前的二级要求逐步达到 GB 18918—2002 标准中的一级 A 或一级 B 的水质排放标准，对脱氮除磷提出了明确的要求。

一、生物脱氮除磷原理

1. 生物脱氮原理

污水中的氮主要以氨氮和有机氮的形式存在，可溶性有机氮主要以尿素和氨基酸的形式存在。一部分颗粒状有机氮在初沉池中可以除去。生物脱氮主要是靠一些专性细菌实现氮在水中形态的转化，并最终转化为无害气体——氮气，实现污水的脱氮过程。生物除氮的另一个主要作用是同化作用，有一部分有机氮最终作为剩余污泥排放。生物除氮分三个过程完成：

（1）有机物氧化过程或氨化过程。在好氧状态下，微生物分解有机物产生二氧化碳和水等一些无机物，称为氧化过程，一般的活性污泥法处理的要求已达到。此过程污水中的有机氮形成氨态氮，故也称氨化过程。

（2）硝化过程。硝化是氨氮转化的第一个过程，在这一过程中，硝化细菌将氨氮转化为硝酸盐。亚硝酸盐菌和硝酸盐菌统称为硝化菌。第一步氨氮由亚硝酸盐细菌转化为亚硝酸盐，再由硝酸菌将亚硝酸盐转化为硝酸盐，硝化菌利用氨氮转化过程中释放的能量作为自身新陈代谢的能源。硝化菌对环境非常敏感，影响硝化反应主要因素有以下几种：

1）溶解氧。曝气池内溶解氧的高低，必将影响硝化反应的进程，在进行硝化反应的曝气池内，溶解氧含量不能低于1 mg/L。

2）温度。硝化反应的适宜温度是20～30℃。15℃以下时，硝化速度下降，5℃时反应完全停止。

3）pH值。对硝化菌适宜的pH值范围比较窄，为7.5～8.6，在这一pH值条件下，硝化速度、硝化菌最大的比增殖速度可达最大值。但经驯化后，可以在低pH值条件下进行硝化，同时，系统还要保持一定的碱度。

4）重金属及有害物质。除重金属外，对硝化反应产生抑制作用的物质还有：高浓度的NH_4^+-N、高浓度的NO_2^--N、有机物以及配位阳离子等。

（3）反硝化过程。由硝化菌产生的硝酸盐在反硝化菌的作用下转化成氮气，从水中逸出，最终从系统中去除。氮的最终去除要通过反硝化过程完成。反硝化菌是兼性菌，反硝化过程要在缺氧条件下进行，溶解氧的浓度不能超过0.5 mg/L，否则反硝化过程就会受到抑制。

反硝化过程分两步进行：第一步由硝酸盐转化为亚硝酸盐，第二步由亚硝酸盐转化为一氧化氮、一氧化二氮和氮气。转化过程可用下式表示：

$$NO_3^- \rightarrow NO_2^- \rightarrow NO \rightarrow N_2O \rightarrow N_2$$

影响反硝化反应的主要因素有以下几个：

1）C/N 比。理论上将 1 g NO_3-N 变成 N_2 需碳源有机物 2.86 g，最好是易降解的有机物，一般认为系统中 $BOD_5/TKN>3$ 时即为碳源充足。

2）pH 值。由于反硝化菌的种属较多，不同反硝化菌适宜的 pH 值是不一样的，一般 pH 值在 7～8 之间，在这个 pH 值的条件下，反硝化速率最高，当 pH 值高于 8 或低于 6 时，反硝化速率将大为下降。

3）溶解氧。反硝化菌是异养兼性厌氧菌，在厌氧、好氧交替的环境中生活为宜，溶解氧应控制在 0.5 mg/L 以下。

4）温度。一般能满足硝化的温度也能满足反硝化反应，适宜温度是 20～40℃，低于 15℃时，反硝化菌的增殖速率降低，代谢速率也会降低，从而降低了反硝化速率。负荷率高，温度的影响也高，负荷率低，温度影响也低。

5）有毒有害物质。反硝化菌的敏感性要比硝化菌差很多，与一般的好氧异养菌相同。

2. 生物除磷原理

污水中的磷以三种形式存在：正磷酸盐、聚合磷酸盐和有机磷，其中后两种成分约占进水总磷量的 70%。在二级污水处理厂中约有 10%～30% 的磷通过同化作用去除。但出水中的磷如果要达到较低的水平，所需去除的磷一般要超过微生物细胞合成和维持的需要量。

在曝气池中有序创造厌氧－好氧的环境条件，利用聚磷菌超量吸收磷的特性，可以有效去除污水中的磷。在没有溶解氧和硝态氧存在的厌氧条件下，兼性细菌将溶解性 BOD 通过发酵作用转化为低分子可生物降解的挥发性有机酸（VFA），聚磷菌利用聚磷酸盐的水解以及细胞内糖的酵解产生的能量，将吸收的 VFA 运送到细胞内同化成细胞内碳能源储存物聚 β－羟基丁酸（PHB），同时释放出磷酸盐。当厌氧区域后紧接一个好氧区域时，在好氧环境中，聚磷菌所吸收的有机物被氧化分解，提供能量并同时从污水中过量摄取磷，磷以聚合磷酸盐的形式储藏在菌体内而形成高磷污泥，通过排出剩余污泥而除磷。污泥磷含量可达 6%（干重）以上，因此可较一般的好氧活性污泥系统大大地提高了磷的去除效果。影响生物除磷的因素有：

（1）溶解氧和 NO_X^-。在聚磷菌释放磷的厌氧反应器内，溶解氧应控制在 0.2 mg/L 以内。NO_X^- 的存在对磷的释放有较大的影响，因为厌氧区内硝酸盐还原过程消耗可供聚磷菌吸收的简单基质。但在吸收磷的好氧反应器内，应有充足的溶解氧。

（2）污泥泥龄。生物除磷系统中磷的最终去除是通过剩余污泥的排放实现的，剩余污泥的多少直接影响除磷的效果，因此，污泥泥龄越长除磷效果越差。

（3）温度和 pH 值。聚磷菌与其他种类的微生物一样也有生存所需的适宜温度和 pH 值，在 5～30℃内除磷效果不错，pH 值宜控制在 6～8 之间。

（4）有机负荷。一般来说有机负荷较高的系统可以获取较高的除磷效果。生物除磷的BOD/TP比值不宜小于20。有机质对系统除磷也有影响，含有简单基质比例比较高，除磷效果越好。

二、脱氮除磷工艺运行管理

1. A/O工艺简介

A/O是缺氧Anoxic/好氧Oxic的缩写，它的优越性是除了使有机污染物得到降解之外，还具有一定的脱氮功能。

A/O工艺是将前段的缺氧段和后段的好氧段串联在一起，A段DO不大于0.3 mg/L，O段DO在2～4 mg/L。在A段一般不曝气，回流的处理水中DO很高，和进水混合后造成池内缺氧状态，反硝化细菌将污水中的淀粉、纤维、碳水化合物等悬浮污染物和可溶性有机物水解为有机酸，使大分子有机物分解为小分子有机物，不溶性的有机物转化成可溶性有机物。经缺氧水解易降解的产物进入好氧段进行好氧处理时，可提高污水的可生化性及氧的利用效率，同时，在缺氧条件下，反硝化细菌的反硝化作用将NO_3^-还原为分子态氮（N_2），实现污水脱氮处理。O段的前段采用强曝气，后段减少气量，使内循环液的DO含量降低，以保证A段的缺氧状态。在好氧段，硝化菌将蛋白质、脂肪等污染物通过氨化游离出氨（NH_3、NH_4^+），在充足供氧条件下，硝化菌的硝化作用将NH_3-N（NH_4^+）氧化为NO_3^-，混合液大部分回流至A段，另一部分进入二沉池。A/O法脱氮工艺系统如图3—6所示。

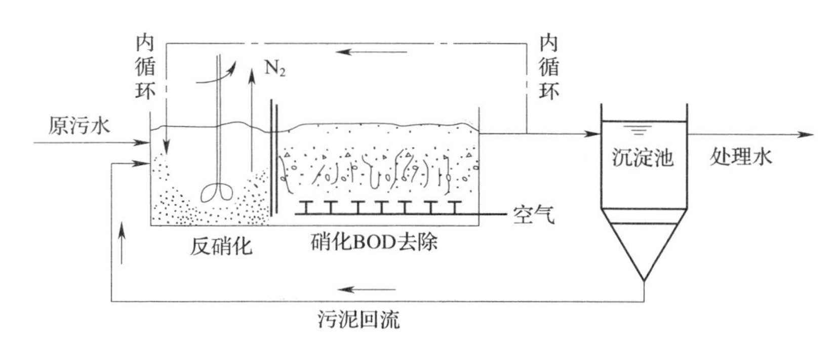

图3—6　缺氧好氧（A/O）工艺

A/O法脱氮工艺的特点：

（1）流程简单，建设和运行费用较低，对已有设施改造也较容易。

（2）反硝化在硝化前，设内循环，以原污水中的有机底物作为碳源，节约后续曝气量，反硝化反应充分，反硝化产生的碱度可补充硝化所需碱度。

（3）硝化在反硝化后，使反硝化残留物得以进一步去除，提高了处理水水质。

（4）A段搅拌，只起到使污泥悬浮而避免DO增加的作用，可有效地控制系统内污泥膨胀。

（5）若要提高脱氮效率，必须加大内循环比，因而加大运行费用。此外，内循环液来自曝气池，含有一定的DO，使A段难以保持理想的缺氧状态，影响反硝化效果。

（6）O段出水中含硝酸盐，在二沉池中有可能进行反硝化，造成污泥上浮，影响出水水质。

2. A^2/O 工艺简介

（1）A^2/O工艺流程。目前，A^2/O工艺是污水生物脱氮除磷的主流技术。系统依次由厌氧区、缺氧区和好氧区三个功能区组成。经沉砂或初沉后的废水和回流污泥进入厌氧区，循环硝化液由好氧区用泵送入缺氧区。在厌氧区进行磷的释放，在缺氧区进行反硝化脱氮，在好氧区进行有机物的氧化降解、硝化和磷的摄取，出水经二沉池沉淀后排放。由于该工艺的流程较为简单，运行费用较低且具有同步脱氮除磷的功效，因此成为污水处理领域应用较为广泛的工艺。A^2/O工艺流程如图3—7所示。

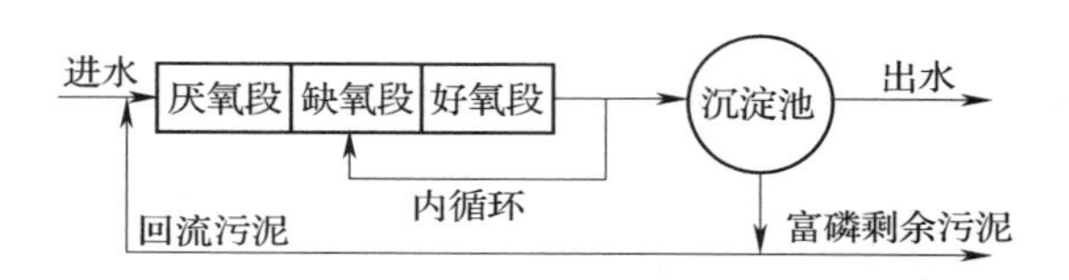

图3—7　A^2/O工艺流程图

A^2/O合建式工艺中，厌氧、缺氧、好氧三区合建，中间通过隔墙与孔洞相连。厌氧区和缺氧区采用多格串联为混合推流式，好氧区则不分隔为推流式。厌氧区、缺氧区，均采用水下搅拌器搅拌，好氧区采用鼓风曝气。

首段厌氧区内主要进行磷的释放。由于厌氧条件对聚磷菌的抑制作用，促使其以溶解磷的形式释放在好氧池中富集的磷，并大量吸收挥发性有机碳源使污水中BOD浓度下降，为在好氧池中过量吸磷准备条件。另外，NH_3-N因细胞合成而被去除一部分，可使污水中NH_3-N浓度下降。

在缺氧区中，反硝化菌利用污水中的有机物作为碳源，将回流混合液中带入的大量NO_3^--N和NO_2^--N还原为N_2释放至空气中，因此BOD_5浓度继续下降，NO_3^--N浓度大幅度下降，但磷的变化很小。

在好氧区中，有机物被微生物生化降解，其浓度继续下降；有机氮被氨化继而被硝化，使NH_3-N浓度显著下降，NO_3^--N浓度显著增加，而磷随着聚磷菌的过量摄取也以较快的速率下降。聚磷菌随剩余污泥排出系统，达到除磷目的。

(2) A^2/O 工艺特点

1) 该工艺简洁，一般不设初沉池。污泥在厌氧、缺氧、好氧环境中交替运行，丝状菌不能大量繁殖，污泥沉降性能好。

2) 该处理系统出水中磷浓度可达到1 mg/L以下，氨氮也可达到8 mg/L以下。

3) 进入二次沉淀池的混合液通常要保持一定的溶解氧浓度，以防止沉淀池中反硝化和污泥厌氧释磷，但这会导致回流污泥和回流混合液中存在一定的溶解氧。

4) 回流污泥中存在的硝酸盐对厌氧释磷过程也存在一定的影响。同时，系统所排放的剩余污泥中，仅有的一部分污泥是经历了完整的厌氧和好氧过程，影响了污泥的充分吸磷。系统污泥泥龄因为兼顾硝化菌的生长而不可能太短，导致除磷效果难以进一步提高。

5) 由于 A^2/O 系统兼具脱氮、除磷和降解有机物的功能，因此系统中微生物种类繁多。各种微生物之间既相互联系又相互影响，加上水质、参数条件、运行管理等多种因素共同作用，其运行的稳定性仍有待进一步提高。

(3) A^2/O 工艺主要运行参数（见表3—3）

表3—3　　A^2/O 工艺主要运行参数

参　　数		取值范围
污泥负荷		0.05～0.20 $kgBOD_5$/（kg MLVSS·d）
污泥龄		10～20 d
水力停留时间	缺氧段	1～3 h
	厌氧段	1～2 h
	好氧段	6～14 h
污泥回流比 *R*		40%～100%
总处理效率		90%～95%（BOD_5）
总磷（TP）处理效率		55%～80%
总氮（TN）处理效率		50%～80%
污泥浓度		2 000～4 000 mg/L
需氧量		1.0～1.8 $kgO_2/kgBOD_5$
混合液回流比		200%～400%

三、脱氮除磷效果控制与调节

1. 污水中可生物降解有机物对脱氮除磷的影响

影响 A^2/O 工艺出水效果的因素有很多，可生物降解有机物对脱氮除磷有着十分重要的影响，它对 A^2/O 工艺中的厌氧、缺氧和好氧三个生化过程的影响是复杂的、相互制约的甚至是相互矛盾的。在厌氧池中，聚磷菌本身是好氧菌，其运动能力很弱，增殖缓慢，只能利用低分子的有机物，是竞争能力很差的细菌。但由于聚磷菌能在细胞内储存 PHB 和聚磷酸基，当它处于不利的厌氧环境下，能将储藏的聚磷酸盐中的磷通过水解而释放出来，并利用其产生的能量吸收低分子有机物而合成 PHB，在利用有机物的竞争中比其他好氧菌占优势，聚磷菌成为厌氧段的优势菌群。因此，污水中可生物降解的有机物对聚磷菌厌氧释磷起着关键性的作用。一般要求厌氧池进水中溶解性磷与溶解性有机物的比值（S－P/S－BOD）应在0.06以内，且有机物的污泥负荷率应 >0.10 $kgBOD_5/kgMLSS \cdot d$。在缺氧段，异养型兼性反硝化菌成为优势菌群，反硝化菌利用污水中可降解的有机物作为电子供体，以硝酸盐作为电子受体，将回流混合液中的硝态氮还原成氮气而释放，从而达到脱氮的目的。污水中的可降解有机物浓度高，C/N 比值高，则反硝化速率大，缺氧段的水力停留时间（HRT）短，一般为0.5～1.0 h即可。反之，则反硝化速率小，HRT 需 2～3 h。可见污水中的 C/N 值较低时，则脱氮率不高。通常只要污水中的 COD/TKN 值 >8 时，氮的去除率可达80%。

在好氧段，当有机物浓度高时污泥负荷也较大，降解有机物的异养型好氧菌超过自养型好氧硝化菌，使氨氮硝化不完全，出水中 NH_4^+-N 浓度急剧上升，使氮的去除效率大大降低。所以要严格控制进入好氧池污水中的有机物浓度，在满足好氧池对有机物需要的情况下，使进入好氧池的有机物浓度较低，以保证硝化细菌在好氧池中占优势生长，使硝化作用完全。对此，好氧段的污泥负荷应 <0.18 $kgBOD_5/kgMLSS \cdot d$。

由此可见，在厌氧池要有较高的有机物浓度，在缺氧池应有充足的有机物，而在好氧池的有机物浓度应较小。

2. 污泥泥龄 t_s 的影响

A^2/O 工艺污泥系统的污泥泥龄受两方面的影响。首先是好氧池，因自养型硝化菌比异养型好氧菌的最小比增殖速度小得多，要使硝化菌存活并成为优势菌群，则污泥龄要长，经实践证明一般为20～30天为宜。但另一方面，A^2/O 工艺中磷的去除主要是通过排出含高磷的剩余污泥而实现的，如 t_s 过长，则每天排出含高磷的剩余污泥量太少，达不到较高的除磷效率，同时过高的污泥龄会造成磷从污泥中重新释放，更降低了除磷效果。所以要权衡上述两方面的影响，A^2/O 工艺的污泥龄一般宜为10～20天。

3. DO 的影响

在好氧段，DO 升高，硝化速度增大，但当 DO >2 mg/L 后其硝化速度增长趋势减缓，高浓度的 DO 会抑制硝化菌的硝化反应。同时，好氧池过高的溶解氧会随污泥回流和混合液回流分别带至厌氧段和缺氧段，影响厌氧段聚磷菌的释放和缺氧段的 NO_3^--N 的反硝化，对脱氮除磷均不利。相反，好氧池的 DO 浓度太低也限制了硝化菌的生长率，其对 DO 的忍受极限为 0.5 ~ 0.7 mg/L，否则将导致硝化菌从污泥系统中淘汰，严重影响脱氮效果。所以根据实践经验，好氧池的 DO 在 2 mg/L 左右为宜，太高太低都不利。

在缺氧池，DO 对反硝化脱氮有很大影响。这是由于溶解氧与硝酸盐竞争电子供体，同时还抑制硝酸盐还原酶的合成和活性，影响反硝化脱氮。为此，缺氧段 DO 应小于 0.5 mg/L。

在厌氧池严格的厌氧环境下，聚磷菌才能从体内大量释放出磷而处于饥饿状态，为好氧段大量吸磷创造了条件，从而能有效地从污水中去除磷。但由于回流污泥将溶解氧和 NO_3^- 带入厌氧段，很难保持严格的厌氧状态，所以一般要求 DO 小于 0.2 mg/L，这对除磷影响较小。

4. 混合液回流比 R_N 的影响

从好氧池流出的混合液，很大一部分要回流到缺氧段进行反硝化脱氮。混合液回流比的大小直接影响反硝化脱氮效果，回流比 R_N 大则脱氮率提高，但回流比 R_N 太大时则混合液回流的动力消耗也太大，造成运行费用大大提高。A^2/O 工艺系统的混合液回流比 R_N 与脱氮率 η 的关系见表 3—4。

表 3—4　　混合液回流比 R_N 与脱氮率 η 的关系

混合液回流比 R_N	100%	200%	300%	400%	500%	600%	700%	800%	900%	1 000%
脱氮率 η	50%	67%	75%	80%	83.3%	85%	87.5%	90%	90.9%	90.9%

注：R_N 一般宜取 300% ~400%。

5. 污泥回流比 R

回流污泥是从二沉池底流回到厌氧池，靠回流污泥维持各段污泥浓度，使之进行生化反应。如果污泥回流比 R 太小，则影响各段的生化反应速率，反之回流比 R 太高，则 A^2/O 工艺系统中硝化作用良好，反硝化效果不佳，导致回流污泥将大量 $NO_3^- - N$ 带入厌氧池，引起反硝化菌和聚磷菌竞争。因聚磷菌为弱势菌群，所以反硝化速度大于磷的释放速度，反硝化菌抢先消耗掉快速生物降解的有机物进行反硝化，当反硝化脱氮完全后聚磷菌才开始进行磷的释放，这样虽有利于脱氮但不利于除磷。

相反，如果 A^2/O 工艺系统运行中反硝化脱氮良好，而硝化效果不佳，此时虽然回流污泥中硝态氮含量减少，对厌氧除磷有利，但因硝化不完全造成脱氮效果不佳。

权衡上述污泥回流比的大小对 A^2/O 工艺的影响，一般采用污泥回流比 R 在 60% ~100% 为宜，最低也应在 40% 以上。

6. TKN/MLSS 负荷率的影响

好氧段的硝化反应，过高的 NH_4^+ –N 浓度对硝化菌会产生抑制作用，实验表明 TKN/MLSS 负荷率应 <0.05 kgTKN/kgMLSS · d，否则会影响氨氮的硝化。

7. 水力停留时间（HRT）的影响

根据实验和运行经验表明，A^2/O 工艺总的水力停留时间（HRT）一般为 6 ~ 10 h，而三段 HRT 的比例为厌氧段: 缺氧段: 好氧段 = 1: 1: (3 ~ 4)。

8. 温度的影响

好氧段的硝化反应在 5 ~ 35℃时，其反应速率随温度升高而加快，适宜的温度范围为 30 ~ 35℃。当低于 5℃时，硝化菌的生命活动几乎停止。

缺氧段的反硝化反应可在 5 ~ 27℃进行，反硝化速率随温度升高而加快，适宜的温度范围为 15 ~ 25℃。

厌氧段，温度对厌氧释磷的影响不太明显，在 5 ~ 30℃时除磷效果均很好。

9. pH 值的影响

在厌氧段，聚磷菌厌氧释磷的适宜 pH 值是 6 ~ 8；在缺氧反硝化段，对反硝化菌脱氮适宜的 pH 值为 6.5 ~ 7.5；在好氧硝化段，对硝化菌适宜的 pH 值为 7.5 ~ 8.5。

四、A^2/O 工艺改进措施

（1）将回流污泥分两点分别加入厌氧池和缺氧池，减少加入到厌氧段的回流污泥量，从而减少进入厌氧段的硝酸盐和溶解氧。

（2）提升回流污泥的设备应用潜污泵代替螺旋泵，以减少回流污泥复氧，使厌氧段、缺氧段的 DO 最小。

（3）厌氧段和缺氧段水下搅拌器的功率不能过大（一般为 3 W/m^3）否则产生涡流，导致混合液 DO 升高。

（4）原污水和回流污泥进入厌氧段、缺氧段应为淹没入流，减少复氧。

（5）低浓度的城市污水，一般取消初沉池，使原污水经沉砂后直接进入厌氧段，以便保持厌氧段中 C/N 值较高，有利于脱氮除磷。

（6）对于出水总磷排放要求较高或进水总磷浓度较大的地区，生物除磷工艺无法达到排放要求时，可在好氧池末端加入化学除磷药剂（铝盐、铁盐）以提高除磷效果。

五、异常现象的分析与处理

传统活性污泥工艺的故障诊断及排除技术，一般均适用于 A^2/O 脱氮除磷系统。如果某处理厂控制水质目标为：BOD_5≤25 mg/L；SS≤25 mg/L；NH_3-N≤3 mg/L；NO_3^--N≤7 mg/L；TP≤2 mg/L，则当实际水质偏离以上数值时，属异常情况。异常现象分析与处理对策见表3—5。

表3—5　　异常现象分析与处理对策

异常现象	原因	对　　策
出水 NO_3^--N 偏高	内回流比太小	增大内回流
	缺氧段DO太高，影响反硝化	如果DO>0.5 mg/L，则首先检查内回流比 R_N 是否太大，如果太大，则适当降低 另外，还应检查缺氧段搅拌强度是否太大，形成涡流，产生空气复氧
出水 NO_3^--N 正常，NH_3-N 偏高	好氧段DO不足	如果好氧段DO<2.0 mg/L，则可能只满足 BOD_5 分解的需要，而不满足硝化的需要，应增大供气量，使DO处于2~3 mg/L
	存在硝化抑制物质	检查入流中工业废水的成分，加强上游污染源管理
出水TP偏高	入流 BOD_5 不足	检查 BOD_5/TKN是否大于4，BOD_5/TP是否大于20，否则应采取增加入流 BOD_5 的措施，如超越初沉池或外加碳源
	缺氧段DO太高	检查缺氧段DO值，如果DO>0.5 mg/L，则应采取措施，适当降低回流比
出水TP>偏高，NO_3^--N 又比较低	泥龄太长	可适当增大排泥，降低泥龄
	厌氧段DO太高	如果DO>0.2 mg/L，则应寻找DO升高的原因并予以排除。首先检查是否搅拌强度太大，造成空气复氧，否则检查回流污泥中是否有DO带入
	入流 BOD_5 不足	检查 BOD_5/TP值，如果 BOD_5/TP<20，则应外加碳源

第4节　氧　化　沟

学习目标

1. 了解各类氧化沟的工作过程
2. 掌握常见的氧化沟种类

知识要求

一、氧化沟工艺简介

氧化沟是由荷兰卫生工程研究所在20世纪50年代研制开发的废水生物处理技术，是普通活性污泥法的一种改型，属延时曝气的一种特殊形式。氧化沟的基本特征是曝气池呈封闭、环状跑道式，池体狭长，池深较浅，在沟槽中设有表面曝气装置。废水和活性污泥以及各种微生物混合在沟渠中做不停地循环流动，完成对废水的硝化与反硝化处理。生物氧化沟兼有完全混合式、推流式和氧化塘的特点，在技术上具有净化程度高、耐冲击、运行稳定可靠、操作简单、运行管理方便、维修简单、投资少、能耗低等特点。氧化沟在空间上形成了好氧区、缺氧区和厌氧区，具有良好的脱氮功能。

最早的氧化沟为20世纪50年代开发的帕斯韦尔（Pasveer）氧化沟，在沟道转弯处采用竖轴表面曝气器，在一侧沟道上设有横轴转刷曝气器，获得曝气与搅拌两个作用，二沉池与之分建。1960年，一种结构更为紧凑的奥贝尔（Orbal）氧化沟在南非被开发和使用，后被收购，成为美国公司的一项专利。20世纪60年代荷兰DHV公司开发了使用广泛的卡鲁塞尔（Carrousel）氧化沟，除了能获得较高的BOD_5去除效率，同时还能达到部分脱氮除磷的目的。20世纪80年代初，美国开发了将二次沉淀池设置在氧化沟中的合建式氧化沟——BMTS型，并发展成现在的一体化氧化沟。此外，还有目前常用的多沟交替工作式氧化沟（双沟DE型、三沟T型）等，形成了颇为庞大的氧化沟家族。

从氧化沟的运行方式看，分为连续运行和交替运行。在连续运行方式中，氧化沟作为曝气池使用，必须设二沉池，从而又有分建和合建的区分，帕斯韦尔、卡鲁塞尔、奥贝尔氧化沟均属连续运行方式。而多沟方式往往不设二沉池，氧化沟系统的一部分可以当作沉淀池交替运行。

二、典型的氧化沟系统

根据氧化沟的特征及运行方式，氧化沟有多种不同类型，其功能也各有不同，各有特色。下面介绍几种比较典型的氧化沟系统。

1. 帕斯韦尔（Pasveer）氧化沟

帕斯韦尔氧化沟（见图3—8）也称为普通型氧化沟。其系统除将传统活性污泥法处理系统中的曝气池改为氧化沟形式以外，其流程基本与传统工艺保持一致，它是一种连续工作的氧化沟，系统中进出水流方向不变。氧化沟是通过转刷曝气系统完成充氧功能的，同时还承担着水力推动作用，使混合液在沟内保持循环流动，并使污泥处于悬浮状态。转

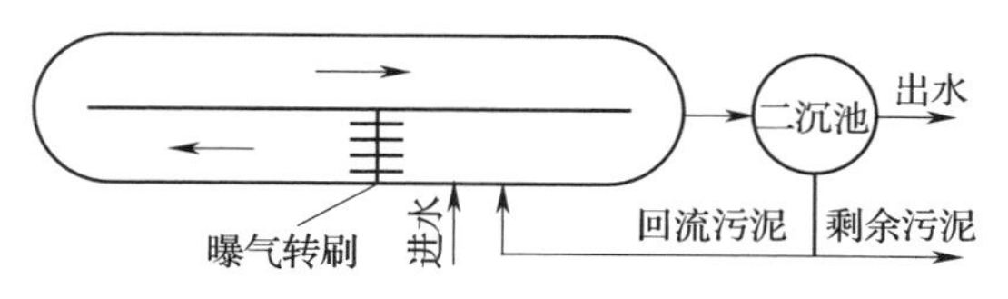

图 3—8　Pasveer 氧化沟的基本流程

刷应满足充氧的需要，也应使混合液流速保持在 0.3 m/s 以上，满足污水循环的要求。帕斯韦尔氧化沟具有如下基本特点：

（1）由于氧化沟在低污泥负荷下运行，因此即使水量和水质变化，水温接近 5℃的低温也可以得到稳定的处理效果。

（2）氨氮的去除率为 70% 左右。

（3）氧化沟内的混合特性，混合液溶解氧浓度，自曝气设备开始，沿水流方向逐渐减少，而 MLSS 浓度、BOD、SS、碱度等在沟内的各点几乎相等。

（4）剩余污泥量大致为进水 SS 量的 75% 左右，比普通活性污泥法少。

（5）由于水力停留时间长和水较浅，占地面积较大。

2. 卡鲁塞尔（Carrousel）氧化沟

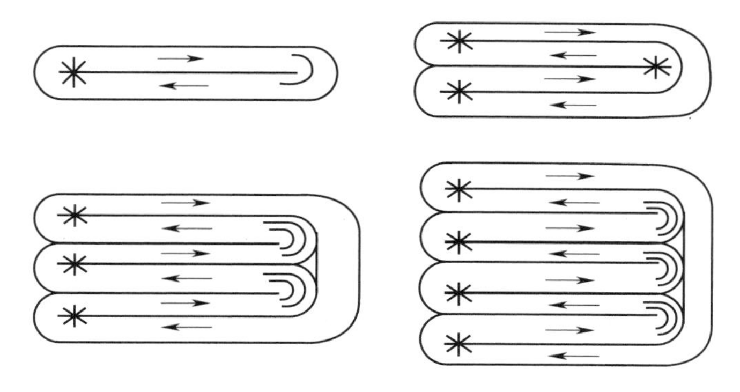

图 3—9　Carrousel 氧化沟示意图

卡鲁塞尔氧化沟（见图 3—9）是一种多沟串联的系统，它采用垂直安装的低速表面曝气器，每组沟渠安装一个，均安装在一端。由于表面曝气器有较大的提升作用，故卡鲁塞尔氧化沟的池深可达 4.5 m，靠近曝气器下游为好氧区，上游为缺氧区。进水与回流活性污泥混合后沿箭头方向在沟内循环流动，沟内流速约为 0.3 m/s。废水多次经好氧区和缺氧区可创造良好的生物脱氮的环境，这不仅提供了良好的生物脱氮条件，而且有利于生物絮凝，使活性污泥易于沉淀。当有机负荷较低时，可以停止一些曝气器的运行，在保证水流搅拌混合循环的前提下，节约能量消耗。

卡鲁塞尔氧化沟在荷兰和世界各地得到了广泛的应用，其 BOD_5 去除率可达 95% ~ 99%，脱氮率可达 90%，除磷率约为 50%，如投加铁盐除磷率可达 95%。该系统需要设置二次沉淀池和污泥回流系统。

3. 奥贝尔（Orbal）氧化沟

奥贝尔氧化沟的平面形状是由几条同心圆或椭圆形的沟渠组成，沟渠之间采用隔墙分开，形成多条环形渠道，每一条渠道相当于单独的反应器，其构造如图 3—10 所示。

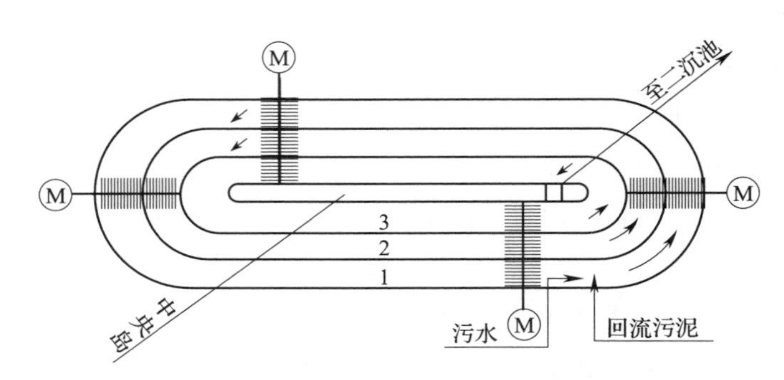

图 3—10 典型 Orbal 氧化沟

氧化沟设计深度一般在 4 m 以内，采用转盘曝气，转盘浸没深度控制在 230 ~ 530 mm，转速为 43 ~ 55 r/min，沟中水平流速为 0.3 ~ 0.6 m/s。

运行中保持外、中、内三沟内的溶解氧浓度依次递增，通常为 0、1.0 mg/L、2.0 mg/L，以达到除碳、除氮、节省能量的目的。

4. 一体化氧化沟

一体化氧化沟又称为合建式氧化沟，集曝气、沉淀、泥水分离和污泥回流功能为一体，无须建造单独的二沉池。一体化氧化沟技术自开发至今发展迅速，并在实际生产中得到广泛应用。

以船形分离器（BOAT）为主体的一体化氧化沟称为船形一体化氧化沟，构造如图 3—11 所示。其将平流式沉淀器设在氧化沟的一侧，宽度小于氧化沟宽度，因此它就像在氧化沟内放置一条船，将部分混合液引入沉淀槽，即沉淀槽内水流方向与氧化沟内混合液的流动方向相反，沉淀槽内的污泥下沉并由底部的泥斗收集回流至氧化沟，澄清水则由沉淀槽内水流方向的尾部溢流堰收集排出。

该氧化沟具有经济节能、维护简单及处理效率高等优点，近几年得到了很快的发展。

5. 交替工作式氧化沟

交替工作式氧化沟由丹麦 Kruger 公司开发，有双沟交替（DE）型和三沟交替（T）型等形式。以双沟交替型为例，如图 3—12 所示。

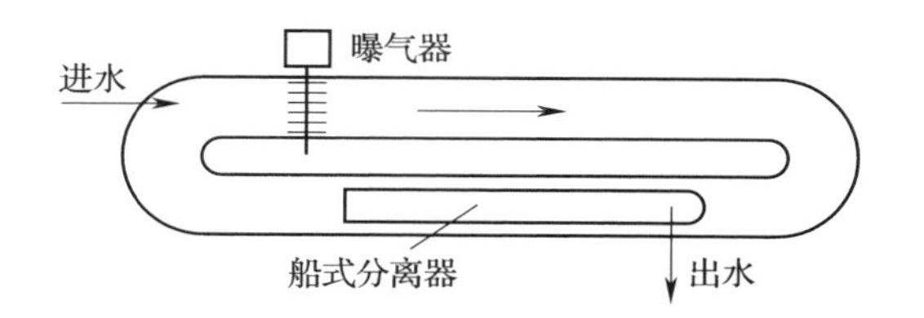

图 3—11　船式氧化沟示意图

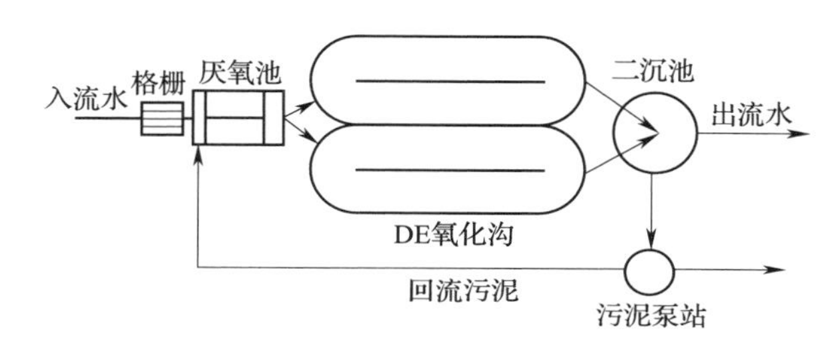

图 3—12　DE 型氧化沟示意图

双沟交替（DE）型氧化沟的脱氮功能由两个串联的氧化沟组成。通过改变进水出水顺序和曝气转刷转速使两沟交替在缺氧和好氧条件下运行。由于两沟交替工作，避免了 A/O 生物脱氮系统中的混合液内回流。

氧化沟工艺在我国污水处理领域取得了飞速发展，已经成为一种成熟的活性污泥污水处理工艺。

第 5 节　序批式活性污泥法

学习目标

1. 了解序批式活性污泥法（SBR）工艺优势
2. 了解改良序批式活性污泥法（MSBR）工艺优势
3. 熟悉序批式活性污泥法（SBR）工艺流程
4. 掌握序批式活性污泥法（SBR）运行的五个阶段及其作用
5. 掌握改良序批式活性污泥法（MSBR）工艺流程

一、序批式活性污泥法（SBR）工艺

1. 序批式活性污泥法的工作原理

序批式活性污泥法，简称SBR法（Sequencing Batch Reactor），20世纪80年代陆续地得到开发应用，图3—13所示为序批式活性污泥法的工艺流程图。

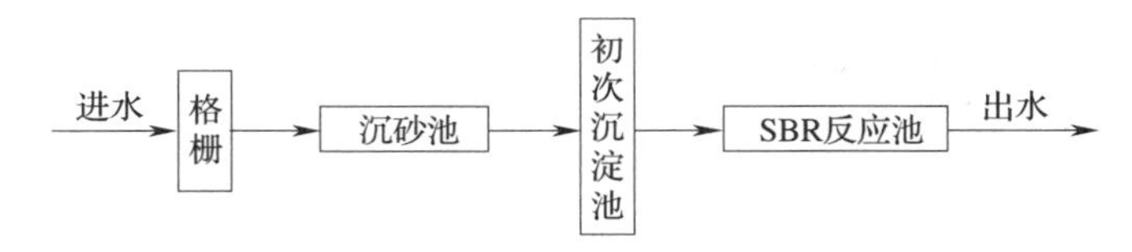

图3—13 序批式活性污泥法工艺流程

SBR工艺系统组成简单，运行工况以间歇操作为主要特征。所谓序列间歇式有两种含义：

（1）每个SBR反应器的运行操作在空间上是按序列、间歇的方式进行的。由于废水大多是连续排放且流量的波动很大，此时，间歇反应器（SBR）至少为两个池或多个池，废水连续按序列进入每个反应器，它们运行时的相对关系是有次序的，也是间歇的。

（2）每个SBR反应器的运行操作在时间上也是按次序排列间歇运行的，一般可按运行次序分为五个阶段，其中自进水、反应、沉淀、排水排泥至闲置期结束为一个运行周期。在一个运行周期中，各个阶段的运行时间、反应器内混合液体积的变化以及运行状态等都可以根据具体污水性质、出水质量与运行功能要求等灵活掌握。比如在进水阶段，可按只进水不曝气（搅拌或不搅拌）的限制性曝气运行，也可按边进水边曝气的非限制性曝气方式运行；在反应阶段，可以始终曝气，为了生物脱氮也可曝气后搅拌，或者曝气搅拌交替进行；其剩余污泥量可以在闲置阶段排放，也可在排水阶段或反应阶段后期排放。可见，对于某个单一SBR反应器来说，只需在时间上进行有效控制与变换，即能达到多种功能的要求，非常灵活。

2. SBR的操作过程

图3—14所示为SBR处理工艺在一个运行周期内的操作过程。SBR处理工艺由按一定时间顺序间歇操作运行的反应器组成。SBR处理工艺的一个完整的操作过程包括如下5个阶段：进水期、反应期、沉淀期、排水排泥期和闲置期。下面就这几个运行操作过程加以描述。

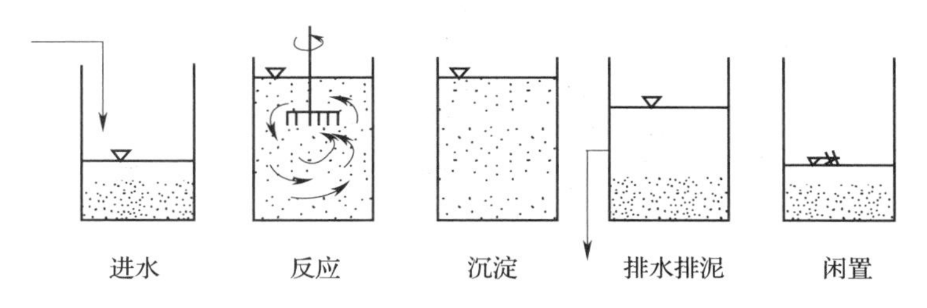

图 3—14　SBR 处理工艺在一个运行周期内的操作过程

（1）进水期。将原废水或经过预处理以后的废水引入 SBR 反应器。如果所处理的污水中含有有毒物质，则会对后续的反应过程产生不利的影响，应注意控制充水时间的长短，还可考虑在此期间对 SBR 反应器进行曝气。

（2）反应期。反应期是在 SBR 反应器充满水后，进行曝气如同连续式完全混合活性污泥法一样，对有机污染物进行生物降解。SBR 反应器是一种理想的时间序列推流式反应器装置。对于整个处理系统而言，SBR 处理工艺则是严格地按推流式运行的。上一个运行周期内进入反应器的废水与下一个运行周期内进入反应器的废水是互不相混的，即是按序批的方式进行反应的。因而 SBR 处理工艺是一种运行周期内完全混合、运行周期间序批推流的理想处理技术。这种特性使得其对污染物质有优良的处理效果且具有良好的抗冲击负荷和防止活性污泥膨胀的性能。

在反应阶段，活性污泥微生物周期性地处于高浓度及低浓度基质的环境中，反应器也相应地形成厌氧—缺氧—好氧的交替过程，使其不仅具有良好的有机物处理效能，而且具有良好的脱氮降磷效果。

（3）沉淀期。沉淀过程的功能是澄清出水和浓缩污泥。SBR 反应器本身就是一个沉淀池，它避免了在连续流活性污泥法中泥水混合液必须经过管道流入沉淀池沉淀的过程，从而有可能产生部分刚刚开始絮凝的活性污泥重新破碎的现象。此外，该工艺中污泥的沉降过程是在静止的状态下进行的，因而受外界的干扰甚小，具有沉降时间短、沉淀效率高的优点。

在 SBR 法处理工艺中，由于废水是一次性投入反应器的，因而在反应的初期，有机基质的浓度较高，而反应的后期则污染物的浓度较低，反应器中存在着随时间而发生的较大的浓度梯度，这一浓度梯度较好地抑制了对基质储存能力差的丝状菌的生长，而有利于菌胶团形成菌的生长，从而可有效地防止污泥的膨胀问题，有利于污泥的沉降和泥水分离。研究表明，完全混合式活性污泥法最易发生污泥膨胀问题，而推流式活性污泥法发生污泥膨胀的可能性比较小，间歇式活性污泥法发生污泥膨胀的可能性最小。

（4）排水排泥期。SBR 反应器中的混合液在经过一定时间的沉淀后，将反应器中的上清液排出反应器，然后将污泥排出反应器，以保持反应器内一定数量的污泥。

（5）闲置期。闲置期的功能是在静置无进水的条件下，使微生物通过内源呼吸作用恢复其活性，并起到一定的反硝化作用而进行脱氮，为下一个运行周期创造良好的初始条件。通过闲置期后的活性污泥处于一种营养物的饥饿状态，单位重量的活性污泥具有很大的吸附表面积，进入下个运行周期进水期时，活性污泥便可充分发挥其较强的吸附能力而有效地发挥其初始去除作用。闲置期的设置是保证 SBR 工艺处理出水水质的重要内容。闲置期所需的时间也取决于所处理的废水种类、处理负荷和所要达到的处理效果。

3. SBR 法的优点

（1）工艺简单，节省费用。原则上 SBR 法的主体工艺设备只有一个间歇反应器（SBR）。它与普通活性污泥法工艺流程相比，不需要二次沉淀池、回流污泥及其设备，一般情况下不必设调节池，多数情况下可省去初次沉淀。统计结果表明：采用 SBR 法处理小城镇污水，要比用普通活性污泥法节省基建投资 30%或更多。此外，采用如此简洁的 SBR 法工艺的污水处理系统还有布置紧凑、节省占地面积的优点。

（2）理想的推流过程使生化反应推力大，效率高，这是 SBR 法最大的优点。SBR 法反应器中的底物和微生物浓度是变化的，而且不连续，因此，它的运行是典型的非稳定状态，整个反应过程应尽可能地保持最大的推动力。

（3）运行方式灵活，脱氮除磷效果好。SBR 法为了不同的净化目的，可以通过不同的控制手段，灵活地运行，为其实现脱氮除磷提供了极有利的条件。

SBR 法的单一反应器一个运行周期即可完成脱氮除磷。具体操作过程、运行状态与功能如下：进水阶段，搅拌（厌氧状态释放磷）→反应阶段，曝气（好氧状态降解有机物、硝化与摄取磷）、排泥（除磷）、搅拌与投加少量有机碳源（缺氧状态反硝化脱氮）、再曝气（好氧状态去除剩余的有机物）→排水阶段→闲置阶段，然后进水再进入另一个运行周期。SBR 法很容易满足脱氮除磷的工艺要求，在时间上控制的灵活性又能大大提高脱氮除磷的效果。

（4）能有效防止污泥膨胀，产泥量少。由于 SBR 法泥龄短、浓度梯度大、缺氧好氧状态并存，所以能有效地控制丝状菌的过量繁殖。反应器中维持较高的 MLSS 浓度，具有更强的耐冲击负荷和处理有毒或高浓度有机废水的能力。

二、MSBR 工艺

MSBR 又称改良式序列间歇反应器。MSBR 结合了传统活性污泥法和 SBR 法的优点，在恒水位下连续运行，采用单池多格方式，省去了多池工艺所需的连接管道、泵和阀门等设备或设施。从流程特点看，MSBR 实际相当 SBR 工艺串联而成，因而同时具有很好的除磷和脱氮作用。MSBR 的基本流程如图 3—15 所示。

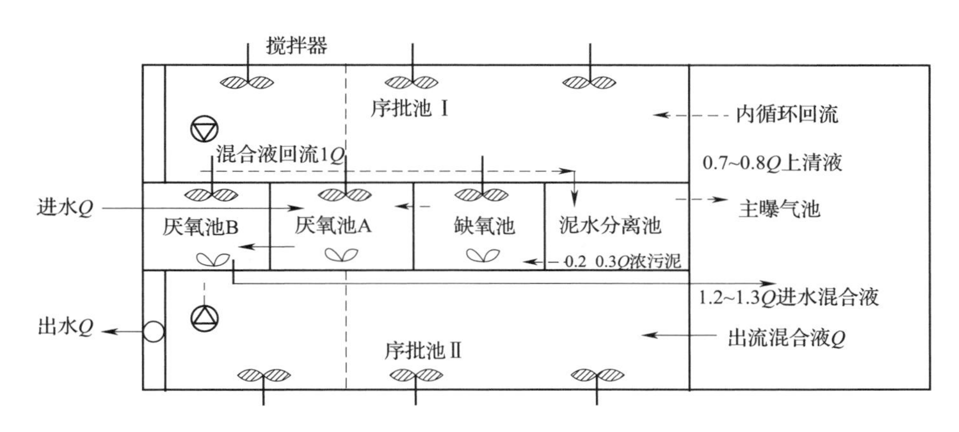

图 3—15　MSBR 工艺流程图

MSBR 工艺有以下特点：

（1）MSBR 系统从连续运行的厌氧单元进水，而不从 SBR 单元进水，将大部分好氧量转移到连续运行的主曝气池中，提高了设备的利用率。同时，从连续运行单元进水，可以提高整个系统承受水力冲击负荷和有机负荷的能力。

（2）MSBR 系统使用低能耗、低水头的回流设施，既有污泥回流又有混合液回流，从而可以提高系统中各个单元内 MLSS 的均匀性，特别是增加了连续运行单元的 MLSS 浓度。

（3）在 MSBR 系统的 SBR 池中间设置底部挡板，避免了水力射流的影响，改善了水的流态，使得 SBR 池前端的水流状态是由下而上的，而非通常的平流状态。这样可以使系统混合液能够利用高浓度的沉淀底泥作为截留层，截留过滤污水中的悬浮颗粒，同时完成底泥内碳源的反硝化作用。在过滤截留过程中能保证较高的沉淀污泥浓度，使得剩余污泥排放浓度高，减少排放的数量。

（4）MSBR 系统采用空气堰控制出水，而不是采用出水初期放空的形式排除已经进入集水槽内的悬浮物质，防止了曝气期间的任何悬浮物进入出水堰，从而有效地控制了出水中的悬浮物含量。

（5）MSBR 系统在循环处理过程中综合了多种工艺的特点，使系统保持了较高的污泥浓度 MLSS 和良好的混合效果，而且在沉淀区存在良好的污泥滤层，保证了很好的有机碳去除率。MSBR 系统的实际水力停留时间长，硝化反应进行得比较彻底，沉淀过程也能继续反硝化，因此脱氮效率较高。

（6）MSBR 系统同时采用多种途径避免硝酸盐氮进入厌氧段，比如序批池缺氧、好氧交替运行，减少了回流污泥混合液的硝酸盐氮；在回流混合液进入泥水分离之前，缺氧池对剩下的硝酸盐氮继续进行反硝化；泥水分离区的设置浓缩了回流至厌氧段的污泥，也减少了硝酸盐氮进入厌氧段的机会。回流量小又减少了 VFA 因回流而造成的稀释，也就相当于增加了厌氧段的实际水力停留时间，使 MSBR 系统在较小的反应体积内具有较高的除磷效果，而且容易控制。

第6节 吸附－生物降解法

学习目标

1. 了解吸附－生物降解（AB法）工艺优势
2. 熟悉吸附－生物降解（AB法）工艺流程
3. 熟悉吸附－生物降解（AB法）工艺的优缺点

知识要求

一、吸附－生物降解（AB法）工艺

吸附－生物降解（AB法）工艺（见图3—16）将曝气池分为高低负荷两段，各有独立的沉淀和污泥回流系统。高负荷段A段停留时间为20～40 min，以生物絮凝吸附作用为主，同时发生不完全氧化反应，生物主要为短世代的细菌群落，A段去除BOD达50%以上。B段与常规活性污泥相似，负荷较低，泥龄较长。当A段以兼氧的方式运行时，由于供氧较低，把在好氧条件下不易分解的有机物进行初步分解，起到大分子断链的作用，使其转化为较小分子的易降解有机物，从而在后续的B段好氧曝气中易于被去除。B段主要是世代期长的微生物，能够保证出水水质。

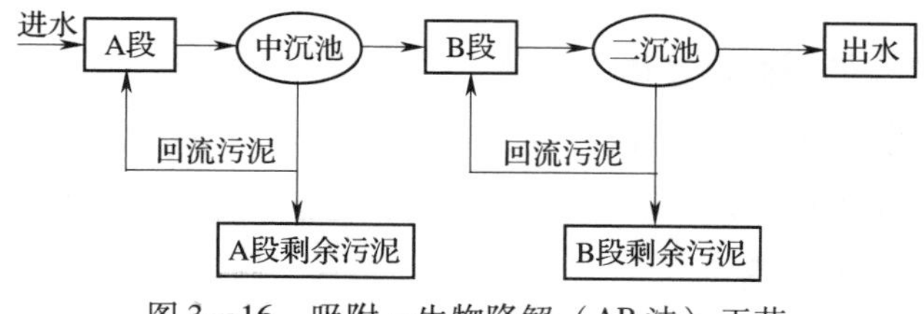

图3—16 吸附－生物降解（AB法）工艺

二、AB 法工艺的主要特征

1. 可以不设初沉池

A 段是 AB 法工艺的主体，由吸附池和中间沉淀池组成，对整个工艺起关键作用。在连续工作的 A 段曝气池中，由外界不断地接种具有很强繁殖能力和抗环境变化能力的短世代微生物，在食物充足的条件下，新陈代谢很快，大大提高处理工艺的稳定性。

2. A 段在较高的负荷下运行

A 段负荷率通常为普通活性污泥法的 50～100 倍，污水停留时间只有 20～40 min，污泥龄仅为 0.3～0.5 天。A 段污泥负荷较高，只有某些世代短的细菌才能适应生存并得以生长繁殖，对水质、水量、pH 值和有毒物质的冲击负荷有极好的缓冲作用。A 段产生的污泥量较大，占整个处理系统污泥产量的 80% 左右，且剩余污泥中的有机物含量高。

3. B 段在较低的负荷下运行

B 段负荷一般 <0.15 kgBOD/（kgMLSS·d），水力停留时间为 2～5 h，污泥龄较长，一般为 15～20 天。在 B 段曝气池中生长的微生物除菌胶团微生物外，有相当数量的高级微生物，这些微生物世代期比较长，并适宜在有机物含量比较低的情况下生存和繁殖。

4. A 段和 B 段各自拥有自己独立的回流系统

A 段和 B 段两段分开，有各自独特的微生物群体，处理效果稳定。A 段的微生物特性使吸附池的活性污泥表现为：有较强的絮凝、吸附和降解有机物的能力；对有机物有较高的降解度，使之降解为易生化处理的 BOD 物质；适应性强，耐进水水量、水质、pH 值等的变化，有抗冲击负荷的能力；A 段不仅能去除一部分有机物质，而且能起调节和缓冲作用。

三、AB 法工艺的优缺点

AB 法工艺具有优良的污染物去除效果，较强的抗冲击负荷能力，良好的脱氮除磷效果和投资及运转费用较低等特点，与传统的活性污泥法相比，在处理效率、运行稳定性、工程投资和运行费用等方面均有明显的优势，同时也有一定的缺陷：

（1）A 段在运行中如果控制不好，很容易产生臭气，影响附近的环境卫生，这主要是由于 A 段在超高有机负荷下工作，使 A 段曝气池运行于厌氧工况下，导致产生硫化氢等恶臭气体。

（2）污泥产率高，A 段产生的污泥量较大，占整个处理系统污泥产量的 80% 左右，且剩余污泥中的有机物含量高，这给污泥的最终稳定化处置带来了较大压力。

总体而言，AB 法工艺适合于污水浓度高、具有污泥消化等后续处理设施的大中规模的城市污水处理厂，有明显的节能效果。对于脱氮要求较高的城市污水处理厂，一般不宜采用。

本章思考题

1. 哪些环境条件会影响活性污泥法处理效果？如何影响的？
2. 对有毒或难生物降解的有机工业废水，在活性污泥系统中的污泥是如何驯化的？
3. 简述普通活性污泥法的主要优缺点。
4. 渐减曝气、阶段曝气、吸附再生等工艺在普通活性污泥法基础上有何改进？
5. 叙述曝气池中泡沫的产生原因及控制方法。
6. 叙述活性污泥法中二沉池污泥脱氮上浮的原因及解决办法。
7. 叙述生物脱氮除磷过程及主要影响条件。
8. A^2/O 工艺有哪些可以改进的地方？
9. 画出氧化沟法、SBR 法、AB 法、接触稳定法运行的基本流程。

第4章

生物膜法

第1节 生物滤池

学习目标

1. 熟悉不同的工艺条件对生物滤池处理效果的影响
2. 掌握生物滤池常见的工艺流程及主要差异
3. 掌握生物滤池工艺运行中可能出现的异常问题及可采取的应对方法

知识要求

一、常见工艺流程及特点

生物滤池分为普通生物滤池（又称低负荷生物滤池）、高负荷生物滤池和塔式生物滤池。低负荷生物滤池承受的废水负荷低，占地面大，水流对生物膜的冲刷力小，容易引起滤层堵塞，影响滤池通风，有些滤池还出现池面积水，生长灰蝇等现象。但是，这种滤池的处理效率高、出水常常已进入硝化阶段，出水夹带的固体物量小，无机化程度高，沉降性好。目前，这类滤池较少采用。高负荷生物滤池、塔式生物滤池的构造基本上与低负荷生物滤池相同，但所采用的滤料粒径和厚度都较大。由于负荷较高，水力冲刷能力强，滤料表面积累的生物膜量不大，不易形成堵塞，工作过程中老化生物膜连续排出，无机化程度较低。这种滤池由于负荷大，处理程度较低，池内不出现硝化，它占地面积较小，卫生条件较好，比较适宜于浓度和流量变化较大的废水处理。常见的高负荷生物滤池单池系统流程如图4—1所示。

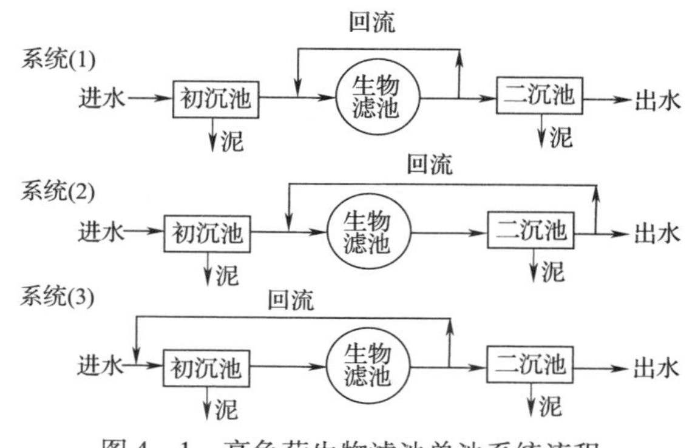

图4—1 高负荷生物滤池单池系统流程

系统（1）是应用比较广泛的高负荷生物滤池处理系统之一，生物滤池出水直接向滤池回流。这种系统有助于生物膜的接种，促进生物膜的更新，同时不增加初次沉淀池、二次沉淀池的负荷。

系统（2）也是应用较为广泛的高负荷生物滤池系统，处理水在二沉池进行沉淀后回流滤池，可改善滤池堵塞现象，但增加了二次沉淀池的负荷。

系统（3）处理水回流到初沉池再进滤池，同样可改善滤池堵塞现象，但增加了初次沉淀池的负荷。

也有流程中不设二沉池，滤池出水（含生物污泥）直接回流至初次沉淀池，从而使初次沉淀池的效果得到提高，并兼作二次沉淀池的功能，具有提高初沉池的沉淀效率和节省二沉池的优点，该流程适用于含悬浮固体量较高而溶解性有机物浓度较低的废水。

当原污水浓度较高或对处理水质要求较高时，可以考虑二级滤池处理系统，如图4—2所示。

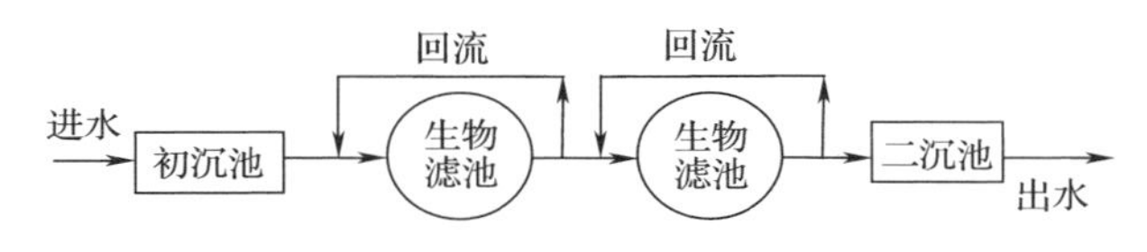

图4—2　高负荷二级生物滤池

二级生物滤池的有机物去除率可达90%以上，但负荷不均是其主要缺点：一级负荷高，生物膜生长快，脱落的生物膜易于沉积并产生堵塞现象；二级负荷低，生物膜生长不佳，没有充分发挥净化功能。为此可采用交替式二级生物滤池，两种流程交替运行。交替式二级生物滤池运行时，滤池是串联工作的，污水经初沉池后进入一级生物滤池，出水经相应的中间沉淀池取出残膜后用泵送入二级生物滤池，二级生物滤池的出水经过沉淀池后排出污水处理厂。工作一段时间后，一级生物滤池因表层生物膜的累积，即将出现堵塞，改作二级生物滤池，而原来的二级生物滤池则改作一级生物滤池。运行中每个生物滤池交替作为一级和二级滤池使用。交替式二级生物滤池法流程比并联流程负荷可提高2~3倍。

二、生物滤池工艺运行

1. 生物滤池工艺运行控制条件

（1）负荷。负荷是影响生物滤池性能的主要参数，通常分有机负荷和水力负荷两种。有机负荷指每天供给单位体积滤料的有机物量，以 N 表示，单位是kg（BOD_5）/m^3（滤料）·d。由于一定的滤料具有一定的比表面积，滤料体积可以间接表示生物膜面积和生物数量，所以有机负荷实质上表征了 F/M 值。普通生物滤池的有机负荷范围为0.15～0.3 kgBOD_5/（m^3·d）；高负荷生物滤池在1.1 kgBOD_5/（m^3·d）左右。在此负荷下，BOD_5 去除率可达80%～90%。有机负荷不能超过生物膜的分解能力。据相关城市污水试验结果，BOD_5 负荷的极限值为1.2 kg/（m^3·d）。提高有机负荷，出水水质将相应有所下降。

水力负荷分为水力表面负荷［m^3/（m^2·d）或m/d］和水力容积负荷［m^3/（m^3·d）］两种。

在有机负荷较高时，生物膜的增长也会较快，可能会引起滤料堵塞，此时就需要调整水力负荷，当水力负荷增加时，可以提高水力冲刷力，维持生物膜的厚度，一般是通过出水回流来解决。

（2）处理水回流。在高负荷生物滤池的运行中，多用处理水回流，其优点是：

1）增大水力负荷，促进生物膜的脱落，防止滤池堵塞。

2）稀释进水，降低有机负荷，防止浓度冲击。

3）可向生物滤池连续接种，促进生物膜生长。

4）增加进水的溶解氧，减少臭味。

5）防止滤池滋生蚊蝇。

高负荷生物滤池的缺点是：缩短废水在滤池中的停留时间；降低进水浓度，将减慢生化反应速度；回流水中难降解的物质会产生积累；冬天使池中水温降低等。

可见，水回流对生物滤池性能的影响是多方面的，采用时应做周密分析和试验研究。一般认为在下述三种情况下应考虑出水回流：

第一，进水有机物浓度较高（如COD＞400 mg/L）。

第二，水量很小，无法维持水力负荷在最小经验值以上。

第三，废水中某种污染物在高浓度时可能抑制微生物生长。

（3）供氧。向生物滤池供给充足的氧是保证生物膜正常工作的必要条件，也有利于排除代谢产物。生物滤池一般是通过自然通风来保证供氧的，影响滤池自然通风的主要因素是滤池内外的气温差（ΔT）以及滤池的高度。温差越大，滤池内的气流阻力越小（亦即滤料粒径大、孔隙大）、通风量也就愈大。滤料孔隙率、风力、滤池堵塞等因素也会影响通风。此外，供氧条件与有机负荷密切相关，当进水有机物浓度较低时，自然通风供氧是充足的，但当进水COD＞400～500 mg/L时，则出现供氧不足，生物膜好氧层微生物较少。为此建议限制生物滤池进水COD＜400 mg/L，当入流浓度高于此值时，可采用回流稀释或机械通风等措施，以保证滤池供氧充足。

（4）滤床的比表面积和孔隙率。生物膜是生物膜法的主体，滤料表面积越大，生物膜的表面积也越大，生物膜的量就越多，净化功能就越强。孔隙率大，则滤床不易堵塞，通风效果好，可为生物膜的好氧代谢提供足够的氧。滤床的比表面积和孔隙率越大，传质的界面也越大，这样可促进水流的紊动，有利于提高净化功能。

（5）滤床的高度。在滤床的不同高度，生物膜量、微生物种类、去除有机物的速度等方面都是不同的（见表4—1）。滤床的上层，废水中的有机物浓度高，营养物质丰富，微生物繁殖速度快，生物膜量多且主要以细菌为主，有机污染物的去除速度高；随着滤床深度的增加，废水中的有机物量减少，生物膜量也减少，微生物从低级趋向高级，有机物去除速度降低；有机物的去除效果随滤床深度的增加而提高，但去除速率却随深度的增加而降低。

表4—1　　滤床高度与处理效率之间的关系和滤床不同深度处的生物膜量

离滤床表面的深度（m）	污染物去除率				生物膜量（kg/m^3）
	丙烯腈（156 mg/L）	异丙醇（35.4 mg/L）	SCN^-（18.0 mg/L）	COD（955 mg/L）	
2	82.6%	31%	6%	60%	3.0
5	99.2%	60%	10%	66%	1.1
8.5	99.3%	70%	24%	73%	0.8
12	99.4%	91%	46%	79%	0.7

2. 生物滤池异常现象及对策

生物膜法的操作简单，一般只要控制好进水量、浓度、温度及所需投加的营养（N、P）等，处理效果一般比较稳定，微生物生长情况良好。在废水水质变化，形成负荷冲击情况下，出水水质恶化，但很快就能够恢复，这是生物膜法的优点。

生物滤池的运行中应注意检查布水装置及滤料是否有堵塞现象。布水装置堵塞往往是由于管道锈蚀或者是由于废水中悬浮物沉积所致，滤料堵塞是由于膜的增长量大于排出量所形成的。所以，对废水水质、水量应加以严格控制。控制生物膜的厚度，保持在2 mm左右，不使厌氧层过分增长，影响废水处理效果，此种情况可通过调整水力负荷（改变回流水量）等形式使生物膜的脱落均衡进行。当有机负荷高时，可加大风量，在自然通风情况下，可提高喷淋水量。当发现滤池堵塞时，应采用高压水冲洗表面或停止进入废水，让其干燥脱落。有时也可以加入少量氯或漂白粉，破坏滤料层部分生物膜。

生物滤池运行中出现的异常现象及解决对策介绍如下：

（1）异味。对于生物滤池，当进水有机物浓度过高或滤料层中截留的微生物膜过多时，滤料层内局部会产生厌氧代谢，有可能会产生异味，解决办法如下：

1）减少滤池中微生物膜的积累，让生物膜正常脱膜并通过反冲洗及时排出池外。

2）保证曝气设施的正常工作。

3）避免高浓度或高负荷污水的冲击。

（2）生物膜严重脱落。在滤池正常运行过程中，微生物膜的不正常脱落是不允许的，产生脱落主要是水质原因引起的，如抑制性或有毒性污染物浓度过高或pH值突变等。解决的方法是：改善水质，使进入滤池的水质基本稳定。

（3）处理效率降低。若滤池系统运行正常，且微生物膜生长情况较好，仅仅是处理效率有所下降，这种情况一般不会是水质的剧烈变化或有毒污染物质的进入造成的，而可能是进水的pH值、溶解氧、水温、短时间超负荷运行所致。对于这种现象，只要处理效率降低的程度不影响出水水质的达标排放，即可不采取措施，过一段时间便会恢复正常，若出水水质影响达标排放，则需采取一些局部调整措施加以解决，如调节进水的pH值、调整供气量、对反应器进行保温或对进水进行加热等。

（4）生物滤池截污能力下降。生物滤池运行过程中，滤池的截污能力下降，这种情况可能是预处理效果不佳，使得进水中的SS浓度较高所引起的，所以此时必须加强对预处理设施的管理。

（5）出水水质异常

1）出水带泥、水质浑浊。这种情况的出现主要是生物膜太厚，导致微生物流失，处理效率下降。解决办法是控制进水、提高滤速等。

2）水质发黑、发臭。水质发黑、发臭的原因可能是溶解氧不够，造成污泥厌氧分解。解决办法是加大曝气量，提高溶解氧的含量即可。也可能是系统局部堵塞，造成局部缺氧。解决办法是进行翻堆滤料，冲洗滤料。

（6）出水呈微黄色。主要原因是生物滤池进水化学除磷的加药量太大，铁盐超标，减小加药量即可。

（7）冬天不仅处理效率降低，有时还可结冰，使滤池完全失效。解决的方法有：减小出水回流倍数，有时可完全不回流，直至气候暖和；当采用两级滤池时，可使它并联运行，回流小或无，直至天气转暖；调节喷嘴，使之能均匀布水；在滤池上风头设挡风；经常破冰，并将冰去除。

（8）布水器爆裂。布水管及喷嘴的堵塞使污水在填料上分配不匀，结果是受水面积减少，效率降低，严重时可能会大部分喷嘴堵塞，使布水器内压力增高而爆裂。解决的方法有：清洗所有喷嘴，有时还需清洗布水器管道；提高初沉池对油脂和悬浮物的去除率；维持足够的水力负荷；按设备说明书润滑布水器。

（9）滤池蝇大量出现，影响环境卫生。滤池蝇是一种小型昆虫，幼虫在滤池的生物膜上滋生，成体蝇在滤池周围飞翔，可飞越普通的窗纱，进入人体的眼、耳、口、鼻等处，它的飞翔能力仅为方圆数百英尺，但可随风飞得更远。解决的方法有：使滤池连续受水，不可间断；除去过剩的生物膜；隔 1～2 周淹没滤池 24 h；彻底冲淋滤池暴露部分的内壁，如可延长布水横管，使污水能洒布于壁上，若池壁保持潮湿，则滤池蝇不能生存；在周围铲除滤池蝇的避难场所；在进水中加氯，使余氯为 0.5～1 mg/L，加药周期为 1～2 周，以避免滤池蝇完成生命周期；在滤池壁表面施杀虫剂，以杀死欲进入滤池的成蝇，加药周期为 4～6 周，蝇即可控制；在施药前应考虑杀虫剂对受水水体的影响。

第 2 节　生 物 转 盘

学习目标

1. 熟悉不同的工艺条件对生物转盘处理效果的影响
2. 熟悉生物转盘工艺运行中可能出现的异常问题及可采取的应对方法
3. 掌握生物转盘常见的工艺流程及主要差异

知识要求

一、生物转盘工艺及特点

生物转盘具有稳定、高效、省空间、低能耗等优点。实践证明，如盘片总面积不变，将转盘分为多级串联运行，能够改善处理水水质和污水中的溶解氧含量，提高处理效率。因此，生物转盘运行时宜于采用多级处理方式，其主要工艺流程有以下几种。

1. 普通生物转盘工艺流程

普通生物转盘工艺流程（见图 4—3）是以去除 BOD 为主要任务的生物转盘工艺流程，多采用多级处理，提高处理效果。

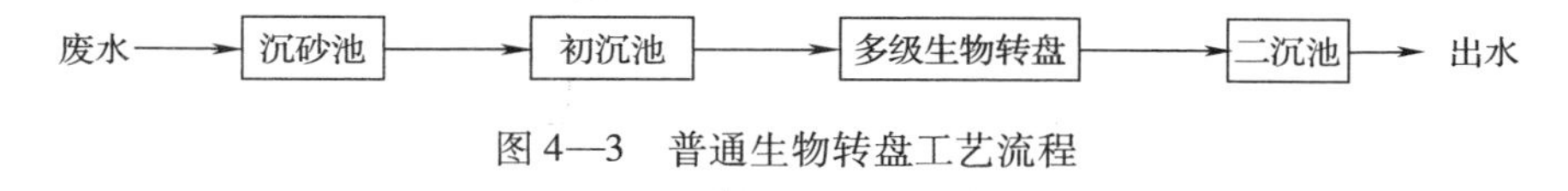

图 4—3　普通生物转盘工艺流程

2. 深度处理生物转盘工艺流程

深度处理生物转盘工艺流程（见图4—4）采用化学除磷和生物脱氮的方法，达到强化去除BOD、脱氮、除磷深度处理的目的。

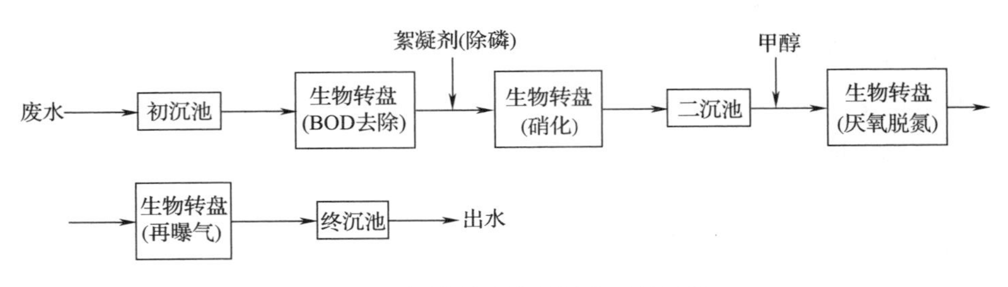

图4—4　深度处理生物转盘工艺流程

3. 生物转盘与其他工艺的组合流程

生物转盘与其他工艺的组合流程（见图4—5）是利用生物膜法很强的抗冲击负荷能力，泥龄长，运行维护简单，不会产生污泥膨胀的问题等优点，也利用活性污泥法中供氧充足，水气泥混合充分，操控性好等优点，处理量也大幅提高。

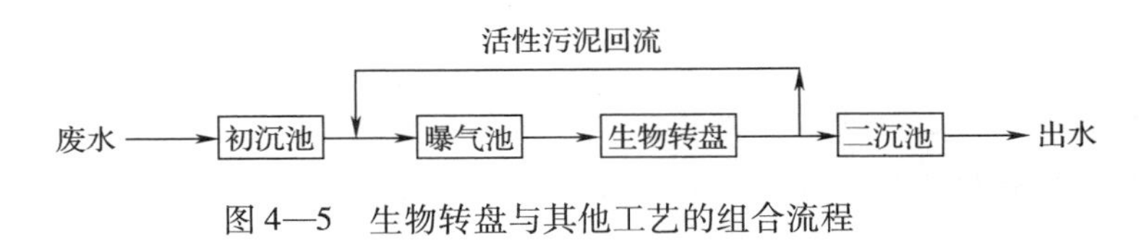

图4—5　生物转盘与其他工艺的组合流程

二、生物转盘工艺运行

1. 生物转盘工艺运行控制条件

（1）转盘材料。盘片是生物转盘的主要组成部分，它与生物转盘的处理效率直接相关。盘片的有效面积及表面粗糙度是影响生物转盘处理效率的重要因素，盘片材料的价格与轻重直接影响着整个系统的投资及运行成本。盘片材料有效面积越大，其上生长的微生物就越多；盘片材料表面越粗糙，其越容易长上生物膜，而且生物膜厚度也越大；盘片材料越轻，能耗越少，运行费用越低。目前国内常用的盘片材料有：泡沫塑料板、塑料光板、塑料波纹板、玻璃钢、钢板、木板、竹板等。

（2）转盘转速。转盘转速与系统处理效果之间存在一种抛物线关系，在一个特定的转速值（最优转速）时，系统处理效果达到最优，在低于或高于该转速下运行生物转盘，系统处理效果都会下降。原因是：起初转速由零逐渐增加到最优转速值时，反应器内液体混合也逐渐趋于均匀，基质与转盘上附着的生物膜得到越来越充分的接触，系统处理效果逐渐增加到最高；但当转速超过该最优转速并继续增高时，液体剪力也越来越大，生物膜脱落加速，且转盘边界层越来越薄，最终基质已无时间传递到生物膜，微生物的浓度也不够了，造成了系统处理效果的降低。

（3）转盘浸没百分比。转盘在接触槽内废水中的浸没百分比与系统处理效果之间是一种正比的关系，浸没百分比越大，转盘单位面积负荷就越高，COD_{Cr}去除率也就越高，浸没面积越小，其所带入的空气越多，能源消耗得到减少，但同时转盘单位面积负荷也会降低，处理效果变差。

（4）水力停留时间（HRT）。HRT 增加，水中有机污染物与生物膜的接触机会和时间也增加，能被更加充分的降解，系统的处理效果得到提高；但 HRT 越长，反应器的体积就需要增大很多，占地面积随之增加，投资费用急剧上升。

（5）转盘分级。转盘分级可以改进污水在氧化槽内逗留时间的分配，防止短路，从而提高处理的效果。在污水净化程度逐级提高过程中，每级可以培养出相应的微生物以适应不同浓度和不同处理程度的要求。

然而转盘分级过多对提高处理效果并不显著，如处理生活污水时，三级转盘 BOD 去除率可达 75% ~90% 。转盘级数一般以二 ~ 四级为妥。

2. 生物转盘异常现象及对策

生物转盘是生化处理过程中工艺控制较为简单的一种处理方法，其处理效果受水质、水量、气候等因素影响较大，若操作管理不当，也会严重影响或破坏生物膜的正常工作，并导致处理效果下降。常见的异常现象有如下几种：

（1）生物膜严重脱落。在生物转盘启动后的两周内，盘面上生物膜大量脱落是正常的，当转盘采用其他水质的活性污泥来接种，脱落现象更为严重。但正常运转阶段，生物膜大量脱落会给运行带来困难，产生这种情况有多种原因，通常是进水中含有较多有毒物质或生物抑制性的物质。例如重金属、氯或其他有机化合物。这时应首先查明引起中毒的物质和它的浓度，并立即将氧化池内的水排空，用其他废水稀释，最终解决办法是防止毒物进入，或设调节池使毒物稀释后均衡进入。

（2）产生白色生物膜。当进水已发生腐败或含有高浓度的含硫化合物（如 H_2S、Na_2S、亚硫酸钠等），或负荷过高使氧化池混合液缺氧时，生物膜中硫细菌（如贝氏硫细菌和发硫细菌）会大量产生，并占优势生长；有时进水偏酸性，使膜中丝状真菌大量繁殖，上述情况下盘面会呈白色，处理效果大大下降。

解决方法：

1）对原水进行预曝气或在氧化池增设曝气装置。

2）投加氧化剂，以提高污水的氧化还原电位，如投加 H_2O_2等。

3）控制生产过程含硫废水的排放，实行清洁生产，减少含硫物质的使用，并尽可能实现废水中含硫物质的回收利用。

4）消除超负荷状况，增加第一级转盘的面积，将一、二级串联运行改为并联运行以降低第一级转盘的负荷。

（3）处理效率降低。凡存在不利于生物的环境条件，皆会影响处理效果，主要有以下几点：

1）废水温度下降。当废水温度小于13℃时，生物活性减弱，有机物去除率降低，可采取一定的保温措施。

2）流量或有机负荷的突变。短时间的超负荷对转盘影响不大，持续超负荷会使BOD去除率降低，大多数情况下，当有机负荷冲击小于全日平均值的两倍时，出水效果下降不多。在采取措施前，必须先了解存在问题的主要原因，如进水流量、停留时间、有机物去除率等，如属昼夜瞬时冲击，则可通过控制排放废水时间或设调节池予以解决；如长期流量或负荷偏高，则需减少水量或工程扩建。

3）pH值。氧化池内pH值必须保持在6.5～8.5范围内，进水pH值一般要求调整在6～9范围内，经长期驯化适应范围略可扩大。超过这一范围处理效率将明显下降。硝化转盘对pH值和碱度的要求比较严格。硝化时pH值应尽可能控制在8.4左右，进水碱度至少应为进水氨氮浓度的7.1倍，以使反应完全进行而不影响微生物的活性。

（4）固体的累积。沉砂池或初沉池中固体物去除效果不好，会使悬浮固体在氧化池内积累并堵塞废水进入的通道。挥发性悬浮物（主要是脱落的生物膜）在氧化池中大量积累，也会产生腐败，发出臭气，并影响系统的运行。在氧化池中积累的固体物数量上升时，应用泵将它们抽出，并检验固体物的类型，以针对产生的原因解决。

（5）生物膜生长不正常。生物膜厚度增长较快、过于肥厚，盘面上出现白色半透明胶体，此时反应槽附近会因生物膜内的厌氧反应而产生臭气。产生上述现象的主要原因是进水负荷过高，通过减少进水流量降低有机负荷或加强调节池预曝气，提高污水中溶解氧含量等方法来解决。

生物膜厚度变得很薄，生物镜检时发现纤毛类原生动物异常增多，甚至反应槽内出现大量红色块状漂浮物。产生上述现象的主要原因是进水负荷过低，可通过增大进水流量、提高有机负荷或减少生物转盘的运转段数等方法来解决。

第3节　生物接触氧化

学习目标

1. 熟悉不同的工艺条件对生物接触氧化法处理效果的影响
2. 熟悉生物接触氧化工艺运行中可能出现的异常问题及可采取的应对方法
3. 掌握生物接触氧化法常见的工艺流程及主要差异

知识要求

生物接触氧化法又称浸没式曝气生物滤池法，是由生物滤池和曝气氧化池演变而来的。生物接触氧化是一种介于活性污泥法与生物滤池两者之间的生物处理技术，也可以说是具有活性污泥法特点的生物膜法，兼具两者的优点，因此，在污水处理工程中被广泛采用。

一、常见的运行工艺流程及特点

生物接触氧化法的处理流程通常有两类，即一段法（一次生物接触氧化）和二段法（即两次生物接触氧化）。实践证明，在不同的条件下，这两种系统各有其特点，其经济性和适用性范围简介如下：

1．一段法

一段法亦称一氧一沉法。原水先经调节池，再进入生物接触氧化池，而后流入二次沉淀池进行泥水分离。处理后的上层水排放或做进一步处理，污泥从二次沉淀池定期排走。这种流程虽然在氧化池中有时会引起短路，但全池填料上的生物膜厚度几乎相等，BOD负荷大体相同，具有完全混合型的特点。营养物（F）与活性微生物的重量（M）之比较低，微生物的生长处于下降阶段，此时微生物的增殖不再受自身生理机能的限制，而是由污水中营养物质的量起主导作用。

2．二段法

二段法亦称二氧二沉法。采用二段法的目的，是为了增加生物氧化时间，提高生化处理效率，同时更适应原水水质的变化，使处理水质稳定。原水经调节池调节后，进入第一生物接触氧化池，然后流入中间沉淀池进行泥水分离，上层水继续进入第二接触氧化池，最后流入二次沉淀池，再次泥水分离，出水排放，沉淀池的污泥定期排出。在二段法流程中，需控制第一段氧化池内微生物处于较高的 *F/M* 值条件。当 *F/M* 值大于 2.1 kg BOD/（m^3·d）时，微生物生长率可处于上升阶段，此时营养物远远超过微生物生长所需，微生物生长不受营养因素的影响，只受自身生理机能的限制，因而微生物繁殖很快，活力很强，吸附氧化有机物的能力较强，可以提高处理效率。为了维持微生物处于较高的 *F/M* 值条件下，BOD 负荷随之提高，处理水中的有机物浓度也就必然要高一些，这样在第二阶段氧化池内，须根据需要控制适当的 *F/M* 值条件，一般在 0.5 kg BOD/（m^3·d）左右，此时的微生物处于生长率下降阶段后的内源性呼吸阶段。由此可见，二段法流程的微生物工作情况与推流式活性污泥法或活性污泥 AB 法相似。

从上述二法的比较中可以看出，一段法流程简单易行，操作方便，投资较省，但对 BOD 的降解能力不如二段法；二段法流程处理效果好，可以缩短生物氧化所需的总时间，但增加了处理装置和维护管理工作，投资也比一段法高。一般来说，当有机负荷较低，水力负荷较大时，采用一段法为好；当有机负荷较高时采用二段法或推流式更为恰当。试验表明，二段法中的第一接触氧化池与第二接触氧化池容积比宜选用 7∶3 为好。

二、生物接触氧化工艺运行

1. 生物接触氧化运行控制条件

（1）填料。填料是微生物的载体，填料的选择决定了反应器内可供生物膜生长的比表面积的大小和生物膜量的大小。在一定的水力负荷和曝气强度下，又决定了反应器内传质条件和氧的利用率，从而对工艺运行效果影响很大。

填料的选择很重要。填料是附着生物膜生长的介质，可直接影响接触氧化池中微生物生长数量、空间分布状况、代谢活性等，还对接触氧化池中布水、布气产生影响。除考虑寿命长、价格适中等通常的要求外，还应考虑废水的性质和浓度等因素。如处理高浓度废水时，由于微生物产量高、生长快，微生物膜较厚，应使用易于生物膜脱落的填料，通常使用弹性填料。当处理低浓度废水时，微生物增长较慢，生物膜较薄，应尽可能减少生物膜的脱落，增强生物膜的附着力，可选择易于挂膜和比表面积较大的软性纤维填料或组合填料。在生物脱氮系统的硝化区段，由于硝化细菌是一类严格好氧微生物，只生长在生物膜的表层，因此最好选择空间分布均匀，且比表面积较大的悬浮填料或弹性立体填料。对悬浮填料除了按上述标准注意其空间形状结构外，还应注意其相对密度，以附着生物膜后相对密度略大于水为佳，这样在曝气后可使填料像活性污泥一样在接触氧化池内上下翻腾，以利于污水中有机物向生物膜中转移和对曝气气泡的切割，增强传质效果，并有利于过厚的生物膜脱落。

（2）水温。水温以两种形式对生物接触氧化工艺产生影响：一是影响生物酶的催化反应速率，二是影响污染物质向微生物细胞扩散的速率。生物接触氧化中水温的适宜范围在10～35℃，水温过低或过高，都会影响处理效果。

（3）pH值。生物接触氧化法作为一个微生物处理过程，pH值是其重要的环境因素，对大多数微生物来说，最适宜的pH值在7左右，对pH值过高或过低的废水，应考虑调整pH值的预处理，控制生物接触氧化池进水的pH值在6.5～9.5。

（4）溶解氧。生物接触氧化池中曝气的作用，一是供给生物氧化所需的氧，二是提供反应器内良好的水流紊动程度，以利于污染物、微生物和氧的充分接触，保证传质效果，同时还可通过对水体的扰动达到强制脱膜，防止填料积泥，保持微生物活性。溶解氧一般控制在3 mg/L左右

（5）水质条件。悬浮物是生物接触氧化法处理的重要影响因素。一方面，悬浮物沉降或黏附于填料生物膜上，妨碍微生物与水中污染物、溶解氧的传质过程，降低生物膜的活性；另一方面，悬浮物在填料上的积累，使填料的比表面积减少，导致生物处理效果下降。通常，在污水进入接触氧化池之前，应对污水中无机悬浮物和泥沙进行预处理。

（6）水力停留时间（HRT）。水力停留时间是生物接触氧化法至关重要的参数，按合适的水力停留时间运行，不仅可以达到理想的处理效果，而且可以节省基建投资。

2. 生物接触氧化工艺异常问题及对策

（1）生物膜严重脱落。在生物膜挂膜过程中，膜状污泥大量脱落是正常的，尤其是采用工业废水进行驯化时，脱落现象会更严重。但在正常运行阶段产生大量脱膜，主要是进水水质的原因，解决办法是改善水质。

（2）臭味。由于污水浓度高，污泥局部发生厌氧代谢，可能会有臭味产生，解决的办法如下：

1）减少处理设施中生物膜的累积，让生物膜正常脱落，并及时排出。

2）保证曝气设施的正常。

3）根据需要向进水中短期少量投加液氯。

4）避免高浓度或高负荷废水的冲击。

（3）处理效率降低。当整个处理系统正常且生物膜良好，仅处理效果有所下降时，一般不会是水质的剧烈变化或有毒污染物的进入，如废水pH值、DO、气温、短时间超负荷（负荷增加幅度也不太大）运行等。可采取一些局部调整措施加以解决，如保温、酸或碱中和、调整供气量等。

（4）污泥的沉积。当预处理沉降效果不佳时，大量悬浮物会在氧化池中沉积，其中有机污泥存积时间过长后会产生腐败，发出臭气，解决办法是提高预处理沉淀效果或设置氧

化池临时排泥设施。

（5）防止生物膜过厚、结球。在固定悬浮填料的处理系统中，在氧化池不同区段应悬挂一根下部不固定的填料，操作人员定期将填料提出水面观察其生物膜的厚度，在发现生物膜不断增厚，生物膜呈黑色并散发出臭味、处理出水水质不断下降时，应采取措施“脱膜”。

此时可通过瞬时的大流量、大气量的冲刷使过厚的生物膜从填料上脱落下来，此外还可以用“闷”的方法，即停止曝气一段时间，使内层厌氧生物膜在厌氧条件下发酵，产生二氧化碳、甲烷等气体，产生的气体使生物膜与填料间的附着力降低，此时再以大气量冲刷脱膜效果较佳。某些工业废水中含有较多黏性污染物导致填料严重结球，此时的生物膜几乎是“死疙瘩”、大大降低了生物接触氧化法的处理效率，因此在设计中应选择空隙率较高的漂浮填料或弹性立体填料。对已经结球的填料应瞬时使用气或水进行高强度冲刷，必要时应更换填料。另外，池底积泥过多还会引起曝气器微孔堵塞。为避免这种情况的发生，应定期检查氧化池底部是否积泥，发现池底积有黑色的污泥或悬浮物浓度过高时，应及时设泵排泥或通过加大曝气使池底积泥松动后再排。在正常运转过程中，除了对有关理化指标的测定外，还应对不同层厚、级数的生物膜进行微生物检验，观察分层及分级现象。

本章思考题

1. 采用二级生物滤池工艺运行有何好处？
2. 滤床高度对生物滤池处理效果有何影响？
3. 叙述生物滤池工艺运行中可能出现的异常问题及可采取的应对方法。
4. 生物转盘盘片间距对处理效果有何影响？
5. 接触氧化法采用二段法有什么好处？
6. 如何控制接触氧化工艺中生物膜过厚、结球问题？

第 5 章

厌氧生物处理

废水的厌氧生物处理是指在没有游离氧（分子氧）的情况下，以厌氧微生物为主对有机物进行降解、稳定的一种无害化处理方法。在厌氧生物处理过程中，复杂的有机化合物被降解，转化为简单、稳定的化合物，同时释放能量。其中，大部分能量以甲烷（CH_4）的形式出现，这是一种可燃气体，可回收利用。同时，仅少量有机物被转化而合成为新的细胞组成部分。

简单地讲，可把有机物厌氧分解（或称厌氧消化）的全过程分为水解发酵（也称酸化）、产氢产乙酸、产甲烷三阶段，有机物大部分转化为 CH_4 和 CO_2。

第 1 节　常见厌氧生物反应器

学习目标

1. 熟悉常见厌氧反应器的工艺特点
2. 掌握厌氧消化工艺系统组成
3. 掌握常见的厌氧反应器的种类
4. 掌握普通厌氧消化池运行中存在的主要问题

知识要求

厌氧生物处理基本工艺流程包括调节池、厌氧反应器、甲烷收集利用系统、污泥处理系统等。厌氧处理的核心是厌氧生物反应器，目前已经开发出多种厌氧生物反应器，用来提高厌氧生物处理的能力或提高厌氧生物处理系统的稳定性（见图5—1）。目前大多数采用的是第二代的厌氧工艺，典型代表就是UASB，其主要特征是当采用较高的有机负荷或水力负荷时，厌氧消化器内依然能有很高的污泥浓度（沉降良好的颗粒污泥等），不会发生如第一代厌氧生物反应器出现的问题，消化气附着在厌氧污泥上，随出水流出，造成污泥大量流失。

第三代的厌氧生物反应器是在保持较高污泥浓度的同时，进水能和污泥进行强烈的混合接触，从而能加快反应速度。IC厌氧反应器是一种高效的多级内循环反应器，为第三代厌氧生物反应器的代表类型，它具有占地少、有机负荷高、抗冲击能力更强的特点，性能更稳定、操作管理更简单。当COD为10 000～15 000 mg/L时的高浓度有机废水，第二代上流式厌氧污泥床反应器一般容积负荷为5～8 kgCOD/m^3；第三代IC厌氧反应器容积负

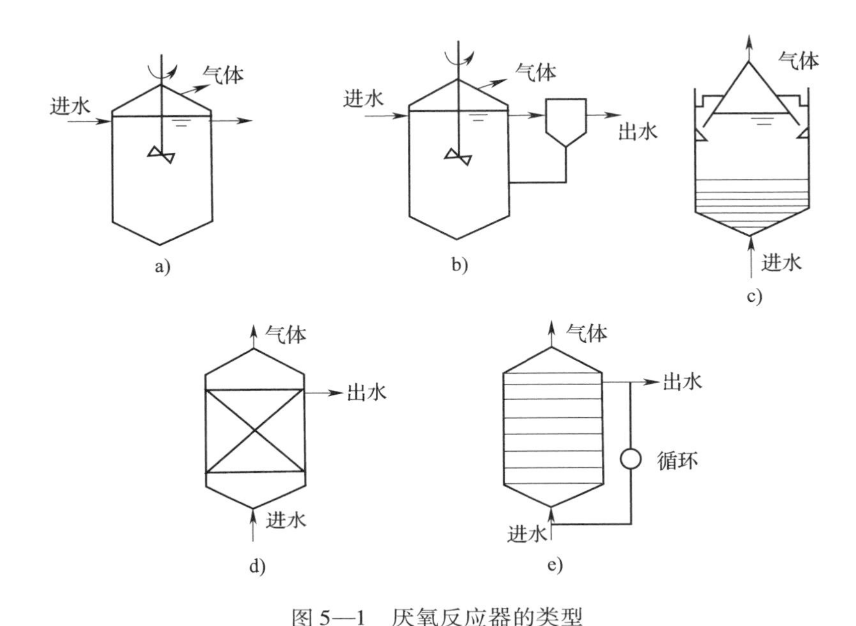

图 5—1　厌氧反应器的类型

a）普通厌氧反应器　b）厌氧接触反应器　c）上流式厌氧污泥床反应器

d）厌氧固定膜反应器　e）厌氧流化床反应器

荷率可达 15 ~ 30 kgCOD/m^3。IC 厌氧反应器适用于高浓度有机废水，如玉米淀粉废水、柠檬酸废水、啤酒废水、土豆加工废水、酒精废水等。

一、普通厌氧反应器

普通厌氧反应器（见图 5—1a）也称普通厌氧消化池，属第一代的厌氧生物反应器。

普通厌氧消化池又称传统消化池或常规消化池，厌氧发酵反应与固液分离在同一个池内进行，结构较为简单，容易管理，多用于大型污水处理厂的浓缩后剩余污泥的处理，也可用于处理高浓度有机工业废水、悬浮固体含量较高和颗粒较大的有机废水、含难降解有机物的工业废水。废水或污泥定期或连续进入消化池中，消化后的污泥和上清液分别从消化池底部和上部排出，所产生的沼气从顶部排出。第一代的厌氧工艺或多或少考虑了甲烷菌适宜的生长环境因素，包括进水的 pH 值、碱度、反应温度等，有的还有搅拌，但解决不了搅拌后消化气更易附着在厌氧污泥上，随出水流出，造成污泥大量流失的问题。在第一代的厌氧工艺中，污泥泥龄等于水力停留时间，一般泥龄应该是甲烷菌世代时间的 2 ~ 3 倍，才能保证甲烷菌的在厌氧反应器内得以生长增殖，这就是传统厌氧消化工艺即使在中温条件下也能至少停留 20 ~ 30 天的原因。这类反应器目前应用不多。

二、厌氧接触反应器

厌氧接触反应器（见图5—1b）是传统厌氧反应器的改进，在消化池内进行加热、搅拌，排出的混合液经过真空脱气器后在沉淀池中分离，再回流到反应器中，类似于活性污泥工艺，从而来保证消化器中较高的污泥浓度。该反应器的运行温度大多数是在中温范围，水力停留时间在1~5天，稳定处理的效率在65%~90%，有机负荷为2.1~5.9 kg BOD/（m^3·d）。与普通消化池相比，它不需要很长的水力停留时间或很大的反应器容积。该法有效处理的关键在于污泥沉淀性能和污泥分离效率。真空脱气器排除了附着在污泥上的消化气，有利于污泥在沉淀池中的沉淀，但为保证回流污泥中甲烷菌的活性，混合液温度会较高，在二沉池中依然会有少量气泡生成，黏附在污泥上，影响污泥沉淀。该法适用于处理BOD_5>1 500 mg/L的废水，出水的BOD_5在200~1 000 mg/L，仍属于低负荷或中负荷厌氧工艺。

国内通常采用二级消化的厌氧工艺，不用真空脱气器和二沉池，用第二级消化池代替沉淀池的作用。第二级消化池的总容积与第一级消化池基本相当，第二级消化池不搅拌不加热，沉淀浓缩污泥，部分污泥回流至一级消化池，从而来保证一级消化器中较高的污泥浓度，同时收集由余热产生的消化气。因消化池数量增加一倍，基建投资和占地面积较大，处理负荷相对比较高。

三、上流式厌氧污泥床反应器

上流式厌氧污泥床反应器（UASB）（见图5—1c）是厌氧污泥床反应器中最有代表性的一种形式，已在许多废水处理厂中得到应用，是使用最广泛的厌氧反应器之一。污水自下而上地通过厌氧污泥床反应器，在底部有一高浓度、高活性的污泥床，大部分有机物在这里被转化为CH_4和CO_2，若能形成良好的颗粒状污泥床，反应过程不需要搅拌，就可使有机负荷、去除率提高，能适应冲击负荷、温度、pH值的变化。在上升水流和消化气泡的搅动作用下，污泥床的上部形成絮状污泥悬浮层。反应器上部设三相分离器，完成气、固、液三相分离，消化气从上部导出，颗粒污泥自动滑落到污泥层中，从而来保证消化器中较高的污泥浓度。颗粒状污泥的形成和三相分离器是UASB最具特色的地方。

四、厌氧固定膜反应器

厌氧固定膜反应器（见图5—1d）也称厌氧过滤器，是一种装有固定填料的反应器。在填料表面附着和填料截留的大量厌氧微生物的作用下，进水中的有机物转化为CH_4和CO_2等。根据进水的方向将厌氧固定膜反应器分为上流式、下流式和平流式3种；根据填料填充的程度分为全充填型和部分充填型。填料的形式多种多样，同好氧处理系统的填料类似。固定膜反应器特别适用于处理低浓度的溶解性有机废水。厌氧滤池是最典型的代表反应器。

五、厌氧流化床反应器

厌氧流化床反应器（见图5—1e）是一种装填有比表面积很大的惰性载体颗粒的反应器，以一定粒径载体为流化粒料，废水为流化介质。载体颗粒在整个反应器内均匀分布，废水进入池内向上流动，并和表面长有大量的厌氧生物膜的惰性载体颗粒混合接触，完成厌氧生物降解过程。根据流速大小和颗粒膨胀程度可分为膨胀床和流化床。为了减少能耗，膨胀床运行流速控制在略高于初始流化速度，相应的膨胀率为5%～20%。流化床一般按20%～40%的膨胀率运行，这样的颗粒不致流失并且生物膜与废水又充分接触。

六、二相厌氧处理工艺

在一般的厌氧消化工艺中，产酸菌和产甲烷菌在同一反应器内完成厌氧消化的全过程，由于二种菌种的特性有较大的差异，对环境条件的要求不同，无法使二者都处于最佳的生理状态，影响了反应器的效率。

（1）两相厌氧消化工艺将产酸菌和产甲烷菌分别置于两个反应器内，并为它们提供了最佳的生长和代谢条件，使它们能够发挥各自最大的活性，较单相厌氧消化工艺的处理能力和效率大大提高。

（2）反应器的分工明确，产酸反应器对污水进行预处理，不仅为产甲烷反应器提供了更适宜的基质，还能够解除或降低水中的有毒物质，如硫酸根、重金属离子的毒性等，改变难降解有机物的结构，减少对产甲烷菌的毒害作用和影响，增强了系统运行的稳定性。

（3）产酸相的有机负荷率高，缓冲能力较强，因而冲击负荷造成的酸积累不会对产酸相有明显的影响，也不会对后续的产甲烷相造成危害，提高了系统的抗冲击能力。

（4）产酸菌的世代时间远远短于产甲烷菌，产酸菌的产酸速度高于产甲烷菌降解酸的速率，产酸反应器的体积总是小于产甲烷反应器的体积。

七、水解酸化法

厌氧生物处理的水解酸化过程要比产甲烷化过程快速而且简易，可以利用水解酸化过程来处理废水。从机理上讲，水解和酸化是厌氧消化过程的两个阶段，但不同的工艺水解酸化的处理目的不同，水解是将原有废水中的非溶解性有机物转变为溶解性有机物，酸化时微生物的代谢产物主要是各种简单有机酸。特别对于工业废水，水解酸化主要可将其中难生物降解的有机物转变为易生物降解的有机物，提高废水的可生化性，以利于后续的好氧处理。考虑到后续好氧处理的能耗问题，水解酸化主要用于低浓度难降解废水的预处理。

八、内循环IC厌氧反应器

1. 构造

内循环IC厌氧反应器基本构造如图5—2所示，它类似于两层UASB反应器串联而成。按功能划分，反应器由下而上共分为5个区：混合区、第一厌氧区、第二厌氧区、沉淀区和气液分离区。

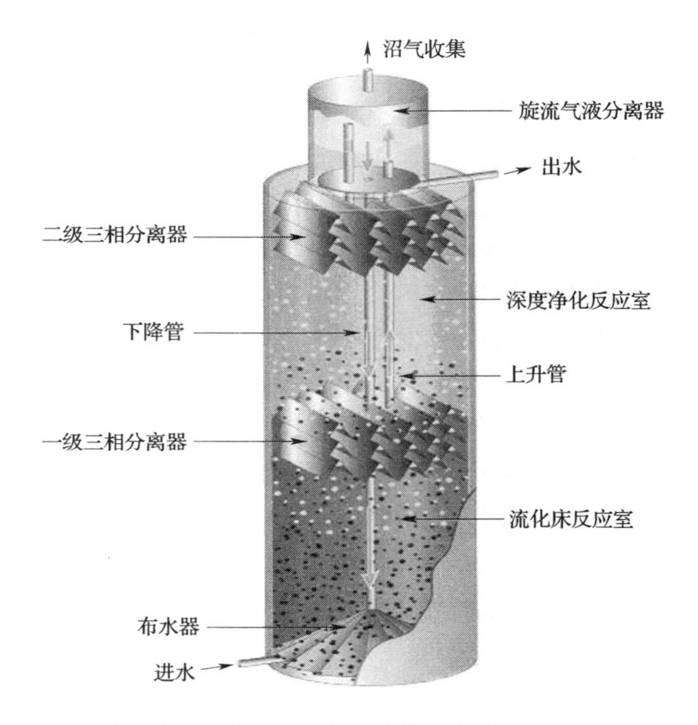

图5—2　内循环IC厌氧反应器基本构造图

（1）混合区。反应器底部进水、颗粒污泥和气液分离区回流的泥水混合物有效地在此区混合。

（2）第一厌氧区。混合区形成的泥水混合物进入该区，在高浓度污泥作用下，大部分有机物转化为沼气。混合液上升流和沼气的剧烈扰动使该反应区内污泥呈膨胀和流化状态，加强了泥水表面接触，污泥由此而保持高的活性。随着沼气产量的增多，一部分泥水混合物被沼气提升至顶部的气液分离区。

（3）气液分离区。被提升的混合物中的沼气在此与泥水分离并导出处理系统，泥水混合物则沿着回流管返回到最下端的混合区，与反应器底部的污泥和进水充分混合，实现了混合液的内部循环。

（4）第二厌氧区。经第一厌氧区处理后的废水，除一部分被沼气提升外，其余的都通过三相分离器进入第二厌氧区。该区污泥浓度较低，且废水中大部分有机物已在第一厌氧区被降解，因此沼气产生量较少。沼气通过沼气管导入气液分离区，对第二厌氧区的扰动很小，这为污泥的停留提供了有利条件。

（5）沉淀区。第二厌氧区的泥水混合物在沉淀区进行固液分离，上清液由出水管排走，沉淀的颗粒污泥返回第二厌氧区污泥床。

从内循环 IC 厌氧反应器工作原理可见，反应器通过两层三相分离器来实现 SRT > HRT，获得高污泥浓度，通过大量沼气和内循环的剧烈扰动，使泥水充分接触，获得良好的传质效果。

2. 工艺技术优点

内循环 IC 厌氧反应器的构造及其工作原理决定了其在控制厌氧处理影响因素方面比其他反应器更具有优势。

（1）容积负荷高。IC 反应器内污泥浓度高，微生物量大，且存在内循环，传质效果好，进水有机负荷可超过普通厌氧反应器的 3 倍以上。

（2）节省投资和占地面积。IC 反应器容积负荷率高出普通 UASB 反应器的 3 倍左右，其体积相当于普通反应器的 1/4 ~ 1/3 左右，大大降低了反应器的基建投资。而且 IC 反应器高径比很大（一般为 4 ~ 8），所以占地面积特别省，非常适合用地紧张的工矿企业。

（3）抗冲击负荷能力强。处理低浓度废水（COD 为 2 000 ~ 3 000 mg/L）时，反应器内循环流量可达进水量的 2 ~ 3 倍；处理高浓度废水（COD = 10 000 ~ 15 000 mg/L）时，内循环流量可达进水量的 10 ~ 20 倍。大量的循环水和进水充分混合，使原水中的有害物质得到充分稀释，大大降低了毒物对厌氧消化过程的影响。

（4）抗低温能力强。温度对厌氧消化的影响主要是对消化速率的影响。IC 反应器由于含有大量的微生物，温度对厌氧消化的影响变得不再显著和严重。通常 IC 反应器厌氧消化可在常温条件（20 ~ 25℃）下进行，这样减少了消化保温的困难，节省了能量。

（5）具有缓冲 pH 值的能力。内循环流量相当于第一厌氧区的出水回流，可利用 COD 转化的碱度，对 pH 值起缓冲作用，使反应器内 pH 值保持最佳状态，同时还可减少进水的投碱量。

（6）内部自动循环，不必外加动力。普通厌氧反应器的回流是通过外部加压实现的，而 IC 反应器以自身产生的沼气作为提升的动力来实现混合液内循环，不必设泵强制循环，节省了动力消耗。

（7）出水稳定性好。利用二级 UASB 串联分级厌氧处理，反应器分级会降低出水 VFA 浓度，延长生物停留时间，使反应进行稳定。

（8）启动周期短。IC 反应器内污泥活性高，生物增殖快，为反应器快速启动提供有利条件。IC 反应器启动周期一般为 1～2 个月，而普通 UASB 启动周期长达 4～6 个月。

（9）沼气利用价值高。反应器产生的生物气纯度高，CH_4 为 70%～80%，CO_2 为 20%～30%，其他有机物为 1%～5%，可作为燃料加以利用。

第2节　UASB 反应器

学习目标

1. 了解 UASB 反应器启动过程中易出现的问题及相应对策
2. 熟悉运行条件对 UASB 反应器处理效果的影响
3. 熟悉 UASB 反应器运行中常见的故障、原因及可采取的相应对策
4. 掌握 UASB 反应器的构造
5. 掌握 UASB 反应器的启动步骤
6. 掌握 UASB 运行中的常用指标及对处理效果的影响

知识要求

UASB 是上流式厌氧污泥床反应器的简称，于 20 世纪 80 年代初开始在高浓度有机工业废水的处理中得到日趋广泛的应用。UASB 反应器具有工艺结构紧凑、处理能力大、无机械搅拌装置、处理效果好以及投资费用省等优点。

一、UASB 反应器的基本构造

图 5—3 所示为目前所应用的 UASB 反应器的几种主要构造型式。总的来讲，UASB 反应器的构造型式主要有两种类型，一种类型是周边出水、顶部出沼气的构造型式（见图 5—3a），另一种类型是周边出沼气、顶部出水的构造型式（见图 5—3b、c 和 d）。当反应器的容积较大时，也可以设多个出水口或多个沼气出口的组合结构形式（见图 5—3e、f）。

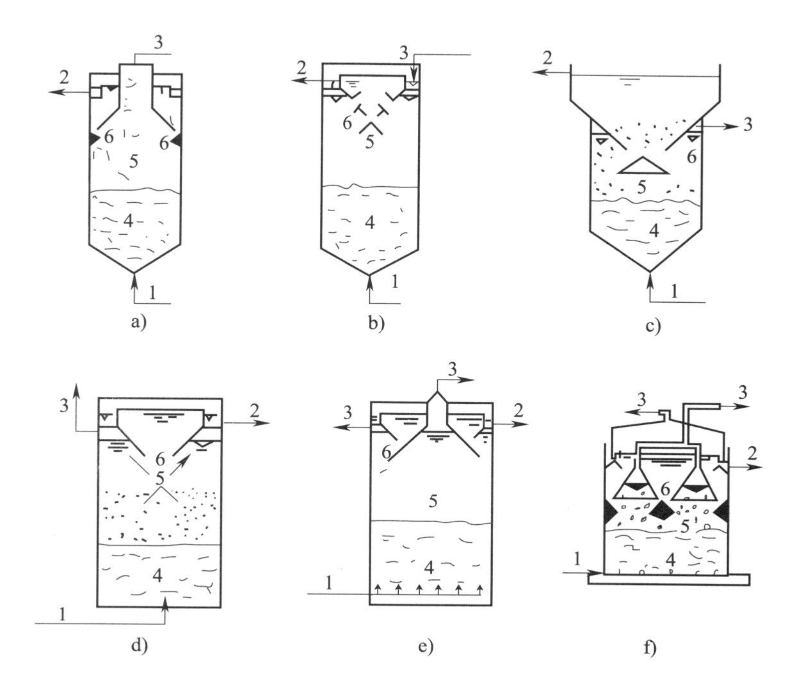

图 5—3　不同构造型式的 UASB 反应器

1—进水　2—出水　3—沼气　4—污泥床　5—污泥悬浮层　6—三相分离器

UASB 反应器的基本构造主要包括以下几个部分：污泥床、污泥悬浮层、沉淀区、三相分离器和布水系统。各组成部分的功能、特点及工艺要求分述如下：

1. 污泥床

污泥床位于整个 UASB 反应器的底部（如图 5—3 中 4 所示）。污泥床内具有很高的污泥生物量，其污泥浓度（MLSS）一般为 40 000 ~ 80 000 mg/L，有时可高达 100 000 ~ 150 000 mg/L。污泥床中的污泥由活性生物量（或细菌）占 70% ~ 80% 以上的高度发展的颗粒污泥组成，正常运行的 UASB 中的颗粒污泥的粒径一般在 0.5 ~ 5 mm 之间，具有优良的沉降性能，其沉降速度一般为 1.2 ~ 1.4 cm/s，其典型的污泥容积指数（SVI）为 10 ~ 20 mL/g。颗粒污泥中的生物相组成比较复杂，主要是杆菌、球菌和丝状菌等。

污泥床的容积一般占整个 UASB 反应器容积的 30% 左右，但它对 UASB 反应器的整体处理效率起着极为重要的作用，它对反应器中有机物的降解量一般可占到整个反应器全部降解量的 70% ~ 90%。污泥床对有机物的如此有效的降解作用，使得污泥床内会产生大量的沼气，微小的沼气气泡经过不断的积累、合并而逐渐形成较大的气泡，并通过其上升的作用而将整个污泥床层得到良好的混合。

2. 污泥悬浮层

污泥悬浮层位于污泥床的上部。它占据整个 UASB 反应器容积的70%左右，其中的污泥浓度要低于污泥床，通常为15 000 ~30 000 mg/L，由高度絮凝的污泥组成，一般为非颗粒状污泥，靠来自污泥床中上升的气泡使此层污泥得到良好的混合。污泥悬浮层中絮凝污泥的浓度呈自下而上逐渐减小的分布状态。这一层污泥担负着整个 UASB 反应器有机物降解量的10% ~30%。

3. 沉淀区

沉淀区位于 UASB 反应器的顶部，其作用是使得由于水流的夹带作用而随上升水流进入出水区的固体颗粒（主要是污泥悬浮层中的絮凝性污泥）在沉淀区沉淀下来，并沿沉淀区底部的斜壁滑下而重新回到反应区内（包括污泥床和污泥悬浮层），以保证反应器中污泥不致流失而同时保证污泥床中污泥的浓度。沉淀区的另一个作用是，可以通过合理调整沉淀区的水位高度来保证整个反应器集气室的有效空间高度而防止集气空间被破坏。

4. 三相分离器

三相分离器一般设在沉淀区的下部，但有时也可将其设在反应器的顶部，具体视所用的反应器的型式而定。三相分离器的主要作用是将气体（反应过程中产生的沼气）、固体（反应器中的污泥）和液体（被处理的废水）等三相加以分离，将沼气引入集气室，将处理出水引入出水区，将固体颗粒导入反应区。具有三相分离器是 UASB 反应器污水厌氧处理工艺的主要特点之一。

5. 布水系统

布水系统是 UASB 反应器的关键部分之一，其合理设计对于反应器的良好运行至关重要，布水系统兼有配水和水力搅拌作用。污水通过布水系统自下而上进入 UASB 反应器。设计合理的布水系统使进水与污泥充分接触，能加速厌氧反应过程，产气量大，能促进搅拌，又在一定程度上防止形成沟流和死角。在具有一定生产规模的各种 UASB 反应器中已成功地采用了各式各样的布水系统，但许多属于专利技术，其设计参数未公开。布水系统包括了进水方式的选择和进水点的布置，进水方式大致有间歇式进水、脉冲进水、连续均匀进水、连续进水与间歇回流相结合的进水方式等几种，通常采用连续均匀进水方式。进水点布置可根据进水点数量，采用一管一点或一管多点的布水方式。

二、UASB 反应器的工作原理

UASB 反应器的主体部分是一个无填料的设备，它的工艺构造和实际运行具有以下几个突出的特点：一是反应器中高浓度的以颗粒状形式存在的高活性污泥，这种污泥是在一定的运行条件下，通过严格控制反应器的水力学特性以及有机污染物的负荷，经过一段时间的培养而形成的，颗粒污泥特性的好坏将直接影响到 UASB 反应器的运行性能；二是反应器内具有集泥、水和气分离于一体的三相分离器。这种三相分离器可以自动地将泥、水、气分离并起到澄清出水、保证集气室正常水面的功能；三是反应器中无须安装任何搅拌装置，反应器的搅拌是通过产气的上升迁移作用来实现的，因而具有操作管理比较简单的特性。

UASB 反应器在运行过程中，废水以一定的流速自反应器的底部进入反应器，水流在反应器中的上升流速一般为 0.5 ~ 1.5 m/h，宜在 0.6 ~ 0.9 m/h 之间。水流依次流经污泥床、污泥悬浮层、三相分离器及沉淀区。UASB 反应器中的水流呈推流形式，进水与污泥床及污泥悬浮层中的微生物充分混合接触并进行厌氧分解。厌氧分解过程中产生的沼气在上升过程中将污泥颗粒托起，由于大量气泡的产生，即使在较低的有机和水力负荷条件下也能看到污泥床明显的膨胀。随着反应器产气量的不断增加，由气泡上升所产生的搅拌作用（微小的沼气气泡在上升过程中相互结合而逐渐变成较大的气泡，将污泥颗粒向反应器的上部携带，最后由于气泡的破裂，绝大部分污泥颗粒又返回到污泥区）变得日趋剧烈，从而降低了污泥中夹带气泡的阻力，气体便从污泥床内突发性地逸出，引起污泥床表面呈沸腾和流化状态。反应器中沉淀性能较差的絮体状污泥则在气体的搅拌作用下，在反应器上部形成污泥悬浮层。沉淀性能良好的颗粒状污泥则处于反应器的下部形成高浓度的污泥床。随着水流的上升流动，气、水、泥三相混合液（消化液）上升至三相分离器中，气体遇到反射板或挡板后折向集气室而被有效地分离排出；污泥和水进入上部的静止沉淀区，在重力的作用下，泥水发生分离。

由于三相分离器的作用，使得反应器混合液中的污泥有一个良好的沉淀、分离和再絮凝的环境，有利于提高污泥的沉降性能。在一定的水力负荷条件下，绝大部分污泥能在反应器中保持很长的停留时间，使反应器中具有足够的污泥量。

三、UASB 运行控制条件

1. 进水水质水量

运行控制首先要考虑废水的可生化性，一般要求 BOD/COD 值大于 0.3 即可。若所处理的废水属于难降解废水，可以考虑向反应器中投加易于降解的物质，对污泥进行适当培养与驯化，然后逐步降低辅助物质的投量，同时，要测定废水的碳、氮、磷含量，控制 C∶N∶P为 200 ~ 300∶5∶1 为宜。

对进水中悬浮固体（SS）浓度的严格控制要求是 UASB 反应器处理工艺与其他厌氧处理工艺的明显不同之处。一般来说，废水中的 SS/COD 的值应控制在 0.5 以下。

另外，当废水中含有某些有毒、有害物质，对厌氧过程产生抑制时，对废水适当稀释可降低有毒物质的抑制作用。

在厌氧反应器正常运行时，进水 pH 值一般最好在 6.0 以上，当然具体的控制还要根据反应器的缓冲能力而定，也取决于厌氧反应的驯化程度。

进水水量过小，不能将反应器底部污泥充分搅起，传质效率低，对污泥的水力筛选作用弱，很难培养出颗粒污泥；水力负荷过大，可能会使污泥大量流失，导致运行失败。UASB 反应器的进水水量一般控制在 0.1 ~0.3 $m^3/(m^2 \cdot h)$，可以较快地培养出颗粒污泥。

2. pH 值

UASB 反应器最佳 pH 值范围是控制出水 pH 值在 6.8 ~7.2 之间，pH 值的大小除和进料 pH 值有关外，还和废水的性质、进料负荷、碱度、TVA（总脂肪酸）等平衡有关，是几个因素共同作用的结果。当 pH 值过低时，可加碱调整。用石灰调整除提高进水 pH 值外，还可向反应器内补充 Ca^{2+}，对提高污泥的沉降性能有帮助。若用纯碱调整，出水碱度会增加，所以用纯碱调整时，投加量要小。

3. 温度

实际应用中 UASB 反应器多为中温和常温，高温（52 ~55℃）很少。对于难处理的工业废水一般采用中温发酵，对浓度较低，易于降解的生活污水可采用常温发酵。水质不同，反应器内的优势菌会有差别，需要的最佳温度也不相同，应通过实验来确定。实际运行中温度的控制主要是保持反应器温度的稳定。要尽量保证反应器内温度不发生大的波动，给细菌生长提供有利的环境。

水温对微生物的影响很大，对一个厌氧反应器来说，其操作温度以稳定为宜，波动范围 24 h 内不得超过 2℃。

4. 水力停留时间

水力停留时间对于 UASB 厌氧工艺的影响主要是通过上升流速来表现的。一方面，较高的水流速度可以提高污水系统内进水区的扰动性，从而增加生物污泥与进水有机物之间的接触，提高有机物的去除率。在采用传统的 UASB 法处理废水时，水力筛选作用对形成颗粒污泥非常重要，厌氧反应器内的上升流速一般不低于 0.5 m/h。另一方面，为了维持系统中能拥有足够多的污泥，上升流速又不能超过一定限值，水力停留时间过短导致水力负荷过大，可能造成反应器内污泥的流失，否则厌氧反应器的高度就会过高。因此，要想经济地利用厌氧技术处理低浓度废水，必须提高 SRT 与 HRT 的比值，即设法增加反应器内的生物量。

5. 有机负荷

有机负荷的控制是 UASB 反应器运行控制的最重要因素。在低负荷阶段（0.03 ~0.1 kgCOD/kgVSS·d），可适当提高负荷，超过 0.1 kgCOD/kgVSS·d 后，每次负荷提高量为20% ~30%，提高负荷时要保证COD去除率达到80%，出水总有机挥发酸（TVA）稳定在较低值，在每一阶段要稳定运行20天甚至更长时间。提高负荷时随时检查产气量、出水pH值、TVA等指标，若有恶化迹象，应尽快降低负荷，以免发生酸败。反应器内污泥量应定期监测，监测频率为1次/周。

四、UASB反应器的启动

1. 污泥颗粒化的意义

厌氧反应器内颗粒污泥形成的过程称之为污泥颗粒化，污泥颗粒化是大多数UASB反应器启动的目标和启动成功的标志。一般絮状污泥的UASB负荷在10 kgCOD/（m^3·d）以下，而颗粒污泥UASB反应器负荷可高达30 ~50 kgCOD/（m^3·d）。污泥的颗粒化可以使UASB反应器允许有更高的有机物容积负荷和水力负荷。

颗粒污泥化还具有如下优点：

（1）细菌形成颗粒状的聚集体是一个微生态系统，其中不同类型的种群组成了共生或互生体系，有利于形成细菌生长的生理生化条件并有利于有机物的降解。

（2）颗粒的形成有利于其中的细菌对营养的吸收。

（3）颗粒使发酵菌中间产物的扩散距离大大缩短，对复杂有机物的降解非常重要。

（4）在废水突然变化时（例如pH值、毒性物的浓度等），颗粒污泥能维持一个相对稳定的微环境，使代谢过程继续进行。

2. UASB反应器的初次启动

初次启动是对一个新建的UASB系统以未驯化的非颗粒污泥接种，使反应器达到设计负荷和有机物去除效率的过程，通过这一过程伴随着颗粒化的完成。厌氧微生物，特别是甲烷菌增殖很慢，厌氧反应器的启动需要较长的时间，这被认为是高速厌氧反应器的一个不足之处。但一旦启动完成，在停止运行后的再次启动可以迅速完成。初次启动的影响因素见表5—1。

表5—1　种泥、废水特征和环境因素等条件对初次启动的影响

种泥	（1）可供细菌附着的载体微粒对刺激和发动细胞的聚集是有益的 （2）种泥的产甲烷活性对启动的影响不大，稠消化污泥的产甲烷活性小于较稀的消化污泥，前者却有利于UASB的初次启动 （3）添加部分颗粒污泥或破碎的颗粒污泥，也可促进颗粒化过程

续表

废水特征	（1）废水浓度低有利于颗粒化的快速形成，但浓度也应当足够维持良好的细菌生长条件，最小的 COD 质量浓度应为 1 000 mg/L （2）过量的悬浮物阻碍颗粒化的形成 （3）以溶解性碳水化合物为主要底物的废水比以 VFA 为主的废水的颗粒化过程快
环境因素	（1）在中温范围，最佳温度为 38～40℃；高温范围为 50～60℃ （2）反应器内的 pH 值应始终保持在 6.2 以上 （3）N、P、S 等营养物质和微量元素（例如 Fe、Ni、Co）应当满足微生物的需要 （4）毒性化合物应当低于抑制浓度或应给予污泥足够的驯化时间

（1）初次启动步骤

1）接种。接种的过程是相当简单的，由于水中的溶解氧会很快被种泥中的兼性厌氧菌消耗并形成严格的厌氧条件，所以启动时不需要严格的厌氧条件。

选用污水处理厂消化池的消化污泥。稠的消化污泥对于颗粒化的形成有利，从而可加快初次启动的速度。污泥的接种质量浓度至少不低于 10 kgVSS/m^3（反应器容积）。接种污泥的填充量应不超过反应器容积的 60%。

2）提高污泥活性。反应器负荷低于 2 kgCOD/（m^3·d），这一阶段洗出的污泥仅限于种泥中非常细小的分散污泥，洗出的原因主要是水的上流速度和逐渐产生的少量沼气。

3）形成颗粒污泥。反应器负荷上升至 2～5 kgCOD/（m^3·d），在反应器里对较重的颗粒污泥和分散的、絮状的污泥进行了选择。在这一阶段大量絮状的污泥洗出，洗出的原因是产气和上流速度的增加引起的污泥床的膨胀。一般启动 40 天左右，可以在反应器底部观察到颗粒污泥的产生。

4）形成颗粒污泥床。反应器负荷超过 5 kgCOD/（m^3·d），絮状污泥迅速减少，反应器大部分被颗粒污泥充满时，其最大负荷可以超过 50 kgCOD/（m^3·d）。

（2）初次启动注意事项

1）当废水 COD 质量浓度低于 5 000 mg/L 时，不需要出水循环；但当亚硫酸盐质量浓度大于 200 mg/L 时，则应采用循环使进液亚硫酸盐质量浓度低于 100 mg/L。

2）当废水 COD 质量浓度在 5 000～20 000 mg/L 时，采用出水循环启动，使进液浓度在 5 000 mg/L 左右。

3）废水 COD 质量浓度超过 20 000 mg/L 时，在启动阶段可以用其他低盐水稀释到 5 000 mg/L，同时采用出水循环。

4）出水 VFA 一旦低于 3 mmol/L 即增加反应器负荷。为防止过负荷，在每次增加负荷时应总是小于 50%。

5）使反应器保持最佳的细菌生长条件。一般来说，pH 值 =6.8 ~7.5，温度在 30 ~38℃（中温范围）或 53 ~58℃（高温范围），同时保证微生物生长所需要的营养与微量元素。

6）启动 6 周后，以显微镜和放大镜作为污泥的镜检，在 400 ~1 000 放大倍数下应当看到污泥中的丝状物。

3. UASB 反应器的二次启动

所谓初次启动是指用颗粒污泥以外的其他污泥作为种泥启动一个 UASB 反应器的过程。而二次启动是指使用颗粒污泥作为种泥对 UASB 反应器的启动。颗粒污泥是 UASB 启动的理想种泥，使用颗粒污泥的二次启动大大缩短了启动时间，即使对于性质不同的废水，颗粒污泥也能很快适应。

启动时间的长短很大程度上取决于颗粒污泥的来源和接种量，较大的接种量可缩短启动的时间。新启动的反应器在选择种泥时，应尽量地选用与所处理水种类相近的废水种类，废水种类与性质越接近，所需驯化的时间越少。此外，采用同一温度范围的种泥，也有助于快速启动。

颗粒污泥的活性比其他种泥高得多，二次启动的初始反应器负荷可以较高，负荷和浓度增加的模式与初次启动类似，但相对容易。产气、出水 VFA 等仍是重要的控制参数，COD 去除率、pH 值等也是重要的监测指标。

二次启动常见问题及应对措施见表 5—2，处理得当，有利于加快启动过程。

表 5—2　　二次启动常见问题及应对措施

问题与现象	原因	解决办法
（1）污泥生长过于缓慢	营养与微量元素不足	增加进液营养与微量元素浓度
	进液预酸化程度过高	减少预酸化程度
	污泥负荷过低	增加反应器负荷
	颗粒污泥洗出；颗粒污泥的分裂	—
（2）反应器过负荷	反应器中污泥量不足	降低负荷；提高污泥量、增加种泥量或促进污泥生产；适当减少污泥洗出
	污泥产甲烷活性不足	减少污泥负荷，增加污泥活性

续表

问题与现象	原因	解决办法
（3）污泥产甲烷活性不足	营养或微量元素缺乏	添加营养或微量元素
	产酸菌生长过于旺盛	增加废水预酸化程度，降低反应器负荷
	有机悬浮物在反应器中积累	降低悬浮物的浓度
	反应器中温度降低	增加温度
	废水中存在有毒物质或形成抑制活性的环境条件	—
	无机物，例如 Ca^{2+} 等，引起沉淀	减少进液中 Ca^{2+} 浓度；在 UASB 前采用沉淀池
（4）颗粒污泥洗出	气体聚集于空的颗粒中，在低温、低负荷、低进液浓度下易形成大而空的颗粒污泥	增大污泥负荷，采用内部水循环以增大水对颗粒的剪切力，使颗粒尺寸减小
	由于颗粒形成分层结构，产酸菌在颗粒污泥外大量覆盖使产气聚集在颗粒内	应用更稳定的工艺条件，增加废水预酸化的程度
	颗粒污泥因废水中含大量蛋白质和脂肪而有上浮趋势	采用预酸化（沉淀或化学絮凝）去除蛋白质与脂肪
（5）絮状污泥或表面松散“起毛”的颗粒污泥形成并洗出	由于进液中悬浮的产酸菌的作用，颗粒污泥聚集在一起	从进液中去除悬浮物，减少预酸化程度
	在颗粒表面或以悬浮状态大量地生长产酸菌	增加预酸化程度，加强废水与污泥混合的强度
	表面“起毛”的颗粒形成，产酸菌大量附着于颗粒表面	增加预酸化程度，降低污泥负荷
（6）颗粒污泥破裂分散	负荷或进液浓度的突然变化	应用更稳定的预酸化条件
	预酸化程度突然增加，使产酸菌呈“饥饿”状态	废水脱毒预处理；延长驯化时间，稀释进液
	有毒物质存在于废水中；过强的机械力作用	降低负荷和上流速度，以降低水流的剪切力
	由于选择压力过小而形成絮状污泥	采用出水循环增大选择压力，使絮状污泥洗出

五、UASB 反应器运行

UASB 反应器的运行必须满足微生物对环境条件的需求，这些环境条件应尽量接近微生物的最佳生长条件，同时也应力求避免大的波动。

1. 运行监测指标

进出液的 COD 浓度、进液流量，进水与出水的 pH 值、反应器内的 pH 值，产气量及其组成，出水 VFA 浓度及其组成，反应器内的温度等。

（1）出水的 VFA 浓度与组成。出水 VFA 浓度是最重要的参数，VFA 的除去程度可以直接反映出反应器运行状况。监测出水 VFA 浓度可快速和灵敏地反映出反应器运行的状况，并因此有利于操作过程的及时调节。在正常情况下，底物由酸化菌转化为 VFA，VFA 可以被甲烷菌转化为甲烷。因此甲烷菌活跃时，出水 VFA 浓度较低，当出水 VFA 质量浓度低于 200 mg 乙酸/L 时，反应器的运行状态最为良好。温度的突然降低或升高、毒性物质浓度的增加、进水 pH 值的波动、负荷的突然加大等都会由出水 VFA 的升高反映出来。

出水 VFA 浓度的上升直接影响废水处理的效果，也是反应器 pH 值下降或导致“酸化”的前期信号。一般认为，当 VFA 的质量浓度超过 800 mg/L 时，反应器即面临酸化危险，应立即降低负荷或暂停进液，并检查原因。在正常运行中，应保持出水 VFA 浓度在 400 mg/L 以下，而以 200 mg/L 以下为最佳。

正常运行中，VFA 浓度较低，出水 VFA 以乙酸为主，占 VFA 总量 90% 以上，只有少量丙酸与丁酸。

（2）pH 值。在 UASB 反应器运行过程中，反应器内的 pH 值应保持在 6.5 ~ 7.8 范围之内，并且应尽量减少波动。pH 值在 6.5 以下，甲烷菌即已受到抑制，pH 值低于 6.0 时，甲烷菌已受到严重抑制，反应器内产酸菌呈现优势生长，此时反应器已严重酸化，恢复十分困难。

VFA 浓度增高是 pH 值下降的主要原因，虽然 pH 值的检测非常方便，但由于废水的缓冲能力，它的变化比 VFA 浓度的变化要滞后许多。

当 pH 值降低较多时，应立即采取措施，减少或停止进液。在 pH 值和 VFA 浓度恢复正常后，反应器在较低的负荷下运行。

（3）产气量与组成。产气量也是非常重要的监测指标。首先，产气量能够迅速反映出反应器运行状态；其次，产气量可以从进水反应器的 COD 总量、COD 的去除率等数据估算得出，实际产气量应当与估算值接近并维持稳定。

当产气量突然减少，而反应器负荷没有变化时，说明运行不正常导致甲烷菌活性降低。pH 值的变化，温度的降低，有毒物质等均可能是产气突然下降的原因。在稳定的UASB 反应器中，当废水组成发生变化时，产气量也会发生迅速的变化。产气的组成也能反映出反应器的运行状态。当正常运行时，甲烷在产气中占60% ~80%，这一比例与废水成分有关。当反应器内产酸菌优势生长，VFA 积累导致 pH 值降低以及影响甲烷菌生长的其他环境因素都会导致产气中甲烷比例下降。

（4）污泥的洗出量。在运行中应通过测出水悬浮物的量来估计污泥洗出量。在反应器的启动阶段相当多的污泥从反应器中洗出，这是正常的。在启动后的运行中，也会有一定量的污泥从反应器中洗出，但是污泥在运行阶段被洗出的量应当有其限度，洗出的污泥量不应大于同期产生的污泥量，否则反应器内污泥大量流失，反应器将不能维持较高的负荷。

（5）其他监测指标。在相对稳定的操作条件下（温度、进液 pH 值、进液的 COD 浓度与组成，进液流率等相对稳定），通过以上参数的监测即可确认反应器是否稳定运行。

2. UASB 运行中常见故障现象、原因及排除对策（见表5—3）

表5—3　　UASB 运行中常见故障现象、原因及排除对策

故障现象	故障原因	排除对策
酸败（出水 pH 值下降到 5.0 左右、出水 COD 上升）	进料量增大或进料浓度增大，导致进料负荷过高	停止进料，补充石灰或纯碱，将出水 pH 值调到 7.0，稳定几天后再重新进料
污泥流失	进料量过大、水力负荷过高、温度突变、pH 值突变及有毒物质冲击等	减少波动，提高污泥的沉降性能；反应器后设置沉淀池，污泥回流
液面跑气	水封罐液位过高 水封罐后管路压力过高 沉淀区污泥回流间隙堵塞 气室体积太小，浮泥将出气口堵塞	降低水封罐液位 减少管路压力 及时进行疏通 调节水封罐液位

本章思考题

1. 厌氧消化系统通常包括了哪些部分？
2. 目前常见的厌氧反应器有哪些？
3. UASB 最具有特色的地方是什么？

4. 内循环 IC 厌氧反应器有何特点?
5. UASB 运行中常用的指标有哪些?这些指标是如何影响处理效果的?
6. 哪些因素影响 UASB 初次启动?
7. 叙述 UASB 运行时常见故障及应对方法。

第 6 章

污泥处理与处置

第1节　污泥浓缩

学习目标

1. 了解污泥浓缩机械
2. 掌握污泥重力浓缩池的运行与维护要求
3. 掌握污泥气浮浓缩池的运行与维护要求

知识要求

一、污泥重力浓缩池

1. 重力浓缩池运行控制条件

（1）主要工艺参数

间歇式污泥重力浓缩池的工艺参数主要是浓缩时间，其数值最好由试验确定。污泥在浓缩池内的停留时间太长，会导致浓缩效果不好；不仅占地面积大，而且还可能使有机污泥出现厌氧状态而破坏浓缩过程。对于没有条件试验的场合，可按停留时间不大于24 h来设计与控制运行，通常采用9～12 h。

连续式污泥重力浓缩池的主要工艺参数有固体负荷、浓缩时间、污泥含水率、有效水深与刮泥机外缘线速度。

1）固体负荷宜采用30～60 kg/（m^2·d）。

2）浓缩时间不宜小于12 h。

3）进入污泥浓缩池的剩余污泥含水率为99.2%～99.6%时，浓缩后污泥含水率应降低至97%～98%。

4）有效水深一般宜为4 m。

5）采用刮泥机排泥时，其外缘线速度一般宜为1～2 m/min，池底坡向泥斗的坡度不宜小于0.05，且在刮泥机上应设置栅条。

（2）运行效果的检测评价。在浓缩池的运行管理中，浓缩效果用浓缩比、固体回收率、分离率三个指标进行评价，并随时予以调节。

1）浓缩比。浓缩比是指污泥浓缩后排泥浓度与浓缩前入流污泥浓度之比，称为浓缩比。

2）固体回收率。固体回收率即浓缩后污泥的固体总量与入流污泥中的固体总量的比值。固体回收率越高，分离液中 SS 的浓度则越低，泥水分离效果越好，浓缩效果也越好。

3）分离率。分离率是指浓缩池上清液量占入流污泥量的百分比。

2．重力浓缩池维护要求

（1）运转中至少每 2 h 要巡视检查机械运转情况一次，浓缩池表面的浮渣应及时清除。

（2）初次沉淀池污泥与活性污泥混合浓缩时，应保证两种污泥混合均匀，否则进入浓缩池会由于密度流扰动污泥层，降低浓缩效果。

（3）当温度较高时，极易产生污泥厌氧上浮；当废水生化处理系统产生污泥膨胀时，会导致无法进行浓缩。此时，可向浓缩池入流污泥中加入液氯、$KMnO_4$、H_2O_2 等氧化剂，抑制微生物的活动，保证浓缩效果，同时排除污水处理系统膨胀问题。

（4）浓缩池较长时间没有排泥时，应先排空浓缩池，严禁直接开启刮泥机。

（5）在寒冷地区的冬季，浓缩池液面会出现结冰现象，此时应先破冰并使之溶化后，再开启污泥浓缩机。

（6）应定期检查上清液溢流堰的平整度，如不平整应予以调整，否则会导致池内流态不均匀，产生短流现象，降低浓缩效果。

（7）浓缩池是恶臭很严重的一个处理单元，因而应对池壁、出水堰等部位定期清刷，尽量降低恶臭，同时做好防臭、防有毒气体的措施。

（8）浓缩池应每隔约半年定期排空，彻底检查是否积泥或积砂，并对水下部件进行以防腐处理。

（9）常见异常问题、产生原因及解决对策见表 6—1。

表 6—1　　污泥重力浓缩异常问题分析与对策

现象	产生原因	解决对策
污泥上浮，液面有小气泡逸出，且浮渣量增多	集泥不及时	可适当提高刮泥机的转速，从而加大污泥收集速度
	排泥不及时，排泥量太小或排泥历时太短	加强运行调度，及时排泥
	进泥量太小，污泥在池内停留时间太长，导致污泥厌氧上浮	（1）加氯等氧化剂，抑制微生物活动 （2）减少投运池数，增加单池的进泥量，缩短停留时间
	由于初次沉淀池排泥不及时，污泥在初次沉池内已腐败	此时应加强初次沉淀池的排泥操作

续表

现象	产生原因	解决对策
排泥浓度太低，浓缩比太小	进泥量太大，使固体表面负荷增大，超过了浓缩池的浓缩能力	应降低入流污泥量
	排泥太快	当排泥量太大或一次性排泥太多时，排泥速率会超过浓缩速率，导致排泥中含有一些未完全浓缩的污泥，应降低排泥速率
	浓缩池内发生短流，即溢流堰板不平整使污泥从堰板较低处短路流失，未经过浓缩	调节堰板
	进泥口深度不合适，入流挡板或导流筒脱落，也可导致短流	改造或修复
	温度的突变、入流污泥含固量的突变或冲击式进泥，均可导致短流	均匀配泥

二、污泥气浮浓缩池

1. 气浮浓缩池运行控制条件

（1）混凝剂。活性污泥是絮状体，在絮凝时能捕获与吸附气泡，达到气浮的目的。是否投加混凝剂由试验确定。

（2）污泥膨胀。气浮浓缩活性污泥时，同样也存在着污泥的膨胀问题。运行时，应经常测定 SVI 值，以指导气浮池的运行。污泥膨胀会影响气浮浓缩，因此当发现 SVI 值不在正常范围内时，可采用相应措施控制污泥膨胀。

（3）刮泥周期。一般情况下，刮泥周期越长，上浮污泥的固体浓度将增加。上浮后的浓缩污泥是非常稳定的污泥层，也不会轻易破碎或下沉。气浮浓缩污泥应及时刮除。每次刮泥不宜太多，太多则可使污泥层底部的污泥带着水分上翻到表面，影响浓缩效果。

2. 气浮浓缩池运行要求

（1）进泥量。在运行管理中，必须控制进泥量。如果进泥量太大，超过气浮浓缩系统的浓缩能力，排泥浓度将降低；反之如果进泥量太小，则造成浓缩能力的浪费。当浓缩活性污泥时，进泥浓度不应超过 5 g/L，固体负荷一般在 50～120 kg/（m^2·d）范围内，其值与活性污泥的 SVI 值等性质有关系。

（2）水力负荷确定了进泥量、空气量及加压水量之后，还应对气浮池进行水力表面负荷的核算。对活性污泥而言，水力表面负荷一般应控制在 120 $m^3/(m^2 \cdot d)$ 以内，如果太高，会使澄清液的固体浓度明显升高，降低污泥浓缩的效果。

（3）混凝剂的投加量和停留时间应该根据试验确定。混凝剂投加量一般为干污泥重量的 2% ~3%，混凝剂的反应时间一般不小于 10 min，池子的容积应按停留时间 2 h 确定，并应考虑混凝剂的反应时间。

（4）回流比。指加压溶气所用的水量与需要浓缩的污泥量之比，以体积百分比计，一般为 25% ~35%。

（5）溶气罐加压水在溶气罐内停留时间一般为 1 ~3 min，绝对压力一般为 0.3 ~0.5 MPa。

（6）回流水加压泵。在操作上应特别注意，要求泵的出口压力不低于溶气罐的压力，否则可能导致回流水压不进溶气罐或罐体的上部大量积聚空气，罐内液位下降，影响浓缩效果。加压泵的压力一般为 0.3 ~0.5 MPa。

（7）气固比。气量控制直接影响排泥浓度的高低。一般来说，溶入的气量越大，污泥浓度也越高，但能耗也相应增高。气固比一般以 0.02 为宜。

（8）泥渣的刮除。在气浮池出口处设置可调节高度的堰，通过调节堰板在池中的高度，控制适宜的浮渣层厚度，一般控制在 0.15 ~0.3 m。浮渣的刮除一般采用刮渣机，其刮板的移动速度一般控制在 0.5 m/min。

（9）上浮污泥脱气池。容积为一次撇取上浮污泥体积的 1.5 倍计算，较浅和较细长的脱气池效率较差。

（10）泥泵的选择。由于气浮污泥有残留气泡，抽送去后续处理构筑物所用的污泥泵，以使用螺杆泵为好。

（11）循环水池。将气浮池流出的分离液作为加压溶气水用，水池的容积可按加压溶气水量在池中停留 20 min 计算。

三、污泥浓缩机械

1. 污泥浓缩机械类型及特点

污泥浓缩机械有离心浓缩机、带式浓缩机、转鼓浓缩机和螺压浓缩机。机械浓缩机一般用于污泥浓缩脱水一体化设备的浓缩段，污泥浓缩脱水一体化设备具有工艺流程简单、工艺适应性强、自动化程度高、运行连续、控制操作简单和过程可调节性强等一系列优点，正得到越来越多的设计单位和用户，特别是中小型污水处理厂的关注。一体化污泥脱水设备在国内应用有推广之势。

2. 污泥浓缩机械运行

（1）离心浓缩机运行控制条件。离心浓缩典型技术参数见表6—2。

表6—2　　离心浓缩技术参数

离心装置类型	处理能力（m^3/min）	含水率		固体回收率	混凝剂投加量（kg/t）
		浓缩前	浓缩后		
转盘式	0.75	99%～99.2%	94.5%～95%	85%～90%	0
		/	/	90%～95%	0.5～1.5
	2	/	96%	80%	0
筐式	0.165～0.35	93%	90%～91%	70%～90%	0
螺旋式	0.05～0.06	85%	87%～91%	90%	0

（2）离心浓缩机维护要求

1）转盘式离心装置要求污泥先进行预筛选，以防止该离心装置排放嘴堵塞。

2）当停止、中断离心装置进料或进料量减少到最低值以下时，应及时用压力水冲洗，以防堵塞排出孔及有损装置的转动部件，每两周必须进行人工冲洗。

3）对于螺旋式离心机装置，磨损是一个严重的问题，应注意及时清洗设备。

4）离心滤液中会有相当多的悬浮固体，应回流到废水处理装置。

第2节　污泥厌氧消化

学习目标

1. 熟悉污泥厌氧消化系统的组成
2. 掌握影响污泥厌氧消化的影响因素
3. 能够完成消化池的启动和运行

知识要求

一、污泥厌氧消化系统的组成

1. 消化池

固定盖式消化池需附设可变容的湿式气柜，用以调节沼气产量的变化。移动盖式消化池，其后一般不需设置气柜，适于小型处理厂的污泥消化。国内目前普遍采用的是固定盖式消化池，池体形状可以是细高形、粗矮形以及卵形。

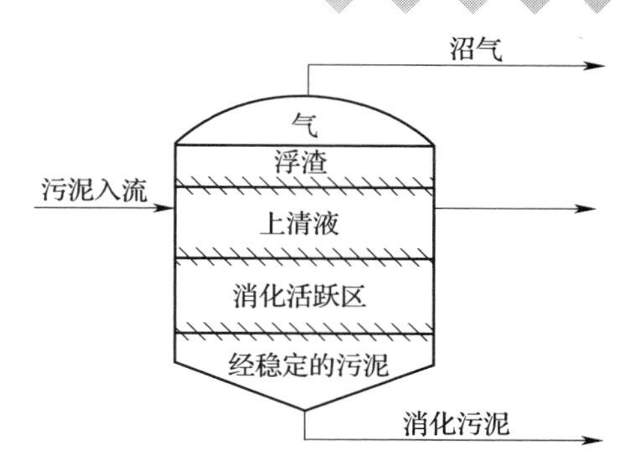

图 6—1　低负荷率厌氧消化池

（1）低负荷率消化池是一个不设加热，搅拌设备的密闭的池子，池液分层（见图6—1）。它的负荷率低，一般为 0.5 ~ 1.6 kgVSS/（m^3·d），消化速度慢，消化期长，停留时间 30 ~ 60 天。污泥间歇进入，在池内经历了产酸、产气、浓缩和上清液分离等所有过程。产生的沼气（消化气）气泡的上升有一定的搅拌作用。池内形成三个区——上部浮渣区、中间为上清液、下部污泥区。顶部汇集消化产生的沼气并导出，经消化的污泥在池底浓缩并定期排出，上清液回流到处理厂前端，与进厂污水混合。

（2）高负荷率消化池的负荷率达 1.6 ~ 6.4 kgVSS/（m^3·d）或更高，设有加热、搅拌设备，连续进料和出料，最少停留 10 ~ 15 天。整个池液处于混合状态，不分层。高负荷率消化池常设两级，第二级不设搅拌设备，作为泥水分离和缩减泥量之用（见图 6—2）。

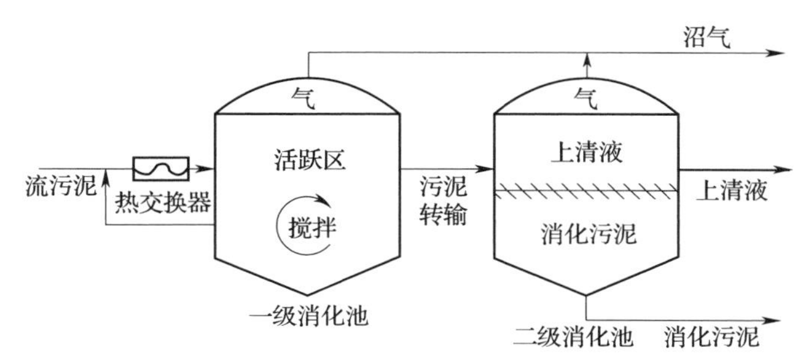

图 6—2　两级高负荷率厌氧消化系统

（3）两相消化工艺。它根据厌氧分解机理，把产酸和产沼气阶段分开，使之分别在两个池子内完成（见图 6—3）。

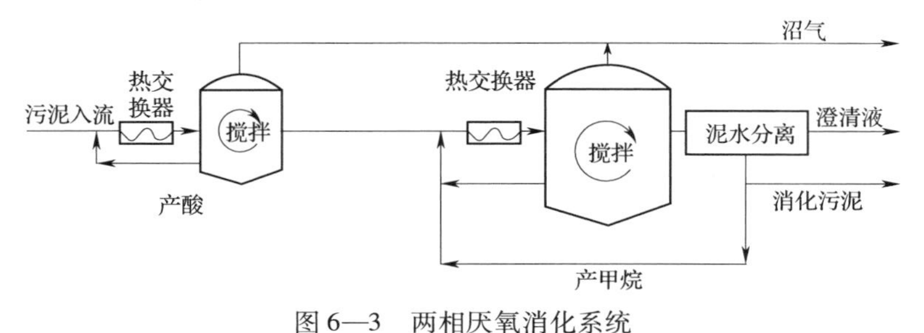

图 6—3　两相厌氧消化系统

2. 进排泥系统

消化池的进泥与排泥形式有多种，包括上部进泥下部直排、上部进泥下部溢流排泥、下部进泥上部溢流排泥等形式。从运行管理的角度看，普遍认为上部进泥下部溢流排泥方式为最佳。当采用下部直接排泥时，需要严格控制进、出泥量平衡，稍有差别，便会引起工作液位的变化。如果排泥量大于进泥量，工作液位将下降，池内气相存在产生真空的危险；如果排泥量小于进泥量，则工作液位上升，缩小气相的容积或污泥从溢流管溜走。当采用下部进泥上部溢流排泥时，会降低消化效果，因为经充分消化的污泥，其颗粒密度增大，当停止搅拌时，会沉至下部，而未经充分消化的污泥会浮至上部被溢流排走。上部进泥下部溢流排泥能克服以上缺点，排泥操作简单。

3. 搅拌系统

消化池内需保持良好的混合搅拌，否则池内料液必然会存在分层现象。搅拌能使污泥颗粒与厌氧微生物均匀混合，使消化池各处的污泥浓度、pH 值、微生物种群等保持均匀一致，并及时将热量传递至池内各部位，使加热均匀且大大降低池底泥沙的沉积与池面浮渣的形成。在出现有机物冲击负荷或有毒物质进入时，均匀地搅拌混合可使其冲击或毒性降至最低。搅拌良好的消化池容积利用率可达到 70%，而搅拌不合理的消化池的容积利用率会降到 50% 以下。

常用的混合搅拌方式一般有三大类：机械搅拌、水力循环搅拌和沼气搅拌。机械搅拌是在消化池内装设搅拌桨或搅拌涡轮；水力循环搅拌在消化池内设导流筒，在筒内安装螺旋推进器，使污泥在池内实现循环；沼气搅拌是将消化池气相的部分沼气抽出，经压缩后再通回池内对污泥进行搅拌。常用的沼气压缩设备有罗茨鼓风机、滑片式压缩机和液环式压缩机。以上搅拌方式各有利弊，具体与消化池的形状有关系。一般来说，细高形消化池适合用机械搅拌，粗矮形适合用沼气搅拌，具体与搅拌设备的布置形式及设备本身的性能有关，而卵形消化池用沼气搅拌效果最佳。

4. 加热系统

要使消化液保持在所要求的温度，就必须对消化池进行加热。加热方法分池内加热和池外加热两类。池内加热是将热量直接通入消化池内，对污泥进行加热，有热水循环和蒸汽直接加热两种方法。前一种方法的缺点是热效率较低，循环热水管外层易结泥壳，使热传递效率进一步降低；后一种方法热效率较高，但能使污泥的含水率升高，增大污泥量。两种方法一般均需保持良好的混合搅拌。池外加热是指将污泥在池外进行加热，有生污泥预热和循环加热两种方法。前者是将生污泥在预热池内首先加热到所要求的温度，再进入消化池；后者是将池内污泥抽出，加热至要求的温度后再打回池内。循环加热方法采用的热交换器有三种：套管式、管壳式、螺旋板式。在很多污泥处理系统中，以上加热方法常联合采用，例如，利用沼气发动机的循环冷却水对消化池进行池外循环加热，同时还采用热水或热蒸汽进行池内加热，以池内蒸汽加热为主，并在预热池进行池外初步预热。

5. 集气系统

集气系统包括气柜和管路。气柜常采用低压浮盖式湿式气柜，其储气容量一般为消化系统6~10 h 的产气量。沼气管路系统应设置压力控制及安全、取样、测湿、测压、除湿、脱硫、水封阻火、通气报警等装置。

二、污泥厌氧消化系统运行

1. 影响污泥厌氧消化的主要因素

（1）pH 值和碱度。厌氧消化产生有机酸，使污泥的 pH 值下降，随着甲烷菌分解有机酸时产生的重碳酸盐不断增加，使消化液的 pH 值得以保持在一个较为稳定的范围内。

由于酸化菌对 pH 值的适应范围较宽，而甲烷菌对 pH 值非常敏感，微小的变化都会使其受抑，甚至停止生长。消化池的运行经验表明，最佳的 pH 值为 7.0~7.3。为了保证厌氧消化的稳定运行，提高系统的缓冲能力和 pH 值的稳定性，要求消化液的碱度保持在 2 000 mg/L 以上（以 $CaCO_3$计）。

（2）温度。污泥的厌氧消化受温度的影响很大，一般有两个最优温度区段，在 33~38℃为中温消化，在 50~55℃为高温消化。温度不同，占优势的细菌种属不同，反应速率和产气率都不同。高温消化的反应速率快，产气率高，杀灭病原微生物的效果好，但由于能耗较大，难以推广应用。在这两个最优温度区以外，污泥消化的速率显著降低。

（3）负荷。厌氧消化池的容积取决于厌氧消化的负荷率。负荷率的表达方式有两种：容积负荷（投配率）和有机物负荷。

1）投配率。投配率是指每天进入的污泥量与池子容积之比，在一定程度上反映了污泥在消化池中的停留时间。投配率的倒数就是生污泥在消化池中的平均停留时间。例如，投配率为 5%，即池内容积负荷率为 0.05 m^3/（m^3·d）时，停留时间为 1/0.05 = 20 天。

2）有机物负荷率。有机负荷率是指每天进入的干泥量与池子容积之比，单位为 kg 干泥/（m^3·d）。它可以较好地反映有机物量与微生物量之间的相对关系。容积负荷较低时，微生物的反应速率与底物（有机物）的浓度有关。在一定范围内，有机负荷率大，消化速率也高。

（4）消化时间。消化时间可以是指固体平均停留时间，也可以指水力停留时间。消化池在不排出上清液的情况下，固体停留时间与水力停留时间相同。我国习惯上计算消化时间时不考虑排出上清液，因此消化时间是指水力停留时间。

（5）消化池的搅拌。在有机物的厌氧发酵过程中，让反应器中的微生物和营养物质

（有机物）搅拌混合，充分接触，将使得整个反应器中的物质传递、转化过程加快。通过搅拌，可使有机物充分分解，增加了产气量（搅拌比不搅拌可提高产气量20% ~30%）。此外，搅拌还可打碎消化池面上的浮渣。

在不进行搅拌的厌氧反应器或污泥消化池中，污泥成层状分布，影响了微生物对养料的摄取和正常的生活，导致微生物的活性的降低。如果通过搅拌，则可使池内污泥浓度分布均匀，有利于微生物的生长繁殖和活性的提高。

通过搅拌时产生的振动可使得污泥颗粒周围原先附着的小气泡（有时由于不搅拌还可能形成一层气体膜）被分离脱出。此外，微生物对温度和 pH 值的变化也非常敏感，通过搅拌还能使这些环境因素在反应器内保持均匀。

搅拌一般间断运行，在污泥消化池的实际运行中，采用每隔 2 h 搅拌一次，搅拌 25 min左右，每天搅拌 12 次。

2. 污泥预处理运行

厌氧生物处理的主要问题是装置启动所需时间比好氧生物处理时间长，主要是培养和驯化较困难。厌氧微生物的生长速率比好氧微生物低得多，因此反应器启动时，应投加足够数量的接种污泥，一般接种污泥量为装置容积的30%左右，接种污泥活性越高，启动越快。

厌氧处理装置启动过程中应注意营养量和微生物量的平衡。虽然微生物生长繁殖需要营养物质，但营养物质数量大大超过微生物的需要时，会对微生物产生抑制作用。供给的营养物量，在启动期间最好随微生物量的增加而增加，直到稳定运行。现以消化池和上流式厌氧污泥床反应器为例说明启动时的要点及注意事项。

（1）气密试验向池内灌满清水，检查消化池和污泥管道有无漏水现象，接着对消化池和输气管路进行气密试验，把内压加到约 3 432.33 Pa（1 mm 水柱 =9.806 65 Pa），稳定 15 min 后，测定 15 min 的压力变化，当气压降小于 98 Pa 时，可认为池体气密性符合要求，否则应采取补救措施，再按上述方法试验，直至合格为止。

（2）投接种污泥。厌氧活性污泥可取自正在运行的厌氧处理装置，特别是城市废水处理厂的消化污泥。当液态消化污泥运输不便时，可用废水处理厂经机械脱水后的干污泥。在消化污泥来源缺乏的地方也可用人粪、牛粪、猪粪、酒糟或初沉池污泥，也可采用好氧生物处理的剩余污泥，将这些污泥先加水溶化后，用孔眼为 2 mm×2 mm 的滤网过滤，除去大块杂质，再进行静置沉淀，去掉部分上清液，再将含固体浓度为3% ~5%的污泥投入消化池。实际工程中，为便于装车运输，也可将种泥脱水到75% ~80%，投配时加水消解，加热培养，仍具有很好的生物活性。

（3）充分搅拌池内的接种污泥，加热至规定温度后，逐渐加浓缩污泥。初期投污泥量与接种污泥的数量有关，一般按设计污泥量的1/3 左右投放。

沼气是一种易燃易爆气体，当空气中含有沼气5%～15%时遇火种即爆炸。要特别注意采取防爆措施，因为刚产生出来的沼气与原池中的空气混合，总有一个时期沼气含量是5%～15%。为了避开这一爆炸范围，确保万无一失，在消化池启运转时，可对消化池、储气柜和输气管路系统等，用压缩氮气把其中的空气置换出去。

（4）经常测定产气量和气体中二氧化碳的含量，以及消化池内挥发性有机酸的浓度和pH值，了解消化过程进行情况。

（5）当消化正常时，逐渐增加投泥量。一般从开始投泥算起50～60天后可进行正常投泥和排泥。若从监测结果发现消化不正常时，应减少投泥量或投加其他消化池的污泥。

（6）分析沼气成分，正常时进行点火试验，然后再利用沼气。

3. 厌氧消化系统运行流程

一般操作顺序应该是撇水→搅拌→排泥→进泥→搅拌。

（1）上清液的排放（撇水）。污泥消化后，一部分有机固体被分解，污泥中固体物质减少了，分解产物部分是水，因此，消化污泥的含水率均大于新鲜污泥的含水率，因此必须进行上清液排放或撇水。上清液一般每天排放数次。有破浮渣设备的消化池，在排上清液前应暂停破浮渣设备的运行。上清液的排放量应根据经验确定，一般为每日进泥量体积的一半，即能基本稳定消化池内的污泥含水率。排上清液时，如液面下降过多，则沼气会进入排上清液管道，运行管理时应注意。运行管理适当时，消化池上清液中固体浓度为2 000～5 000 mg/L，最差时也应要求在10 000 mg/L以下。

上清液排放时同样要注意储气柜高度，否则可能使沼气系统产生负压，甚至把气柜顶压“瘪”，排出的上清液属于高浓度废水，其BOD_5很高可达1 000 mg/L以上，必须回到处理厂进水一起进行处理，不得随意排放。

（2）搅拌。搅拌的目的是使投入污泥或废水和池内的消化污泥混合均匀，使池内各点的温度均匀，分离附在污泥颗粒上的气体以及防止浮渣层的形成，增加产气量。

1）机械搅拌只能搅拌与装置靠近处的污泥，可能使投入的污泥发生短路或者因纤维物缠绕在搅拌桨叶片上或附着污泥而影响其搅拌能力，另外由于磨损和腐蚀易发生事故，应经常检查运行情况。

2）沼气搅拌。应根据池内搅拌的情况，调节搅拌用气量。通常一级消化池以每米直径长度为0.3～0.6 m^3/min运行，消化池一般24 h内污泥循环1次。

（3）排泥。如消化污泥的排量大于投泥量，则池内上清液量增大，储泥量减少，池内污泥浓度减少。另外，上清液排量过少，会增加池内储泥量，结果会使上清液中污泥浓度增高，造成产气量时增时减，消化池工作不稳定。因此，消化池污泥排量和上清液排量的比值应根据既能维持池内消化污泥浓度高、产气量高的要求，由经验确定。

排泥时应注意如下事项：

1）消化污泥的排放一般采用间歇等量排放，每天排放数次，一般采用重力排放。一级消化池的污泥靠液面差排入二级消化池，排泥时排泥管路上的闸门应快速全开，避免管路被泥沙堵塞。

2）经搅拌后再排泥。如果不搅拌就排泥会把沉在底部的浓泥排走，会大大增加消化池的含水率。

3）排泥量应妥善掌握。排泥量不等于进泥量，排泥量加撇水量才等于进泥量。

4）排泥也必须注意储气柜高度。只有在储气柜有足够气量来补充排泥容积时，才能进行排泥。否则可能使沼气系统产生负压，甚至把气柜顶压“瘪”。

（4）进泥。消化池的进泥量应根据池内消化温度、消化时间及消化方法等因素由经验确定。对中温消化，每日投加的固体量不应超过池内固体量的5%，相应的生污泥在池中平均停留时间为20天。投配率太高，引起超负荷，影响有机物分解率，甚至引起酸性发酵，破坏正常消化过程；投配率低，有利于彻底消化，但需要的消化池容积过大。投配污泥一般用污泥泵间歇投泥，投入污泥的含水率宜介于92%～96%之间，过大的含水率将影响消化速度。由于二沉池剩余污泥含水率达99.2%～99.5%，因此，一般在消化池前设有浓缩池。每日投入次数尽可能多，每次投入的污泥量要均匀。投泥时为防止液面过高，需设液位计，当超过规定值时，应从上清液管或取样管排出污泥。

（5）沼气的收集和储存。产气量是判断消化状态的重要指标。一级消化池比二级消化池产气量大很多。沼气中含大量水分，输气管中如存有冷凝水会影响沼气的流动，应在管路上设排水阀，将水及时排出。沼气中含0.01%～0.3%的硫化氢，对金属有腐蚀作用，燃烧时会产生腐蚀性很强的二氧化硫气体，对脱硫设备应进行妥善管理。另外，排污泥或排上清液时，池内会产生负压，应不使空气进入消化池；池内气压上升时注意安全阀及水封的工作情况。

消化池和储气柜输出的沼气管上，必须有防逆火器，以防回火。消化区内严禁吸烟，严禁使用电炉，明火操作必须采取安全措施，并经过厂长和安全技术员审批，禁止石器、铁器过激碰撞，以免产生火花。消化区必须有足够数量的消防器材，应每月检查一次消防器材的完好程度，消化区的某些部位照明及其他电器开关必须用防爆开关。

（6）加热。加热方法有热水盘管法、热交换器法和蒸气吹入法3种。盘管设在消化池内，盘入口处水温应控制在50～55℃。水温高于60℃时，管道表面会因污泥附着而影响热效率，应经常检查出口水温及水量，如发现热损失过大，应进行检修。热交换器都设在池外，一般采用污泥在内管流动，热水在外管内流动的双管式热交换器。污泥和50～60℃的热水以1.0～2.0 m/s的流速在管内流动。

第 3 节　污泥脱水与干化

学习目标

1. 了解污泥干化系统
2. 熟悉污泥调理药剂的选用
3. 掌握污泥机械脱水评价指标
4. 能够完成污泥含固率的测定

知识要求

一、污泥调理

改善污泥脱水性能的预处理操作称为污泥调理。常用的污泥调理方法有化学调理、物理调理和水力调理。

1. 常用污泥调理剂的选用

污泥加药调理也称化学调理，是一种广泛使用的污泥调理方法。污泥调理所用的混凝剂的种类很多，有生石灰、三氯化铁、氯化铝等无机药剂和聚丙烯酰胺等高分子有机药剂，此外，木屑、硅藻土、电厂的粉煤灰等也可作为调理剂使用。

高分子药剂与无机药剂相比有以下优点：凝聚效果好、使用方便、对设备的腐蚀性小、投加量少、脱水后的滤饼量增加少等优点。一般来说，使用离心脱水机和带式压滤机来脱水的污泥，用高分子药剂来调理效果较好。

加药调理的效果取决于药剂的选择和正确的使用方法。药剂的选用要根据污泥的性状、价格、对设备的腐蚀性和脱水机的类型等因素综合考虑，药剂的投加量也要通过小试验来确定。

实验的内容有：不同药剂品种与过滤性能的试验、药剂投加量的确定等。这类试验可因地制宜，采用以下简易方法：取几只 1 L 的量筒，分别装入相同体积的泥样，将配制好的几种药剂的溶液分别加入量筒内，用玻璃棒搅拌至充分混合，静置一段时间后，观察各量筒的泥水分离情况和上层液的透明度等，即可了解调理效果的好坏。一般来说，絮凝污泥沉降速度越快、上层液透明度越高，则效果越好。选定药剂后，再在量筒内试验确定药剂的投加量。这样的试验方法虽然不严密，但也能说明问题。若通过污泥比阻测定来定量判定调理效果则更好。

对于一般城市污水而言，污泥调理剂的用量如下：三氯化铁投加量为5%～10%，消石灰投加量为20%～40%，PAC和PFS为1%～3%，阳离子聚丙烯酰胺为0.1%～0.3%。

有些化工废水污泥的脱水较困难，可采用无机和高分子两种药剂来调理。如：在污泥脱水前，先在加药反应槽内投加聚合氯化铝，经初步调理后，再用聚丙烯酰胺进行调理，然后进入带式压滤机脱水。一般来说，生化污泥的调理适合用阳离子型的高分子药剂，也有的污泥混用阴、阳离子型的两种高分子药剂有较好的效果。

2. 污泥调理操作

（1）污泥的加药调理操作应注意以下问题：

1）了解药剂的各项质量指标，如离子型、离子度、分子量。

2）药剂的选用和投加量应该经过试验来确定。

3）药剂应该加水充分溶解后才能与污泥混合，固体的高分子药剂需先加少量水预湿，让分子链伸展开，再加水溶解。

4）污泥与药剂要充分混合，并保证混凝反应完全。

5）高分子药剂和无机药剂一起使用时，应该先投加无机药剂，让其与污泥充分混合和反应后再加高分子药剂进一步调理。

6）高分子阳离子与阴离子药剂一起使用时，一般应先投加阴离子药剂，与污泥混合并充分反应后再投加阳离子药剂。

7）调理过程中还应注意控制药剂的配制、反应时间等调理工艺的各个操作环节。

（2）热处理调理法。将污泥加热，污泥中的细胞被分解破坏，污泥颗粒中的结合水以及水合作用的水就被释放出来。此时，污泥的胶体结构被破坏，固体物与水失去结合力，容易从液体中被分离出来，这种过程就是污泥的热处理，有利于提高污泥的脱水性能。污泥热处理的温度为180～200℃，加热时间为20～120 min。热处理调理法因能耗大，现已较少采用。

二、污泥机械脱水评价指标

评价污泥机械脱水效果的指标主要是泥饼含固率和固体回收率。此外，还有脱水产能、脱水药耗、电耗成本等。

1. 泥饼含固率

污泥经压滤后呈泥饼状，所以脱水后的污泥通称泥饼。泥饼含固率即单位质量的泥饼所含干污泥的质量百分比。含固率越高，含水率则越低，污泥体积越小，越利于运输与处置。

2. 固体回收率

固体回收率是泥饼干重与进泥干重的比值。回收率越高，表明上清液流失的污泥越少。

三、污泥干化

污泥经热干化处理后，特性得到改善，利用价值提高，为其后续处理创造了良好的条件。

污泥热干化主要有四大优势：一是由于大大降低了污泥含水率，污泥体积显著减少，为后续处理提供了有利条件；二是经过干化处理的污泥呈颗粒状或者粉末状，性状得到了改善；三是污泥的干化往往是在温度较高的条件下进行的，高温处理的过程中去除了臭味和病原体；四是经过干化的污泥用途广泛。

1. 污泥干化工艺类型

污泥干化一般可分为：直接加热式、间接加热式和“直接－间接”联合式。直接加热式是将燃烧室产生的热气与污泥直接进行接触混合，使污泥得以加热，水分得以蒸发并最终得到干污泥产品，是对流干化技术的应用；间接加热式是将燃烧炉产生的热气通过蒸汽、热油介质传递，加热器壁，从而使器壁另一侧的湿污泥受热，水分蒸发而加以去除，是传统干化技术的应用；“直接－间接”联合式是对流和传导技术的结合。

（1）直接加热转鼓干化系统（见图6—4）。脱水后的污泥从漏斗进入混合器，按比例充分混合已经被干化的返流污泥，使得混合污泥的含固率达50%～60%，再经螺旋输送机运到转鼓式干燥器中，与从同一端进入的热气流接触混合、集中加热，经烘干后的污泥被带计量装置的螺旋输送机送到分离器，从分离器中排出的湿热气体被收集进行热力回用，带污泥的恶臭气体被送到生物过滤器处理达标后排放。分离器中排出的干污泥粒度可以控制在1～4 mm，经筛选器将满足要求的颗粒污泥送入储存仓，细小的干污泥被送到混合器中再次与湿污泥混合送入转鼓式干燥器。加热转鼓干燥器的燃烧器可以沼气、天然气或热油等为燃料。

该系统的特点是在无氧环境中操作，不产生灰尘，干化污泥呈颗粒状，粒径可以控制，采用气体循环回用减少了尾气的处理成本。

（2）间接加热转鼓干化系统（见图6—5）。脱水后的污泥被输送至干化机的进料斗，经过螺旋转送器运至干化机内。干化机由转鼓和翼片螺杆组成，转鼓通过燃烧炉加热，翼片螺杆通过循环热油传热。转鼓和翼片螺杆同向或反向旋转，污泥可连续前移进行干化，转鼓经抽风为负压操作，水汽和灰尘无外逸。污泥经螺杆推移和加热被逐步烘干并磨成粒状，最终送至储存仓。污泥蒸发出的水汽通过系统抽风机送至冷凝和洗涤吸附系统。

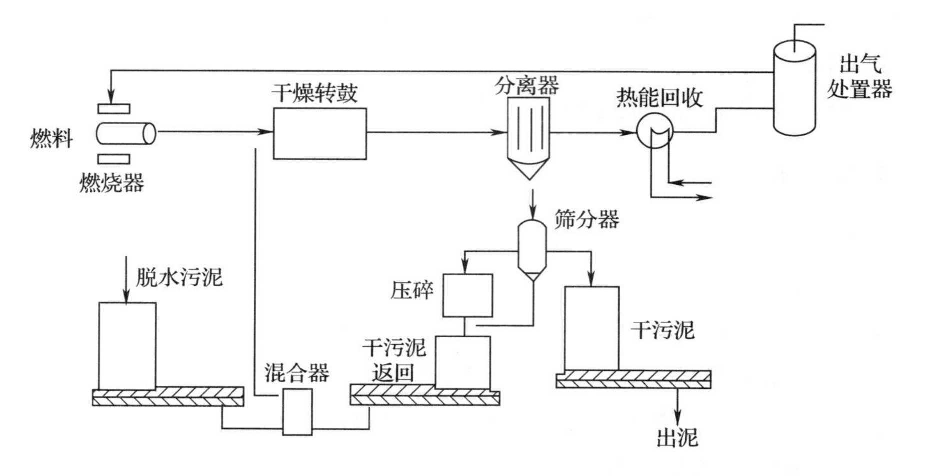

图6—4　直接加热转鼓干化系统

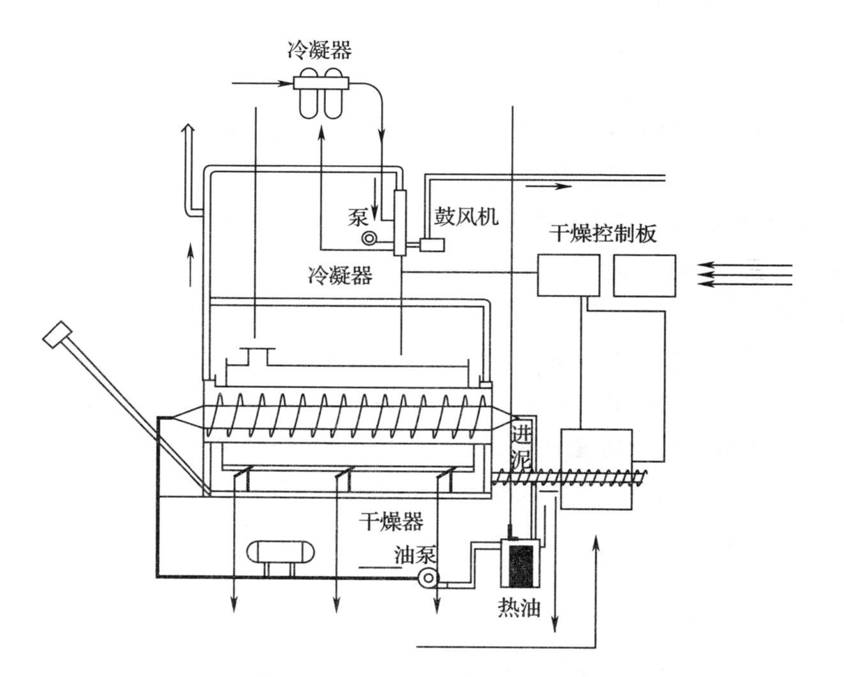

图6—5　间接加热转鼓干化系统

该系统的特点是流程简单，污泥的干度可控制，产品为粉末状。

（3）离心干化系统（见图6—6）。稀污泥自浓缩池或消化池进入离心干化机。脱水后的污泥呈细粉状从卸料口高速排出，高热空气被引入离心干化机的内部，遇到细粉状的污泥并以最短的时间将其干化至含固率为80%左右。

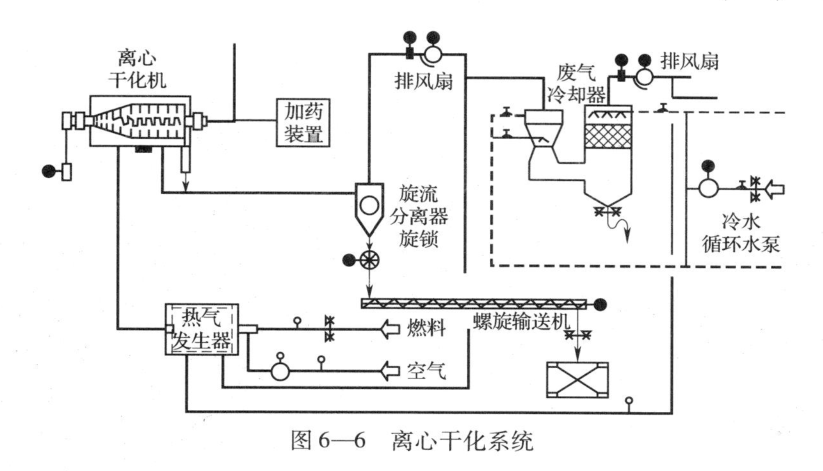

图 6—6　离心干化系统

该系统的特点是流程简单，省去了污泥脱水机及从脱水机至干化机的存储、输送和运输装置。

（4）间接式多盘干化系统（见图 6—7）。机械脱水后的污泥被送入污泥料仓，通过污泥泵输送至涂层机，在涂层机中再循环的干污泥颗粒与输入的脱水污泥混合，干颗粒核的外层涂上一层湿污泥后形成颗粒。通过与中央旋转主轴相连的耙臂上的耙子作用，污泥颗粒在上层圆盘上做圆周运动。污泥颗粒从造粒机的上部圆盘由重力作用旋至造粒机底部圆盘，颗粒在圆盘上运行时直接和加热表面接触干化。污泥颗粒逐盘增大，最终形成坚实的颗粒，故也称珍珠工艺。干燥后的颗粒离开干燥机后由斗式提升机向上送至分离料斗，一

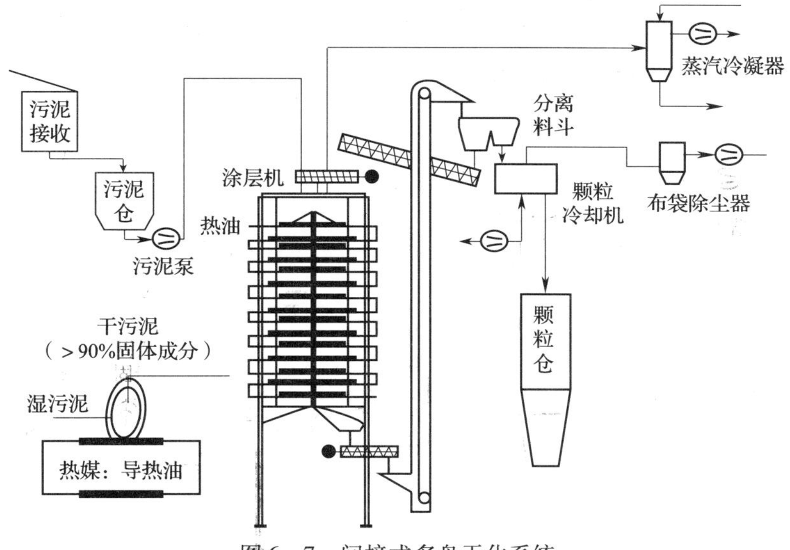

图 6—7　间接式多盘干化系统

部分被分离出再循环回涂层机，同时剩余的颗粒进入冷却器冷却后送入颗粒储料仓。污泥干燥过程所需的能量由热油传递，热油在干燥机的空圆盘内循环，从干燥机排出的接近115℃的蒸汽经热交换器冷凝后成为50～60℃的热水。

该系统的特点是干燥和造粒过程的氧气浓度<2%，降低了着火和爆炸的危险性，颗粒呈圆形、坚实、无灰尘且颗粒均匀，具有较高的热值，可作为燃料。

（5）流化床污泥干化系统（见图6—8）。脱水污泥送至污泥计量储存仓，然后用污泥泵将污泥送至流化床污泥干燥机的进料口。干燥机由三部分组成：最下是风箱，将循环气体分送到装置的不同区域；中间段是将蒸发水的热量与热油送入流化床内；最上部为抽吸罩，使流化的干颗粒脱离循环气体。流化床内干燥温度为85℃，产生的污泥颗粒滞留时间长、产品数量大，即使供料的质量或水分有些波动也能确保干燥均匀。污泥颗粒通过旋转气锁阀送至冷却器，冷凝到40℃以下通过输送机运至产品料仓。

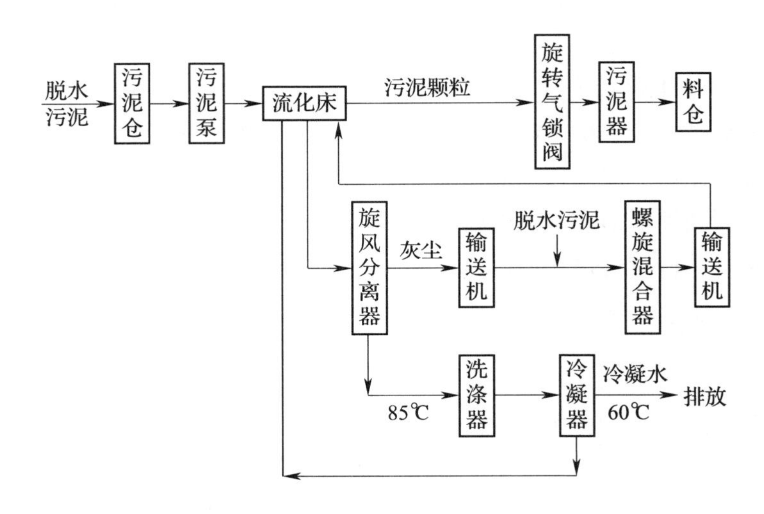

图6—8　流化床污泥干化系统

该系统的特点是无返料系统，间接加热，干燥机结构简单，维修方便，但粒径不能控制。

2. 污泥中各项参数测定

（1）重量法测定污泥含固率与污泥含水率的操作步骤如下：

1）蒸发皿洗净、干燥到恒重为 M_1。

2）用恒重过的蒸发皿称取均质污泥样品约20 g，用分析天平准确称量 M_2。

3）对于含水率较高的泥样，应先将样品于水浴锅上蒸干，泥饼则可直接放入103～105℃烘箱中干燥2 h，取出放入干燥器中冷却至室温，反复称量至恒重 M_3。

$$污泥含固率=\frac{M_3-M_1}{M_2-M_1}\times 100\%$$

$$污泥含水率=1-污泥含固率$$

式中 M_1——蒸发皿的净重，g；

M_2——湿污泥及蒸发皿的质量，g；

M_3——干污泥及蒸发皿的质量，g。

（2）仪器法测定污泥含固率与污泥含水率。先通过仪器法测定含水率，换算而得污泥含固率。污泥含水率测定仪主要是红外快速水分测定仪和卤素灯快速水分测定仪，操作步骤如下：

1）仪器准备。调节底部旋钮至仪器水平，通电源，开机，读数归零。

2）样品检测。设定温度，选择测定程序，去皮重。

3）将适量样品均匀分布在样品盘内。

4）按开始键，开始干燥过程。

5）仪器提示，测定完成，记录显示数据。

6）关闭仪器，做好清洁、复位工作。

（3）重量法测定污泥灰分

1）瓷坩埚洗净、烘干并称量至恒重，并记录 W_1。

2）无灰滤纸反复冲洗、烘干并称量至恒重，并记录 W_2。

3）用恒重过的滤纸称取均质污泥样品约 20 g，用测定污泥含水率的方法烘干后，用分析天平准确称量，并记录 W_3。

4）将测定过污泥干重的无灰滤纸和干污泥一并放入瓷坩埚中，先在普通电炉上加热炭化，然后放入马弗炉内，600℃下灼烧 40 min，取出后放入干燥器内冷却后称至恒重，并记录 W_4。

$$污泥灰分=\frac{W_4-W_1}{W_3-W_2}\times 100\%$$

式中 W_1——瓷坩埚重量，g；

W_2——无灰滤纸质量，g；

W_3——无灰滤纸及污泥样品质量，g；

W_4——瓷坩埚及灰分质量，g。

（4）污泥比阻测定

1）实验原理。污泥比阻是表示污泥过滤特性的综合性指标，它的物理意义是：单位质量的污泥在一定压力下过滤时在单位过滤面积上的阻力。求此值的作用是比较不同的污泥（或同一污泥加入不同量的混合剂后）的过滤性能。污泥比阻越大，过滤性能越差。

过滤时滤液体积 V（mL）与推动力 p（过滤时的压强降，g/cm^2）、过滤面积 F（cm^2）、过滤时间 t（s）成正比，而与过滤阻力 R（cm·s^2/mL）、滤液黏度 μ［g/(cm·s)］成反比。

经过公式推导以及简化后得出，污泥比阻 α 的计算公式为：

$$\alpha = \frac{2pF^2}{\mu} \cdot \frac{b}{C} = K\frac{b}{C}$$

$$C = \frac{1}{\dfrac{100 - C_i}{C_i} - \dfrac{100 - C_f}{C_f}} \text{（g 滤饼干重/mL 滤液）}$$

式中　C_i——100 g 污泥中的干污泥量，g；

C_f——100 g 滤饼中的干污泥量，g。

b 的求法如图 6—9 所示，以 t/V 为纵坐标，V 为横坐标作图，求 b。可在定压下（真空度保持不变）通过测定一系列的 $t \sim V$ 数据，用图解法求斜率 b。

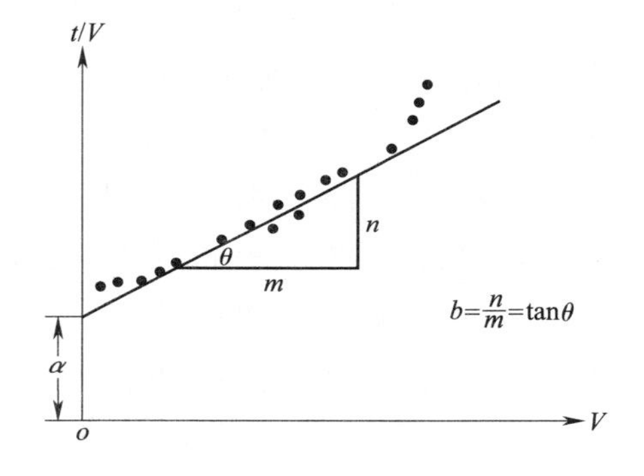

图 6—9　图解法求 b 示意图

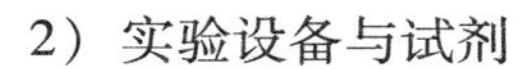

2）实验设备与试剂

①实验装置如图 6—10 所示。

②秒表、滤纸。

③烘箱。

④布氏漏斗。

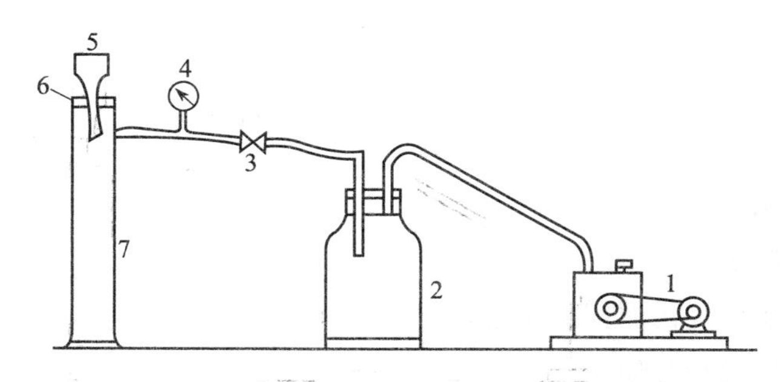

图 6—10　比阻实验装置图

1—真空泵　2—吸滤瓶　3—真空调节阀　4—真空表

5—布式漏斗　6—吸滤垫　7—计量管

3）实验方法与操作步骤

①测定污泥的含水率，求出其固体浓度 C_i。

②在布氏漏斗上（直径 65 ~ 80 mm）放置滤纸，用水润湿，贴紧底部。

③开动真空泵，调节真空压力，大约比实验压力小 1/3［实验时真空压力采用 35.46 kPa（266 mmHg）或 70.93 kPa（532 mmHg）］，关掉真空泵。

④加入 100 mL 需实验的污泥于布氏漏斗中，开动真空泵，调节真空压力至实验压力，达到此压力后，开始启动秒表，并记下开动时计量管内的滤液 V_0。

⑤每隔一定时间（开始过滤时可每隔 10 s 或 15 s，滤速减慢后可隔 30 s 或 60 s）记下计量管内相应的滤液量。

⑥一直过滤至真空破坏，如真空长时间不破坏，则过滤 20 min 后即可停止。

⑦关闭阀门取下滤饼放入称量瓶内称量。

⑧称量后的滤饼于 105℃的烘箱内烘干称量。

⑨计算出滤饼的含水比，求出单位体积滤液的固体量 C_f。

⑩计算污泥比阻 α。

4）注意事项

①检查计量管与布氏漏斗之间是否漏气。

②滤纸称量烘干，放到布氏漏斗内，要先用蒸馏水湿润，而后再用真空泵抽吸一下，滤纸要贴紧不能漏气。

③污泥倒入布氏漏斗内时，有部分滤液流入计量筒，所以正常开始实验后记录量筒内滤液体积。

④污泥中加混凝剂后应充分混合。

⑤在整个过滤过程中，真空度确定后要始终保持一致。

第 4 节　污泥焚烧与综合利用

1. 熟悉污泥焚烧工艺
2. 熟悉污泥的处置与综合利用

知识要求

一、污泥焚烧

1. 污泥焚烧工艺

污泥焚烧工艺中的核心设备是焚烧炉。焚烧炉的选用主要取决于污泥的处理量、特性以及财力、技术等。对于处理量小、热值低的污泥采用投资较少的简易焚烧炉是恰当的；而处理量大、资源利用率高的污泥可使用投资较大、技术装备较好的焚烧炉。常见的污泥焚烧炉主要有流化床焚烧炉、立式多层炉、熔融炉、回转窑炉等。无论采用何种污泥焚烧炉都必须设置烟气净化处理设施，且烟气处理后的排放值应符合现行国家标准《生活垃圾焚烧污染控制标准》（GB 18485—2014）的相关规定。

（1）流化床焚烧炉。流化床技术在焚烧领域中占有很重要的位置，现已广泛应用于城市固体废物的焚烧中。流化床焚烧炉构造简单，由风箱（强制通风室）、空气分配器、流化床和分离区组成。流化床焚烧炉主体设备是一个圆形塔体，下部设有分配气体的分配板，塔内壁衬耐火材料，并装有一定量的耐热粒状载体。气体分配板有的由多孔板做成，有的平板上穿有一定形状和数量的专业喷嘴，气体从下部通入，并以一定速度通过分配板，使床内载体“沸腾”呈流化状态。在该焚烧炉的炉膛内，有一个悬浮的焚烧区。流化床焚烧炉的工艺流程为：经脱水处理及干燥的污泥和一定比例的石灰石或石英砂由螺旋给料器从炉本体的密相区加入，污泥中的固定碳主要集中在密相区燃烧，而挥发份大部分在稀相区燃烧。若污泥的热值较低，需向炉内加入天然气辅助燃料，维持污泥的正常燃烧。燃烧过程中产生的炉渣经排渣阀由炉底排出，随烟气飞离焚烧炉的细灰则由尾部除尘装置分离、捕集。流化床焚烧炉及其工艺流程如图 6—11 所示。

（2）立式多层炉。在一般的多层炉中，污泥由顶部进入，由附着在转轴上的刮刀将污泥从一个炉层送到下一炉层。整个炉体由上至下，依次发生干化、高温分解、燃烧、灰渣冷却，同时从干化段排出的热空气再循环回燃烧段，以维持炉内较高的燃烧温度，如图 6—12 所示。多层炉的优点是炉体内能量能够得到很好的利用，主要是因为热气流可直接与污泥接触；其缺点在于成本较大，这主要是因为维持燃烧必须不断地添加辅助燃料。

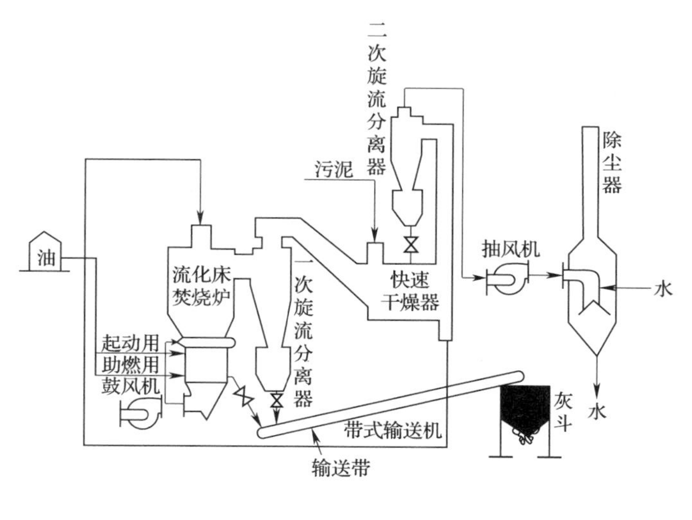

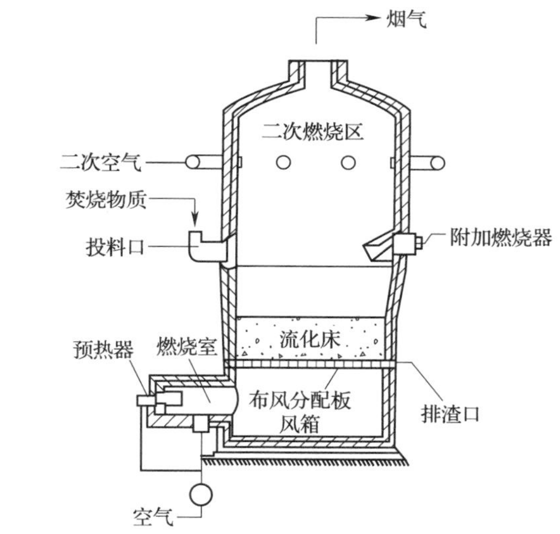

图 6—11　流化床焚烧炉及工艺流程图

（3）熔融炉。普通焚烧炉的主要缺点是当燃烧温度低于灰渣熔点时污泥灰渣就会增多。灰渣中含有高浓度的重金属，再处理的成本将会提高，需要选取特殊的填埋场地。熔融技术的目的就是要解决污泥燃烧产生的灰渣问题。预干燥污泥在高于灰渣熔点的温度下燃烧，不仅能热解污泥中的有机物质，还能形成熔融态的灰渣，其密度是普通燃烧灰渣的 2～3 倍，同时灰渣的体积也大大减少。而且熔融技术将灰渣转化为玻璃态或晶体态，重金属被锁定在稳定态中，不能再滤出，这种污泥灰渣就可用作建筑材料。目前在日本拥有熔融技术的工厂数量大增，德国的一些小公司也开始采用熔融技术。

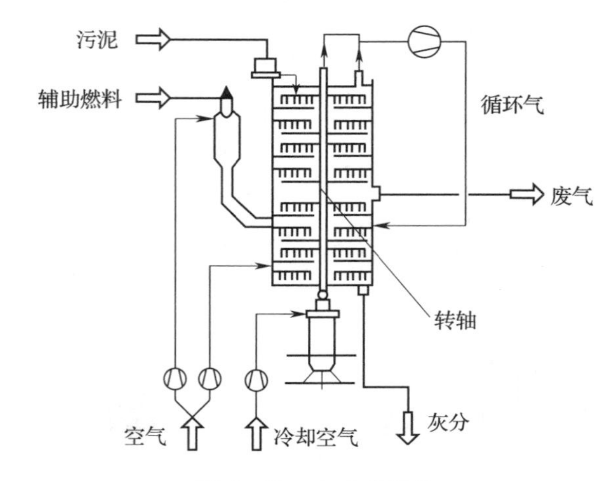

图6—12　立式多层炉

（4）回转窑炉。回转窑炉主要用于制水泥和干化。回转窑炉在电动机的带动下转动，主要燃料是重油，其在蒸汽的雾化下燃烧。重油燃烧需要的空气由炉头进入，直接供给火焰；泥饼燃烧需要的空气由炉头切线进入，与转炉旋转方向相反，贴近炉壁，螺旋推进。泥饼由炉尾螺旋给料机供入，随着转炉的转动，依次经过低温段、中温段和高温段进行干燥脱水、有机成分燃烧、碳酸钙分解等过程，最后成灰渣排出炉外，如图6—13所示。炉内的温度大概在800～1 000℃，同时高温烟道气和灰渣的热量可以再次被用于空气预热。回转窑炉的焚烧效率并不高，主要是因为污泥在旋转过程中结成大块，外表层烧焦后阻碍热量进入，导致内部污泥不能燃烧。

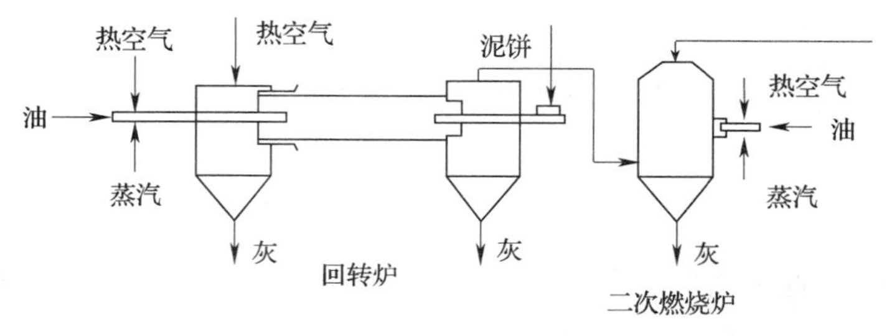

图6—13　回转窑炉

2．污泥焚烧系统组成

污泥的焚烧装置同污泥的干燥过程是合为一体的。以某污水处理厂污泥干化焚烧工艺流程为例，如图6—14所示，整个系统由污泥干燥系统、污泥焚烧系统以及烟气净化系统组成。

（1）污泥干燥系统。整个污泥干燥过程主要在流化床干燥机内完成，从底部到顶部基本上由3部分组成：

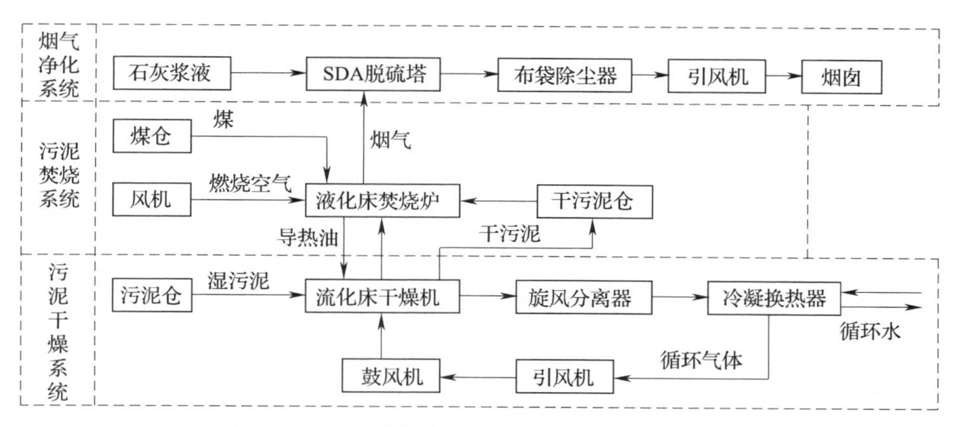

图 6—14 某污水处理厂污泥干燥焚烧工艺流程

1）鼓风机。鼓风机位于在干燥机最下方，目的是将循环气体分送到流化床装置的不同区域，其底部布置有一块特殊的气体分布板，压降可调。

2）中间段。中间段安装有热交换器，组成热交换器组，这些热交换器将导热油的热量传递给污泥，进行干燥并在此段最终形成干污泥颗粒。

3）抽吸罩。抽吸罩用来使流化的干颗粒脱离循环气体，使循环气体携带污泥细颗粒和蒸发的水分离开干燥机。

湿污泥由污泥泵进行添加，由于干燥机内保存有大量的干燥物料，依靠其自身的热容量，保证了内部物料层的温度恒定。湿污泥投加入干燥机后，由于湿污泥比重较大，将会在中间段停留较长时间，随着水分蒸发，污泥颗粒比重降低，将会上浮并通过溢流排出干燥机。当污泥颗粒较小时，会随着携带水蒸气的循环气体从抽吸罩带走；污泥颗粒过大时，将会处于干燥机底部直到被污泥颗粒相互磨损至合适粒度才可被排出干燥机。干燥后的污泥颗粒的排放通过旋转气锁阀进行控制，污泥细颗粒、粉尘，通过抽吸罩后续的旋风分离器分离，再进入螺旋混合器重新造粒，因而系统产生的都是干污泥颗粒，不会产生干污泥粉尘。

干燥后的污泥颗粒通过旋转气锁阀送至流化冷却器，冷却后通过输送机送至产品料仓。蒸发的水分在冷凝洗涤器内采用直接逆流喷水方式进行冷凝，冷凝水被回流到污水处理区，冷却的流化气体回到干燥机。

（2）污泥焚烧系统。以流化床焚烧炉为例，通过导热油回收烟气中的热量，用于污泥干化。流化床焚烧炉主要由炉本体、尾部受热面、床面补燃系统、螺旋输送机、排渣阀、燃油启动燃烧室、给料系统、鼓风机等组成。流化床焚烧炉内部保持负压，防止烟气外逸。流化床污泥焚烧炉采用一定粒度范围的石灰石或石英砂作为床料，一次风由风室经布风板进入焚烧炉，使炉内的床料处于正常流化状态。污泥和石灰石或石英砂由螺旋给料装置送入炉内，污泥入炉后立即与炽热的床料迅速混合，受到充分加热、干燥、热解，并迅速完成燃烧。流化床床温控制在850～900℃，污泥呈颗粒状在流化床内燃烧，其所占床料重量比很小。污泥进入流化床内即被大量处流化状态的高温惰性床料冲散，因此，污泥在流化床内焚烧时不会发生黏结。针对污泥中含有的硫及氯等成分，在污泥中混入一定比例的石灰石一同加入炉内，石灰石分解后生成的CaO与上述物质反应，实现炉内固硫和固氯，有效降低了SO_2和HCl的排放。

（3）烟气净化系统。烟气净化系统由酸性气体的脱除和颗粒物捕集两大部分组成。常采用半干法＋布袋除尘器组合系统。半干法脱酸是在烟气中喷入一定量的石灰浆，使之与烟气中酸性物质反应，并控制水分以达到“喷雾干燥”的效果。烟气净化过程中生成的反应物基本上为干固态，不会出现废水及污泥，颗粒物捕集措施由布袋除尘器完成，除尘效率可以达到99.9%以上。在进入布袋除尘器前，可向烟气中喷入一定量活性炭粉粒，吸附烟气中的重金属和二噁英等有害物质，然后在布袋除尘器中有效捕集去除。

对于脱硫系统，污泥颗粒与焚烧所产生的烟气通过烟气管路进入脱硫塔顶部的烟气分配器，均匀进入脱硫塔，与从雾化器中出来的雾状料液（石灰水）充分接触、反应，烟气与石灰水间的传热传质过程立即发生，水分迅速蒸发，烟气温度迅速下降，在一定的时间内，完成烟气的脱硫反应。烟气脱硫后，灰尘大部分通过脱硫塔底部星形卸灰阀排出，另一部分由尾气带入袋式除尘器分离，烟气经引风机通过烟囱排入大气。

二、污泥处置与综合利用

污泥的处置与综合利用，是用适当的技术措施为污泥提供出路，同时要兼顾经济问题及污泥处置所带来的环境问题，并按相关的法规或条例妥善地解决问题。污泥的最终处置，无非是部分利用、全部利用，或以某种形式回到环境中去。

1. 污泥固化

污泥固化是通过物理和化学方法如采用固化剂固定废物，使之不再扩散到环境中去的一种处置方法。所使用的固化剂有水泥、石灰、热塑性物质、有机聚合物等。这种方法主要适用于含有毒无机物（重金属）的污泥。

2. 污泥填埋

在建有废物填埋场的城市，可将脱水的泥饼及污泥焚烧处理后的灰渣送去填埋处置（见图6—15）。这种废物填埋场底部铺有衬层（见图6—16），可防止浸出液渗漏入土壤污染地下水。浸出液经管道收集后，输送至废水处理装置进行处理。

填埋场运行的重点是防渗层铺设、渗滤液的处理、沼气回收与利用、防臭防蝇等。

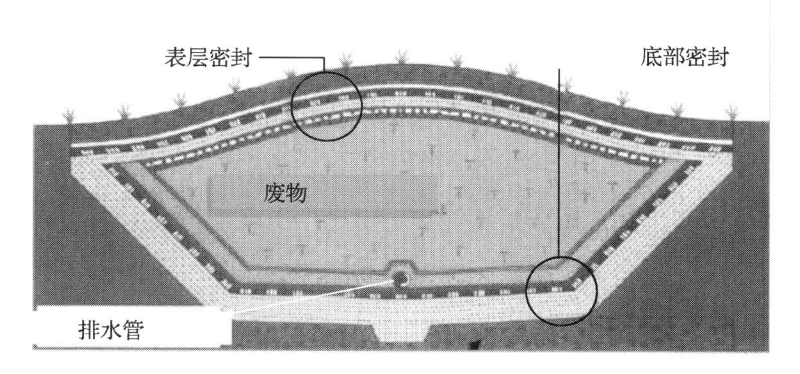

图 6—15　卫生填埋场结构图

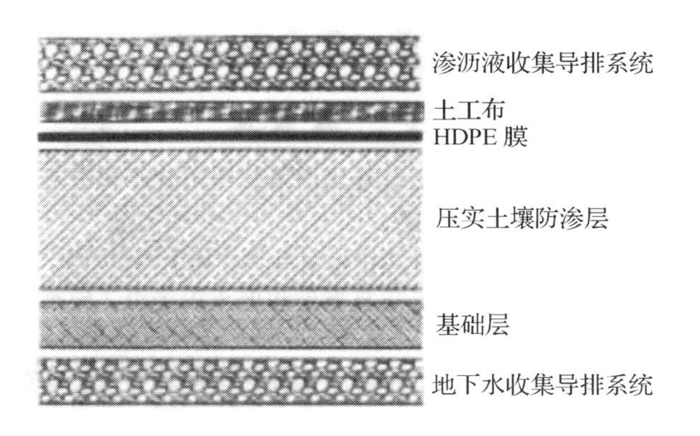

图 6—16　卫生填埋场防渗结构图

3. 污泥综合利用

在污泥的综合利用方面，诸如将无毒的有机污泥中的营养成分和有机物用在农业上或从中回收饲料或能量，以及从污泥中回收有价值的原料及物资，这是污泥处置首先要考虑的。但是，由于某些因素，可能无法选择污泥的利用和产品回收，这种时候就不得不考虑以环境做出路的处置方案，如卫生填埋、焚烧等。

本章思考题

1. 在污泥重力浓缩池中，由于进泥量太小，污泥在池内停留时间太长，导致污泥厌氧上浮，此时有哪些解决对策?

2. 在污泥气浮浓缩池中，气固比是否越高越好？为什么？
3. 在污泥厌氧消化系统中，如何维持消化所需的温度？
4. 列举污泥干化在污泥处理中的作用。
5. 简要叙述污泥焚烧系统的工艺流程。

第 7 章

乡村小型污水处理站

第1节　组合式污水处理设备

学习目标

1. 了解组合式污水处理设备的分类、特点
2. 了解组合式污水处理设备的运行要求

知识要求

一、组合式污水处理设备简介

在大力建设城市生活污水集中处理厂的同时，对城市排水管网不能或难以到达的居民区、旅游景点等排放的生活污水的处理也不可忽视。这些地区由于远离城区，缺乏专业管理人员，因此，紧凑型污水处理工艺及装置由于其结构紧凑、占地面积小、操作管理方便等优点得到推广应用。

1. 组合式污水处理设备分类

（1）好氧处理设备。目前此种组合式污水处理设备的生产厂家为数最多，应用也较广。它可分成两类，第一类主要是去除 COD_{Cr} 和 BOD_5，第二类在去除 COD_{Cr} 和 BOD_5 的同时，还能有效去除 NH_3-N。

好氧处理设备一般是把初沉池、接触氧化池、二沉池和消毒四个工艺流程组合在一个设备内，流程如图7—1所示。调节池一般由混凝土组成，初沉池的停留时间一般为1.5 h，接触氧化池为4~6 h，二沉池为1.0~1.5 h，消毒池为0.5 h，设备总停留时间为7~10 h。接触氧化池的容积负荷率为1.0~1.5 kgCOD/（m^3·d）。

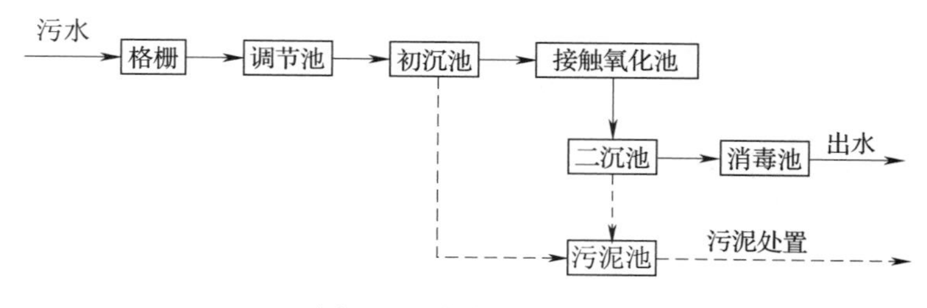

图7—1　好氧处理设备

（2）缺氧－好氧处理设备。这类设备不仅能有效去除 COD 与 BOD，还可以进行脱氮处理。缺氧－好氧处理设备一般不设初沉池，如图 7—2 所示。其厌氧处理段停留时间为 2 h，好氧处理段即接触氧化池停留时间为 6 h 左右，其他池子停留时间同好氧处理设备，该设备的总停留时间为 8 ~ 10 h。厌氧段的 BOD－SS 负荷应 <0.18 kg/（kg · d），而 TKN · SS 负荷应 <0.05 kg/（kg · d），接触氧化池的容积负荷率为 1.0 ~ 1.5 kg BOD_5/（m^3 · d）。

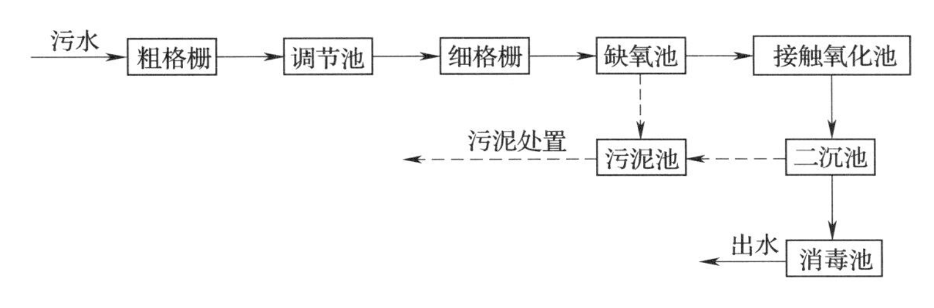

图 7—2　缺氧－好氧处理设备

（3）厌氧－缺氧－好氧脱氮除磷设备。该种工艺一般把厌氧池、缺氧池、好氧池、沉淀池和消毒池置于一个设备中，如图 7—3 所示。厌氧段、缺氧段、好氧段各段停留时间比为 1∶1∶3，总停留时间在 10 h 左右。缺氧段 BOD－SS 负荷一般在 0.10 kg/（kg · d）以上，其他段的处理负荷同缺氧－好氧设备。

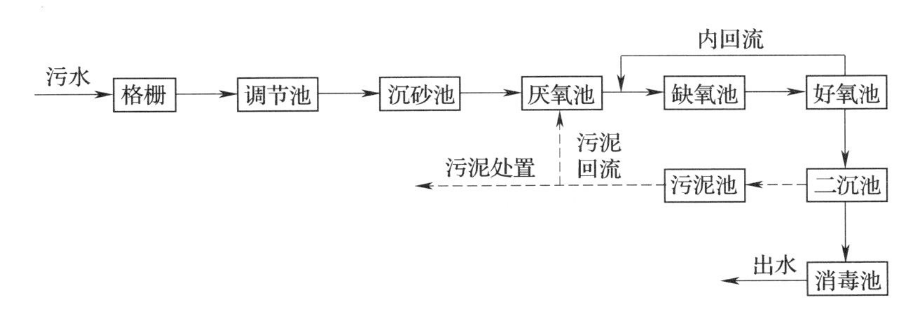

图 7—3　厌氧－缺氧－好氧脱氮除磷设备

2. 组合式污水处理设备结构

组合式污水处理设备是以生化反应为基础，将生化、沉淀、污泥回流等多个功能不同的传统反应器有机结合在一个构筑物或设备之中而形成的结构简单紧凑、管理操作方便的污水处理组合体。

近年来，随着新工艺、新技术的引入，一些先进的处理工艺如 SBR、MBR、生物滤池、一体化氧化沟、立体循环式氧化沟、UNITANK 以及国内基于 UNITAN 改良的五箱一体化脱氮除磷工艺等相继出现在组合式污水处理设备的形式中，各个工艺结构差距甚远，本书无法一一赘述，仅以常见的厌氧水解－接触氧化－沉淀工艺做简单介绍。

该工艺集格栅、集水调节、厌氧水解、接触氧化、沉淀等多功能于一个构筑物之中，如图7—4所示。厌氧水解区、好氧接触氧化区内悬挂填料，沉淀区域采用斜板或斜管，污泥自然回流，机电设备少，动力节省。处理水量大时按混凝土池体设计，小水量时可设备化，工艺布置紧凑，占地面积小。好氧区采用接触氧化工艺，产泥量小，回流污泥在此也可得到好氧消化，因此系统外排污泥量少，可定期由环卫吸粪车抽出，环境卫生条件好。

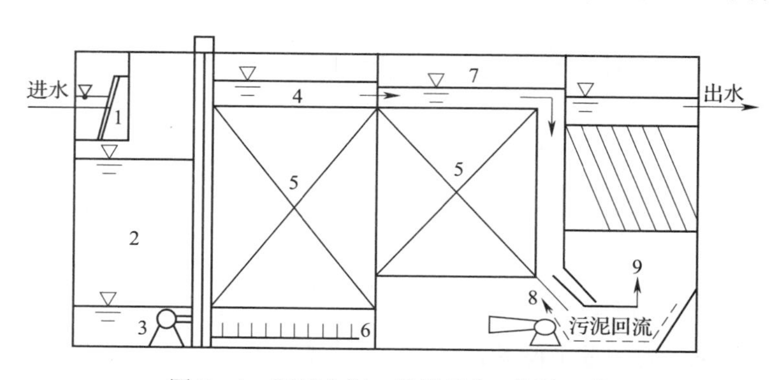

图7—4　厌氧水解－接触氧化－沉淀工艺

1—格栅　2—调节区　3—提升泵　4—水解区　5—填料

6—穿孔布水　7—接触氧化区　8—射流曝气　9—沉淀区

厌氧水解区底部采用穿孔管布水，在填料上附着的生物膜及污泥层的作用下形成类似上流式滤池的流态，水力停留时间为2.0 h。接触氧化采用射流曝气的供氧方式，水力停留时间为4.0 h～6.0 h，容积负荷为1.0～1.5 kgCOD/（m^3·d），沉淀时间为1.0 h，沉淀区表面负荷为1.5 m^3/（m^2·d）。厌氧水解、接触氧化、沉淀的总水力停留时间为7～9 h。该设备可半年排泥1次，该工艺可完成有机物降解及消化功能。

3. 组合式污水处理设备特点

组合式污水处理设备多采用自动化控制，对于管理、操作的要求简单，抗冲击负荷的能力强。污水在接触氧化池内平均停留时间在6 h以上，池内的填料多为组合软性填料，质地轻、强度高、物理化学性质稳定，比表面积大，生物膜附着能力强，污水与生物膜的接触效率高。通过鼓风曝气，使填料不断飘动，曝气均匀，微生物成长成熟，具有活性污泥法的特征，而且出水水质稳定，污泥量少。

用于输送污水的潜水泵可设于设备之中，减少工程投资。设备可设于地面上，也可埋于地下。埋于地下时，上部覆盖可用于绿化，厂区占地面积少，地面构筑物少。该设备还可以连接在汽车上做成移动式一体化污水处理设备。

但由于组合式污水处理设备的局限性，只能应用于废水量比较小的项目中。而且组合式污水处理设备一旦出现故障后，检修与零部件的更换较为不便。在寒冷季节，特别是北方地区，需要埋入较深，并做抗冻保温处理，在夏天则对防洪有一定要求。

二、组合式污水处理设备运行要求

根据国家土建作业规范将设备安装完成，并且完成电路控制线路连接后，需进行清水实验，保证设备、各管路口连接处必须不渗漏。启动风机、通过调整相应阀门、控制进入曝气池内的空气量、进入污泥消化池的空气量、气提排泥所需气量。要求各曝气池内曝气量均匀、气提器正常。由于控制阀门在调整后要埋入地下，因此在调整时一定要控制好。

1. 设备运行前的准备工作

（1）检查设备情况无异常。

（2）空转各部电动机及风机，看是否灵活，电气控制元件是否动作可靠。

（3）检查风机的润滑机油加注情况。

（4）设备内通入清水，检查各管道连接处是否漏水，并打开风机，开通气阀门检查风管是否漏风及电气控制等设施部件是否运转正常，动作可靠，有无异常噪声。

2. 设备的正常操作运行

（1）待污水注满接触池，启动风机，打开进气阀门进行曝气并调节好气水比，一经调好，一般情况下无须变动。

（2）接触氧化池的污水自流进入沉淀池，沉淀的污泥可通过空气提升至污泥池。

（3）根据水量把消毒室内的加药装置装入消毒药剂，定期进行添加。若采用紫外线灭菌、臭氧消毒等工艺则参照说明书进行操作。

3. 污水处理设备的维护保养

（1）由于设备埋于地下、必须保证不积水。

（2）设备上方不得有车辆通过。

（3）设备一般不得抽空内部污水，以防地下水将设备浮起。

（4）常用零配件的更换。

（5）建立定期保养制度，主要是风机与水泵，如水泵加置填料及润滑油、维修后确保风机转向不能反转、风机若流入污水必须清理且须更换机油后方可使用、风机启动前必须注意空气阀门是否打开等内容。具体维护保养内容可参考水泵、风机的说明书。

4. 电气控制

组合式污水处理设备通常采用可编程序控制器（PLC）实现自动控制实现设备现代化管理，并设手动、自动转换控制，有多组自动报警，互锁功能。

通常情况下，设备会根据不同的液位，自动完成水泵的开、停机工作，以及控制风机的运行工作。

第2节　畜禽污水处理

学习目标

1. 了解禽畜污水的性质与特点
2. 了解稳定塘、土地处理系统和人工湿地系统的净化原理与运行要求

知识要求

一、畜禽污水的性质与特点

畜禽业是我国农业和农村经济的重要组成部分，畜禽养殖业大力发展所带来的环境污染问题日益严重，不仅影响经济进一步发展，而且还危及生态安全，已成为人们普遍关注的社会问题。畜禽养殖场产生的粪便和污水造成地表水、地下水、土壤和环境空气的严重污染，直接影响了人们的身体健康和正常生产生活。

畜禽养殖场未经处理的污水中含有大量污染物质，其污染负荷很高，这种高浓度有机废水直接排入或随雨水冲刷进入江河湖库，大量消耗水体中的溶解氧，使水体变黑发臭。水中含有大量的氮、磷等营养物是造成水体富营养化的重要原因之一。此外，畜禽养殖场污水中含有大量病原微生物、寄生虫卵以及滋生的蚊蝇，会造成人、畜传染病的蔓延，尤其是人畜共患病时，会导致疫情发生，给人畜带来灾难性危害。

1. 畜禽污水性质

畜禽养殖污水以冲洗污水为主，瞬时排水量大、冲洗时间集中、水力冲击负荷强，污水中有机质浓度高，水解、酸化快，沉淀性能好，可生化性高。除此以外，污水中还常伴有消毒水、重金属、残留的兽药以及各种人畜共患病原体等污染物。

2. 畜禽污水特点

畜禽养殖场一般采用干清粪配合水冲洗的方式清洁圈舍。冲洗污水主要由尿液、残余的粪便、饲料残渣和冲洗水等组成，有的地区会连同生产过程中产生的生活污水一起排放处理。如不进行适当处理，一旦进入天然水体或农田，就会导致严重的环境污染。

由于畜禽污水中含有大量粪便、尿液以及饲料残余，因此，畜禽污水中的悬浮物浓度高、色度深、氨氮浓度高、有机磷浓度高，且富含细菌群和蛔虫卵。

二、畜禽污水处理方法

畜禽养殖污水无论以何种工艺或综合措施进行处理，都要采取一定的预处理措施。通过预处理可使废水污染物负荷降低，同时防止大的固体或杂物进入后续处理环节，造成设备的堵塞或破坏。针对污水中的大颗粒物质或易沉降的物质，畜禽养殖业采用过滤、离心、沉淀等固液分离技术进行预处理，常用的设备有格栅、沉淀池、筛网等。

禽畜废水经过预处理后，可以采用好氧、厌氧或者不同工艺相结合的方法进一步处理，最终达标排放，甚至还田利用。

在这些处理方法中，稳定塘、土地处理系统和人工湿地处理系统投资少，运行费用低、管理方便，并可同时有效去除 BOD、病原菌、重金属、有毒有机物及氮、磷等营养物质，在禽畜污水的治理方面具有一定的优越性。这些方法称之为自然处理法，在有足够土地可利用的条件下，它是一种较为经济的处理方法，特别适宜于小型畜禽养殖场的污水处理。

1. 稳定塘

稳定塘，又称氧化塘，是一种天然的或经一定人工构筑的污水净化系统。污水在塘内经较长时间的停留、储存，通过微生物（细菌、真菌、藻类、原生动物等）的代谢活动，以及相伴随的物理、化学过程，使污水中的有机污染物、营养素和其他污染物质进行多级转换、降解和去除，从而实现污水的无害化、资源化与再利用。

稳定塘可作为二级生物处理，设计合理、运行正常的稳定塘系统的出水水质常常相当于甚至优于二级生物处理的出水。

生物稳定塘的主要优点是处理成本低，操作管理容易。此外，生物稳定塘不仅能取得良好的 BOD 去除效果，还可以有效地去除氮、磷营养物质及病原菌、重金属及有毒有机物。它的主要缺点是占地面积大，处理效果受环境条件影响大，处理效率相对较低，可能产生臭味及滋生蚊蝇，不宜建设在居住区附近。

稳定塘按塘水中微生物优势群体的类型和塘水的溶解氧状况可分为好氧塘、兼性塘、厌氧塘和曝气塘。按用途又可分为深度处理塘、强化塘、储存塘和综合生物塘等。本章主要对稳定塘进行介绍。

（1）好氧塘。好氧塘通常都是一些很浅的池塘，塘深一般为 0.15 ~ 0.5 m，一般不大于 1 m，污水停留时间一般为 2 ~ 6 天。好氧塘一般适合处理 $BOD_5 < 100$ mg/L 的污水，多用于处理其他处理方法的出水，其出水溶解性 BOD 低而藻类固体含量高，因而往往需要补充除藻处理过程。

好氧塘内的生物种群主要有细菌、藻类原生动物、后生动物、水蚤等，是一类在有氧状态下净化污水的稳定塘，它完全依靠藻类光合作用和塘表面风力搅动自然复氧供氧。有阳光照射时，塘内的藻类进行光合作用，释放出氧，同时，由于风力的搅动，塘表面还存在自然复氧，二者使塘水呈好氧状态。塘内的好氧型异养细菌利用水中的氧，通过好样代谢氧化分解有机污染物并合成本身的细胞质，达到细胞增殖的目的，其代谢产物 CO_2 则是藻类光合作用的碳源。总的来说，好氧塘内有机污染物的降解过程是溶解性有机污染物转换为无机物和固态有机物，即细菌与藻类细胞的过程。

藻类光合作用使塘水中的溶解氧和 pH 值呈昼夜变化。白天，藻类通过光合作用释放的氧，超过细菌降解有机物的需氧量，此时塘水的溶解氧浓度很高，而 CO_2 浓度降低，pH 值上升；在夜间，藻类停止光合作用，而细菌降解有机物的代谢没有中止，造成 CO_2 累计，pH 值下降。好氧塘的净化机理如图 7—5 所示。

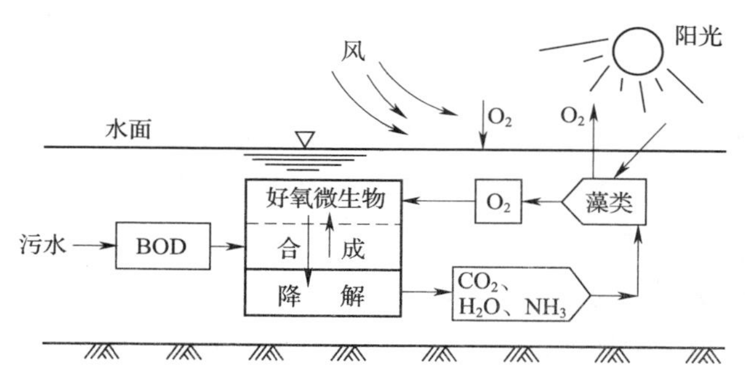

图 7—5　好氧塘的净化机理

（2）兼性塘。兼性塘是指在上层有氧、下层无氧的条件下净化污水的稳定塘，是最常用的塘型，其塘深通常为 1.0 ~ 2.0 m。兼性塘上部有一个好氧层，下部是厌氧层，中层是兼性区。污泥在底部进行消化，常用的水力停留时间为 5 ~ 30 天。兼性塘运行效果主要取决于藻类光合作用的产氧量和塘表面的复氧情况。

兼性塘常被用于处理小城镇的原污水以及中小城市污水处理厂一级沉淀处理后的出水或二级生物处理后的出水。兼性塘的运行管理极为方便，较长的污水停留时间使它能经受污水水量和水质的较大波动而不致严重影响出水水质。此外，为了使 BOD 面积负荷保持在适宜的范围之内，兼性塘需要的土地面积很大。

兼性塘的好氧区对有机污染物的净化机理与好氧塘基本相同，但由于污水的停留时间长，有可能生长繁殖多种种属的微生物，如硝化菌等，如图 7—6 所示。

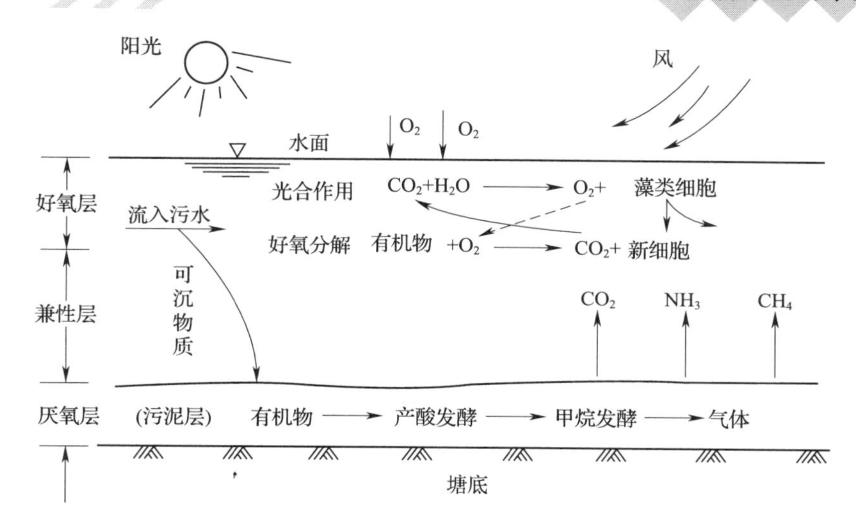

图 7—6　兼性塘的净化机理

兼性区的塘水溶解氧较低，且时有时无。这里的微生物是异养型兼性细菌，它们既能利用水中的溶解氧氧化分解有机污染物，也能在无分子氧的条件下进行无氧代谢。

厌氧区可沉物质和死亡的藻类、菌类在此形成污泥层，污泥层中的有机物质由厌氧微生物对其进行厌氧分解。发酵过程中未被甲烷化的中间产物（如脂肪酸、醛、醇等）进入塘的上、中层，由好氧菌和兼性菌继续进行降解，而 CO_2、NH_3 等代谢产物进入好氧层，部分逸出水面，部分参与藻类的光合作用。

由于兼性塘的净化机理比较复杂，因此兼性塘去除污染物的范围比好氧处理系统广泛，它不仅可去除一般的有机污染物，还可有效地去除氮、磷等营养物质和某些难降解的有机污染物，如木质素、有机氯农药、合成洗涤剂、硝基芳烃等。

（3）厌氧塘。厌氧塘是一类在无氧状态下净化污水的稳定塘，其有机负荷高、以厌氧反应为主。当稳定塘中有机物的需氧量超过了光合作用的产氧量和塘面复氧量时，该塘即处于厌氧状态，厌氧菌大量生长并消耗有机物。由于专性厌氧菌在有氧环境中不能生存，因而，厌氧塘常常是一些表面积较小、深度较大的塘。

厌氧塘最初被作为预处理设施使用，并且特别适用于处理高温高浓度的污水。这类塘的塘深通常是 2.5 ~5 m，停留时间为 20 ~50 天，主要的反应是酸化和甲烷发酵。当厌氧塘作为预处理工艺使用时，其优点是可以大大减少随后的兼性塘、好氧塘的容积，消除了兼性塘夏季运行时经常出现的漂浮污泥层问题，并使随后的处理塘中不致形成大量导致塘最终淤积的污泥层。

厌氧塘的设计和运行，必须以甲烷发酵阶段的要求作为控制条件，控制有机污染物的投配率，以保持产酸菌与产甲烷菌之间的动态平衡，使厌氧塘能正常运行。厌氧塘的净化机理如图7—7所示。

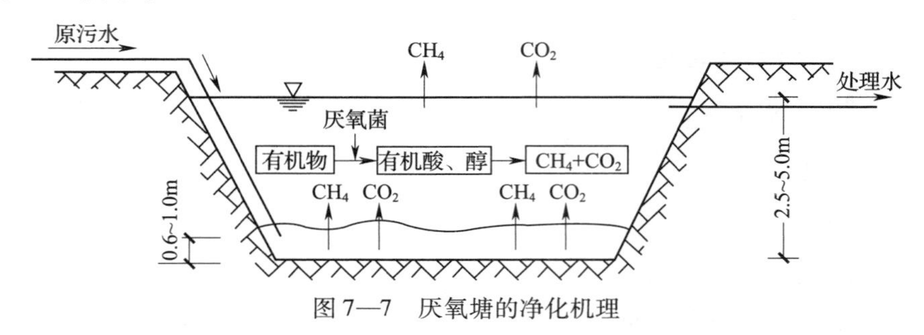

图7—7　厌氧塘的净化机理

（4）曝气塘。通过人工曝气设备向塘中污水供氧的稳定塘称为曝气塘，是人工强化与自然净化相结合的一种形式，适用于土地面积有限，不足以建成完全以自然净化为特征的稳定塘系统。曝气塘 BOD_5 的去除率为50%～90%，但由于出水中常含大量活性和惰性微生物体，因而曝气塘出水不宜直接排放，一般需后续连接其他类型的塘或生物固体沉淀分离设施进行进一步处理。曝气塘又可分为好氧曝气塘和兼性曝气塘两种，其净化机理如图7—8所示。

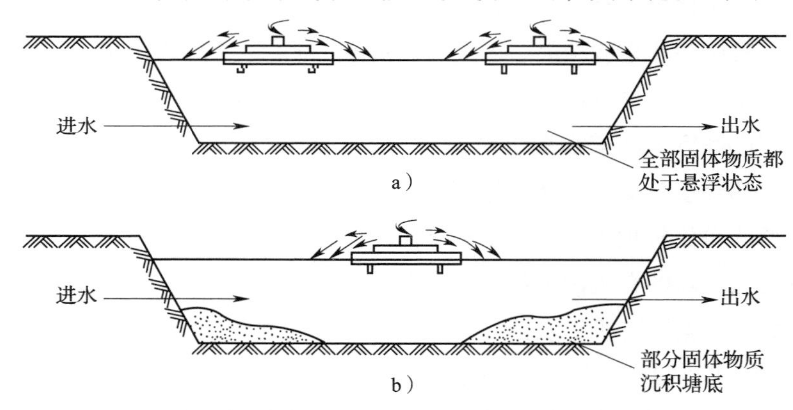

图7—8　好氧曝气塘与兼性曝气塘的净化机理

a）好氧曝气塘　b）兼性曝气塘

2. 土地处理系统

（1）污水土地处理系统概述。污水土地处理系统源于污水灌溉农田，具体是指利用农田、林地等土壤－微生物－植物构成的陆地生态系统对污染物进行综合净化处理的生态工程。它能在处理污水的同时，通过营养物质和水分的生物地球化学循环，促进绿色植物生长，实现污水的资源化与无害化。

1）污水土地处理系统具有明显的优点：

①促进污水中植物营养素的循环，污水中的有用物质通过作物的生长而获得再利用。

②可利用废劣土地、坑塘洼地处理污水，基建投资省。

③机电设备少，运行管理简便低廉，节省能源。

④绿化大地，增添风景美色，改善地区小气候，促进生态环境的良性循环。

⑤污泥能得到充分利用，二次污染小。

2）污水土地处理系统如果设计不当或管理不善，也会造成许多不良后果。

①污染土壤和地下水，特别是造成重金属污染、有机毒物污染等。

②导致农产品质量下降。

③散发臭味、蚊蝇滋生，危害人体健康等。

污水土地处理系统由污水的预处理设备、调节储存设备、输送配布设备、控制系统与设备、土地净化田和收集利用系统组成。其中土地净化田是污水土地处理系统的核心环节。

（2）污水土地处理系统净化原理。结构良好的表层土壤中存在土壤－水－空气三相体系。在这个体系中，土壤胶体和土壤微生物是土壤能够容纳、缓冲和分解多种污染物的关键因素。污水土地处理系统的净化过程包括物理过滤、物理吸附与沉积、物理化学吸附、化学反应与沉淀、微生物代谢与有机物的生物降解等过程，是一个十分复杂的综合净化过程。在整个净化过程中，污水中的悬浮固体（SS）、BOD、N、P、金属元素、病原微生物以及痕量有机物都可以得到去除。

（3）污水土地处理系统的工艺类型。当前，污水土地处理系统常用的工艺有慢速渗滤系统、快速渗滤系统、地表漫流系统、地下渗滤系统和湿地处理系统。其中，湿地处理系统将在后续内容中做详细介绍。

1）慢速渗滤系统。慢速渗滤系统是将污水释放、投配到种有作物的土壤表面，污水中的污染物在流经地表土壤－植物系统时得到充分净化的一种土地处理工艺系统，如图7—9所示。

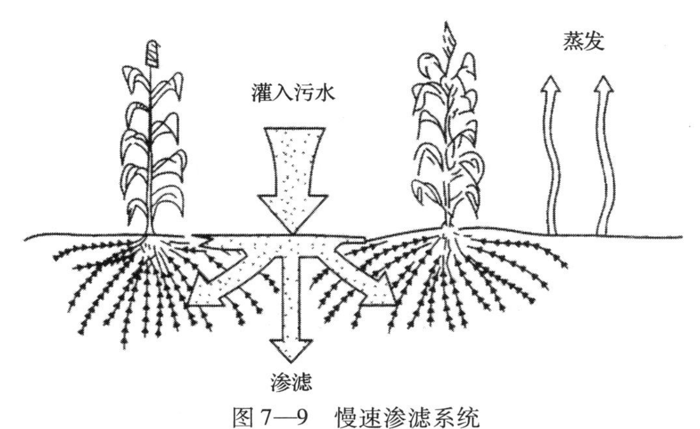

图7—9　慢速渗滤系统

2）快速渗滤系统。快速渗滤系统是将污水有控制地投配到具有良好渗滤性能的土壤，如沙土、沙壤土表面，进行污水净化处理的高效土地处理工艺，其作用原理与间歇运行的“生物滤池”相似，如图7—10所示。

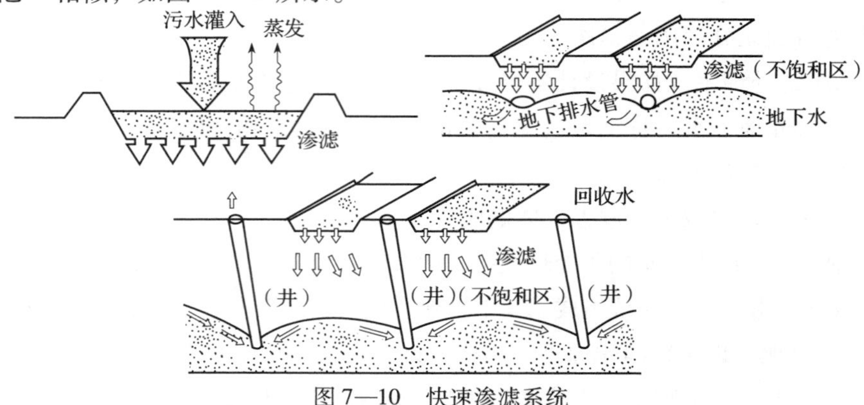

图7—10　快速渗滤系统

3）地表漫流系统。地表漫流系统是将污水有控制地投配到坡度缓和均匀、土壤渗透性低的坡面上，使污水在地表以薄层沿坡面缓慢流动过程中得到净化的土地处理工艺系统，如图7—11所示。

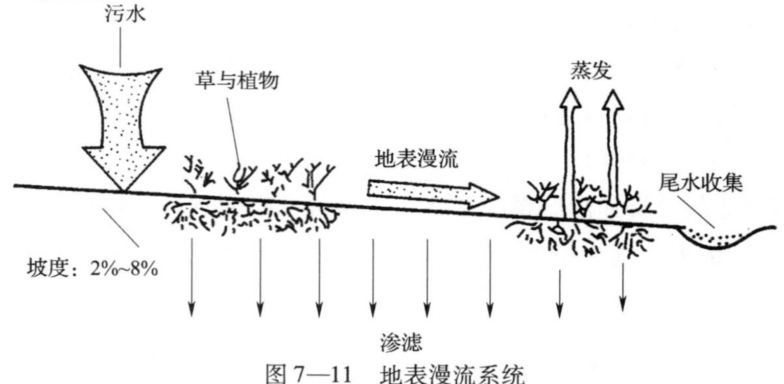

图7—11　地表漫流系统

4）地下渗滤系统。地下渗滤系统是将污水有效地投配到距地表一定深度、具有一定构造和良好扩散性能的土层中，是污水在土壤的毛细管浸润和渗滤作用下，向周围运动且达到净化污水要求的土地处理工艺系统，如图7—12所示。

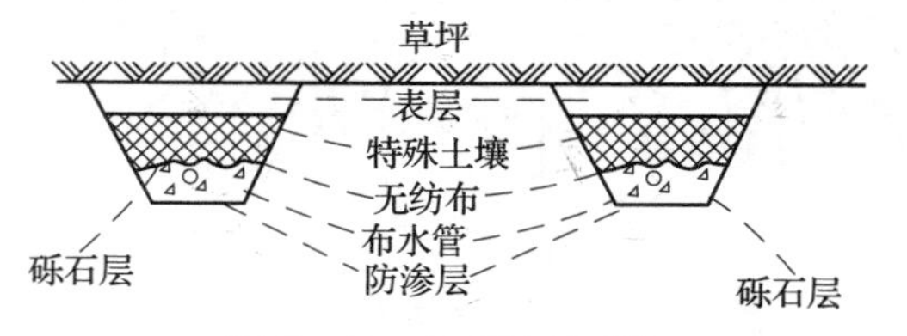

图7—12　地下渗滤系统

3. 人工湿地处理系统

湿地被称作地球的“肾”，是地球上的重要自然资源。湿地是指天然或人工，长久或暂时性的沼泽、泥炭地或水域地带，静止或流动，淡水、半咸水、咸水体，包括低潮时水深不超过6 m的水域。

湿地包括多种类型，珊瑚礁、滩涂、红树林、湖泊、河流、河口、沼泽、水库、池塘、水稻田等都属于湿地。它们共同的特点是其表面常年或经常覆盖着水或充满了水，是介于陆地和水体之间的过渡带。但从广义上讲，湿地可分为天然湿地和人工湿地两种。

天然湿地生态系统极其珍贵，而面对人类所需处理的大量污水，天然湿地能承担的负荷能力有极大的局限性，因而不可能大规模地开发利用来净化污水。天然湿地和人工湿地有明确的界定：天然湿地系统以生态系统的保护为主，以维护生物多样性和野生生物良好生存环境为主，净化污水是辅助性的；人工湿地系统是通过人为地控制条件，利用湿地复杂特殊的物理、化学和生物综合功能净化污水。应该指出，人工湿地系统所需要的土地面积较大，并受气候条件影响，且需要一定的基建投资，但是若运行管理得当，它将会带来很高的经济效益、环境效益和社会效益。

（1）人工湿地的净化机理。人工湿地通过物理、化学、生物的综合反应过程将水中可沉降固体、胶体物质、BOD、N、P、重金属、难降解有机物、细菌和病毒去除。对污染物的去除与影响见表7—1。

表7—1　　人工湿地的净化机理

反应机理		对污染物的去除与影响
物理	沉降	可沉降固体在湿地及预处理的酸化（水解）池中沉降去除，可絮凝固体也能通过絮凝沉降去除，从而使BOD、N、P、重金属、难降解有机物、细菌和病毒等去除
	过滤	通过颗粒间相互引力作用及植物根系的阻截作用使可沉降及可絮凝固体被阻截而去除
化学	沉淀	磷及重金属通过化学反应形成难溶解的化合物或与难溶解化合物一起沉淀去除
	吸附	磷及重金属被吸附在土壤和植物表面而被去除，某些难降解的有机物也能通过吸附去除
	分解	通过紫外线辐射、氧化还原等反应过程，使难降解的有机物分解或变成稳定性较差的化合物
生物	微生物代谢	通过悬浮状态的、底泥中的和寄生于植物上的细菌的代谢作用将凝聚性固体、可溶性固体进行分解；通过生物硝化与反硝化作用去除氮；微生物也将部分重金属氧化并经阻截或结合去除
植物	植物代谢	通过植物对有机物的代谢而去除，植物根系分泌物对大肠杆菌和植物代谢植物病原体有灭活作用
	植物吸收	相当数量的氮、磷、重金属及难降解有机物能被植物吸收而去除

1）人工湿地优点：

①设计合理，运行管理严格的人工湿地处理污水效果稳定、有效、可靠，出水 BOD、SS 等明显优于生物处理出水，可与污水三级处理媲美，具有相当的脱氮除磷能力，但是若对出水脱氮有更高的要求，则尚嫌不足。此外，它对污水中含有的重金属及难降解的有机污染物有较高净化能力。

②基建投资费用低，一般为生物处理的1/3～1/4，甚至1/5。

③能耗省，运行费用低，为生物处理的1/5～1/6；且可定期收割作物，如芦苇等是优良的造纸及器具加工原料，具有较好的经济价值，可增加收入，抵补运行费用。

④运行操作简便，不需复杂的自控系统进行控制。机械、电气、自控设备少，设备的管理工作量也随之较少，这方面的人员也可减少。

⑤对于小流量及间歇排放的污水处理较为适宜，其耐污及水力负荷强，抗冲击负荷性能好，不仅适合于生活污水的处理，对某些工业废水、农业污水、矿山酸性污水及液态污泥也具有较好的净化能力。

⑥既能净化污水，又能美化景观，形成良好的生态环境。

2）存在明显的不足：

①需要土地面积较大。

②对恶劣气候条件抵御能力弱。

③净化能力受作物生长情况的影响大。

④蚊蝇滋生。

（2）人工湿地的组成。人工湿地是通过人工建造和管理控制的工程化湿地，是具有较高生产力和较天然湿地有更好的污染物去除效果的多功能净化生态系统。该生态系统由填料、植物、微生物（细菌、真菌等）和动物构成。

1）填料。人工湿地中的填料又称基质，一般由土壤、细沙、粗沙、砾石、碎瓦片或灰渣等构成。填料不仅为植物和微生物提供生长介质，还通过沉淀、过滤和吸附等作用直接去除污染物。

2）植物。湿地中生长的植物通常称为湿地植物，包括挺水植物、沉水植物和浮水植物。大型挺水植物在人工湿地系统中主要起固定床体表面、提供良好的过滤条件、防止湿地被淤泥淤塞、为微生物提供良好根区环境以及冬季运行支承冰面的作用。人工湿地中的植物一般应具有处理性能好、成活率高、抗水能力强等特点，且具有一定的美学和经济价值。常用的挺水植物主要有芦苇、灯芯草、香蒲等。某些大型沉水植物、浮水植物也常被用于人工湿地系统，如浮萍等。人工湿地中种植的许多植物对污染物都具有吸收、代谢和累积作用，对 Al、Fe、Ba、Cd、Co、B、Cu、Mn、

P、Pb、V、Zn 均有富集作用，一般来说植物的长势越好、密度越大，净化水质的能力越强。

3）微生物。微生物是人工湿地净化污水不可缺少的重要组成部分。人工湿地在处理污水之前，各类微生物的数量与天然湿地基本相同。但随着污水不断进入人工湿地系统，某些微生物的数量将随之增加，并随季节和作物生长情况呈规律性变化。人工湿地中的优势菌属于快速生长的微生物，是分解有机污染物的主要微生物种群。人工湿地系统中的微生物主要去除污水中的有机物质和氨氮，某些难降解的有机物质和有毒物质可以通过微生物自身的变异，达到吸收和分解的目的。

（3）人工湿地的类型。按照系统布水方式的不同，一般可将人工湿地分为表面流湿地、水平潜流湿地和垂直流湿地。

1）表面流湿地（见图 7—13）。向湿地表面布水，水层厚度维持在 10 ~ 30 cm，水流呈推流式前进，整个湿地表面形成一层地表水流，流至终端而出流，完成整个净化过程。湿地纵向有坡度，底部不封底，土层不扰动，但其表层需经人工平整置坡。表面流湿地类似于沼泽，不需要沙砾等物质作填料，因而造价较低。它操作简单、运行费用低，但占地大，水力负荷小，净化能力有限。湿地中的氧气来源于水面扩散与植物根系传输，系统受气候影响大，夏季易滋生蚊蝇。

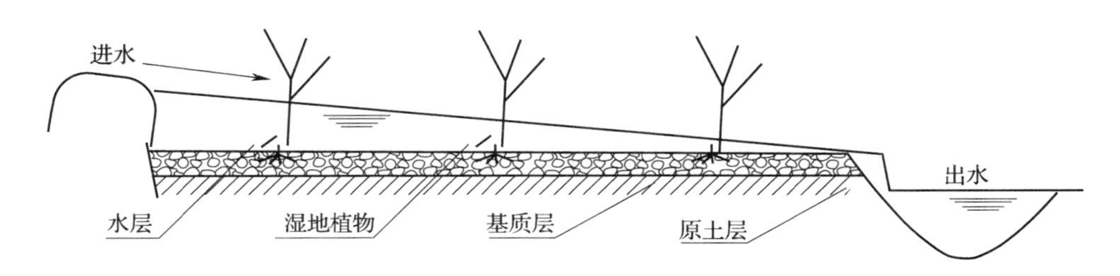

图 7—13　表面流湿地系统示意图

2）水平潜流湿地（见图 7—14）。水平潜流湿地由土壤、植物（如芦苇、香蒲等）和微生物组成，形成一个填料床，床底有隔水层，纵向有坡度，进水端沿床宽构筑有布水沟，内置填料，污水从布水沟投入床内，沿介质下部潜流呈水平渗滤前进，从另一端出水沟流出。在出水端砾石层底部设置多孔集水管，可与能调节床内水位的出水管连接，以控制、调节床内水位。水平潜流湿地可由一个或多个填料床组成，床体填充基质，床底设隔水层，水力负荷与污染负荷较大，对 BOD、COD、SS 及重金属等处理效果好，氧源于植物根系传输，少有恶臭与蚊蝇现象，但控制相对复杂，脱氮除磷效果欠佳。

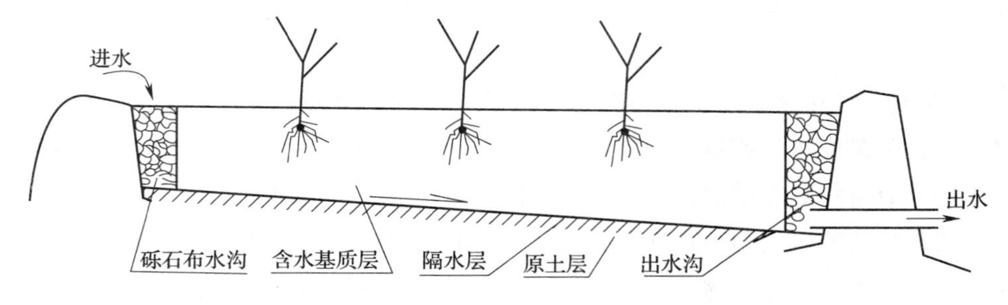

图7—14　水平潜流湿地示意图

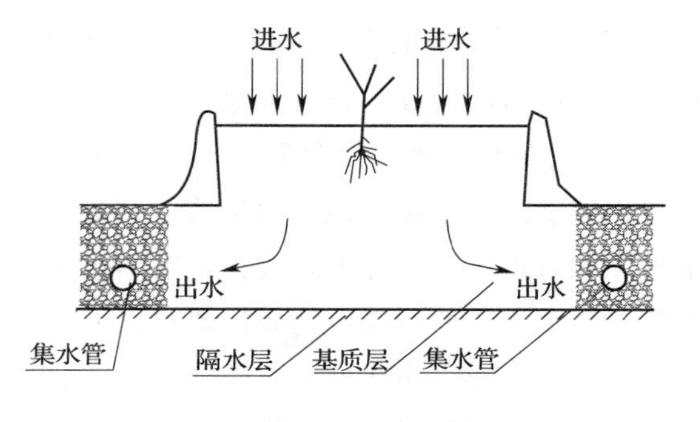

图7—15　垂直流湿地示意图

3）垂直流湿地（见图7—15）。垂直流湿地实质上是水平潜流湿地与渗滤型土地处理系统相结合的一种新型湿地。渗滤湿地采取地表布水，污水经水平渗滤，汇入集水暗管或集水沟出流。向湿地表面布水，一般来说，土壤的垂直渗透系数大大高于水平渗透系数，在湿地构筑时引导污水不仅呈垂直向流动，而且向水平方向流动，在湿地两侧地下设多孔集水管以收集净化出水。此类湿地可延长污水在土壤中的水力停留时间，从而提高出水水质。垂直流湿地床体处于不饱和状态，氧通过大气扩散与植物根系传输进入湿地，硝化能力强，适于处理氨氮含量高的污水，但处理有机物能力欠佳，控制复杂，落干或淹水时间长，夏季易滋生蚊蝇。

本章思考题

1. 根据去除对象的不同，列举组合式污水处理设备的分类。
2. 简要叙述禽畜废水的性质与特点。
3. 列举稳定塘污水净化系统的优劣。
4. 列举土地处理系统优劣。
5. 列举人工湿地系统优劣。

第 8 章

废水处理机械设备与电气仪表

第1节 电工基础

学习目标

1. 了解直流电和交流电的基本概念
2. 了解废水处理厂常用低压电器和低压电动机
3. 熟悉交流电三相绕组的接线方式、电工测量常识以及电动机基础
4. 掌握常用测量仪表的维护、电动机定子绕组的接线方法
5. 能够使用万用表、钳形电流表和兆欧表
6. 能够熟练完成电动机定子绕组的三角形连接和星形连接

知识要求

一、直流电与交流电

1. 直流电

（1）基本概念

1）电流。单位时间内通过导体横截面积的电量叫电流强度，简称为电流，用 I 表示，单位是安培，用符号 A 表示。

2）电压。电压用 U 表示，单位是伏特，用符号 V 表示。

3）电阻。电阻用 R 表示，单位是欧姆，用符号 Ω 表示。电阻在一定温度下和导体的长度 L 成正比，和导体的横截面积 S 成反比，且和导体材料（电阻率 ρ）有关。即：

$$R=\rho\times L/S$$

4）欧姆定律。在纯电阻电路中，电流的大小与电阻两端电压的高低成正比，与电阻的阻值大小成反比。即：

$$I=U/R$$

（2）电路的连接

1）电阻的串联。两个以上的电阻依次首尾相连接，这种连接方式叫作电阻的串联。在串联电路中，通过各电阻的电流相等，其电路总电压等于各电阻压降之和，总电阻等于各电阻之和。

2）电阻的并联。两个以上的电阻，首尾分别连接在一起的接线方式，叫电阻的并联。在并联电路中，各支路电压相同，总电流等于各支路电流之和，总电阻的倒数等于各支路电阻倒数之和。

（3）电源的连接

1）电源串联。将一个直流电源的负极接到另一个电源的正极，这样顺次连接，整个电源组的电动势等于各电源电动势之和。

2）电源并联。将几个电动势相等的直流电源各个正极和负极分别联在一起，总电动势仍等于单个电源电动势；通过外电路的电流，等于流过各电源的电流之和。

2. 交流电

（1）交流电基本概念。交流电是指大小和方向都随时间而变化的电流（或电压、电动势）。它是交变电流、交变电压和交变电动势的总称。

交流电的应用十分广泛，在工业和日常生活中几乎所有的电能都是以交流的形式产生的，即使电信、电镀、计算机等领域需要的直流电，也主要是靠交流电整流后获得。这是因为交流电动机相比直流电动机，有结构简单、工作可靠、成本低的优点，而且交流电可用变压器来改变电压等级，便于远距离输送。

（2）单相正弦交流电。交流电可分为正弦交流电和非正弦交流电两大类，正弦交流电是指按正弦规律变化的交流电，恒稳直流电，大小、方向都不随时间变化；脉动直流电，大小随时间变化，但方向始终不随时间变化；正弦交流电，按正弦规律且方向随时间变化的交流电；方波、非正弦交流电，大小、方向都随时间的变化，如图 8—1 所示。

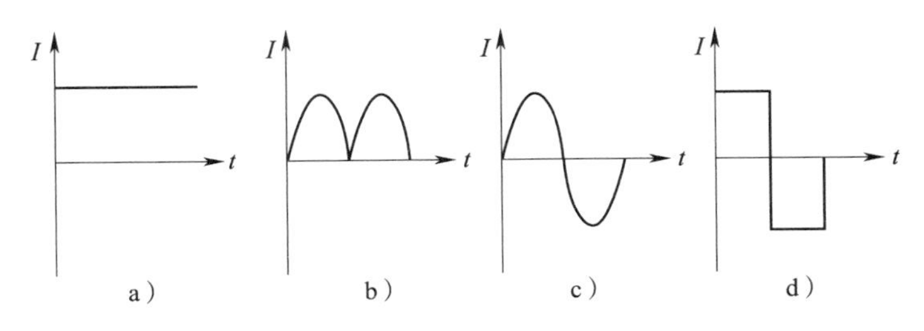

图 8—1　直流电和交流电的电波波形图

a）恒稳直流电　b）直流电　c）正弦交流电　d）方波交流电

1）正弦交流电的基本特征和三要素

①瞬时值。正弦交流电是随时间按正弦规律变化的，某时刻的数值和其他时刻不一定相同，于是把任意时刻的正弦交流电的数值称为它的瞬时值，分别用小写字母 i、u 和 e 表示。

②最大值。最大的瞬时值称为最大值，亦称峰值、幅值。正弦交流电流、电压和电动

势分别用大写字母加下标“m”表示，即 I_m，U_m 和 E_m。最大值有正负之分，但习惯都以绝对值表示。最大值是正弦交流电的三要素之一。

③周期、频率和角频率

a. 周期。交流电波形每重复一次所需的时间称为周期，用字母 T 表示，单位是 s。

b. 频率。交流电波形 1 s 内重复的次数称为频率，用字母 f 表示，单位是赫兹（Hz）。我国供电网频率为 50 Hz 的正弦交流电，习惯上称为“工频”。频率与周期的关系是 $T = 1/f$ 或 $f = 1/T$。

c. 角频率。角频率也称电角速度，是指 1 s 内变化的电角度，用字母 w 表示，单位是 rad/s。如果交流电波形在 1 s 内变化 1 次，即电角度正好变化 2π 弧度，$\omega = 2\pi$rad/s；如果交流电波形 1 s 内变化了 1 次，就可得到角频率与频率间的关系为 $\omega = 2\pi f$。角频率也是正弦交流电的三要素之一。

④初相角。初相角又称初相或初相位。当交流发电机刚要转动时，它的线圈平面和中性面之间的夹角为 ϕ，此角被称为初相角。初相角也是正弦交流电的三要素之一。

2）正弦交流电的有效值。把热效应相等的直流电流的值叫交流电流的有效值。正弦交流电有效值与最大值之间的关系为：$E = \dfrac{E_m}{\sqrt{2}}$，$U = \dfrac{U_m}{\sqrt{2}}$，$I = \dfrac{I_m}{\sqrt{2}}$。一般交流电的数值或电表测量出来的数值，都指正弦交流电的有效值。

（3）三相正弦交流电。三相正弦交流电简称三相交流电。

1）三相交流电的产生与优点。生产实际中大多采用三相交流电，它是由三相交流发电机所产生，单相交流电、民用的市电也是从三相电源中取得的。三相交流电与单相交流电相比有很多优点，如：三相发电机比同样规格的单相发电机的输出功率要大；在同样条件下输送同样大的功率时，三相输电线比单相电输电线节省材料；三相电动机结构简单，坚固耐用，维护和使用都比较方便，运转时比单相电动机振动小。所以三相交流电得到了广泛的应用。

2）三相绕组的连接。三相绕组的连接一般有星形（Y）和三角形（△）两种。

①三相电源绕组的星形 Y 连接。把三相发电机绕组的末端 U_2，V_2，W_2 连接成一个公共点的连接方式，称为星形接法，该公共点称为电源中性点，记作 N；从三个始端 U_1，V_1，W_1 分别引出的三根接负载的导线，称为相线；从电源中性点 N 引出一根与负载中性点相接的导线，叫作中线或零线。有中线的三相制叫作三相四线制，如图 8—2 所示，右边是它的简画法。没有中线的连接称为三相三线制。

三相制中，每相绕组两端的电压称为相电压，相电压的正方向规定为从始端到末端。在有中线时，相电压就是各相线与中线间的电压。两根相线之间的电压称为线电压。

三相四线制有两种电压输出，一种是线电压，一种是相电压，单相交流电大多是取自三相四线制中的相电压。相电压与线电压之间的数量关系是 $U_{线}=\sqrt{3}U_{相}$。

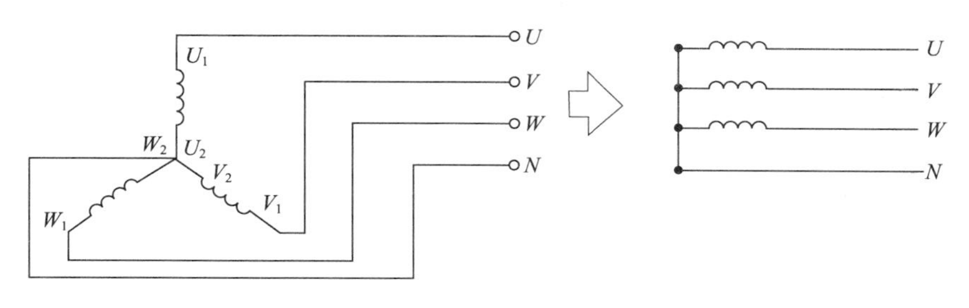

图 8—2　三相四线制Y形连接

②三相电源绕组的三角形（△）连接。将三相发电机每一相绕组的末端和另一相绕组的始端依次相接的连接方式，称为三角形（△）接法。采用三角形（△）连接时，$U_{线}=U_{相}$。应该指出，发电机绕组一般都采用Y形连接而不采用三角形（△）连接。

3．电工测量

电工测量参数主要有电流、电压、电阻和电能。常用仪表是万用表、钳形电流表和绝缘电阻表（习称兆欧表）。

（1）万用表

1）万用表的使用范围。万用表是一种具有多种用途和宽量限的直读式仪表。一般的万用表可以用来测量直流电流、直流电压、交流电压、电阻等电量，这种多用途的电表，测量准确度比较低。

2）万用表的使用步骤

①接线柱选择。先检查表笔位置。红色表笔应接在“＋”号的接线柱上，黑色表笔应接在“－”号的接线柱上。要避免因极性接反烧坏表头或撞坏表针。

②测量种类选择。根据测量的对象，将转换开关拨到需要的位置。例如需要测量交流电压，就把转换开关拨到标有“ $\underset{\sim}{V}$ ”的区间，测量直流应在标有“－”区间，且选择正确测量量限，量限如不能确定可先选择量限较大的挡，然后再逐步减小。

③正确读数。在万用表的标度盘上有许多条标度尺，分别用于各种不同的测量对象。测量时在相应的标度尺上读取数据。直流电流和直流电压共用一条标度尺，刻度是均匀的，标度尺的一端标明是直流符号“DC”。交流电压与直流电压的量限一般相同，标有“AC”符号表示交流。

④欧姆挡的正确使用

a．选择适当的倍率挡。测量范围由 $R\times1\ \Omega \sim R\times10\ \text{k}\Omega$。

b. 调零。在测量电阻之前，首先应将两表笔短接，并旋转“调零”旋钮，使指针刚好指在 Ω 标度尺的零位，以保证测量结果的准确性。

c. 不能带电测量电阻。因为这样不仅得不到正确的测量结果，而且有可能损坏表头。

d. 不准用万用表的电阻挡去直接测量微安表头、检流计的内阻。

目前已常用数字式万用表，测量更简单、方便、读数准确。

（2）钳形电流表

1）钳形电流表的使用范围。钳形电流表是一种特殊的便携式电工仪表，它可以在不切断电路的情况下，随时测量电路中的电流。

2）钳形电流表的使用注意事项

①测量前注意事项。首先是根据被测电流的种类、电压等级正确选择钳形电流表，被测线路的电压要低于钳表的额定电压。测量高压线路的电流时，应选用与其电压等级相符的高压钳形电流表。低电压等级的钳形电流表只能测低压系统中的电流，不能测量高压系统中的电流。其次是在使用前要正确检查钳形电流表的外观情况，一定要检查表的绝缘性能是否良好，外壳应无破损，手柄应清洁干燥。若指标没在零位，应进行机械调零。钳形电流表的钳口应紧密接合，若指标抖晃，可重新开闭一次钳口，如果抖晃仍然存在，应仔细检查，注意清除钳口杂物、污垢，然后进行测量。由于钳形电流表要接触被测线路，所以钳形电流表不能测量裸导体的电流。用高压钳形表测量时，应由两人操作，测量时应戴绝缘手套，站在绝缘垫上，不得触及其他设备，以防止短路或接地。

②测量时注意事项。首先是在使用时应按紧扳手，使钳口张开，将被测导线放入钳口中央，然后松开扳手并使钳口闭合紧密。钳口的结合面如有杂声，应重新开合一次，仍有杂声，应处理结合面，以使读数准确。另外，不可同时钳住两根导线。读数后，将钳口张开，将被测导线退出，将挡位置于电流最高挡或 OFF 挡。

其次要根据被测电流大小来选择合适的钳形电流表的量程。选择的量程应稍大于被测电流数值，若无法估计，为防止损坏钳形电流表，应从最大量程开始测量，逐步变换挡位直至量程合适。严禁在测量进行过程中切换钳形电流表的挡位，换挡时应先将被测导线从钳口退出再更换挡位。

当测量小于 5 A 以下的电流时，为使读数更准确，在条件允许时，可将被测载流导线绕数圈后放入钳口进行测量。此时被测导线实际电流值应等于仪表读数值除以放入钳口的导线圈数。测量时应注意身体各部分与带电体保持安全距离，低压系统安全距离为 0.1 ~ 0.3 m。测量高压电缆各相电流时，电缆头线间距离应在 300 mm 以上，且需绝缘良好。观测表计时，要特别注意保持头部与带电部分的安全距离，人体任何部分与带电体的距离不得小于钳形表的整个长度。

测量低压可熔保险器或水平排列低压母线电流时，应在测量前将各相可熔保险或母线用绝缘材料加以保护隔离，以免引起相间短路。当电缆有一相接地时，严禁测量，防止出现因电缆头的绝缘水平低发生对地击穿爆炸而危及人身安全。

③测量后注意事项。测量结束后钳形电流表的开关要拨至最大量程挡，以免下次使用时不慎过流，并应保存在干燥的室内。

（3）绝缘电阻表

1）绝缘电阻表（兆欧表）的使用范围。绝缘电阻表是专门用来检查和测量电气设备或供电线路的绝缘电阻的可携式仪表，标度尺以兆欧（$1\ M\Omega = 1\times10^6\ \Omega$）为单位，所以俗称兆欧表，外形如图 8—3 所示。

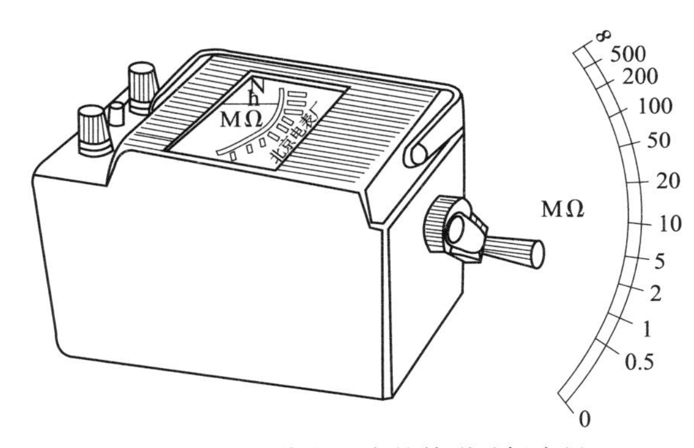

图 8—3　绝缘电阻表的外形及标度尺

2）绝缘电阻表的使用方法

①绝缘电阻表的选择。选用绝缘电阻表时，其额定电压一定要与被测电气设备或线路的工作电压相对应（见表 8—1）。

表 8—1　　不同额定电压的绝缘电阻表使用范围

被测绝缘工作电压（V）	绝缘电阻表的额定电压（V）
<500	500
500 ~ 1 000	1 000
35 000	2 000

②绝缘电阻表的接线。绝缘电阻表接线柱有三个：“线”（L）、“地”（E）和“屏”（G）。在进行一般测量时，只要把被测绝缘电阻接在“线”和“地”之间即可。

但在绝缘电阻本身表面不干净或潮湿的情况下，为了测量绝缘电阻内部电阻值（即体积电阻），就必须使用屏蔽“G”接线柱，如图 8—4 所示。

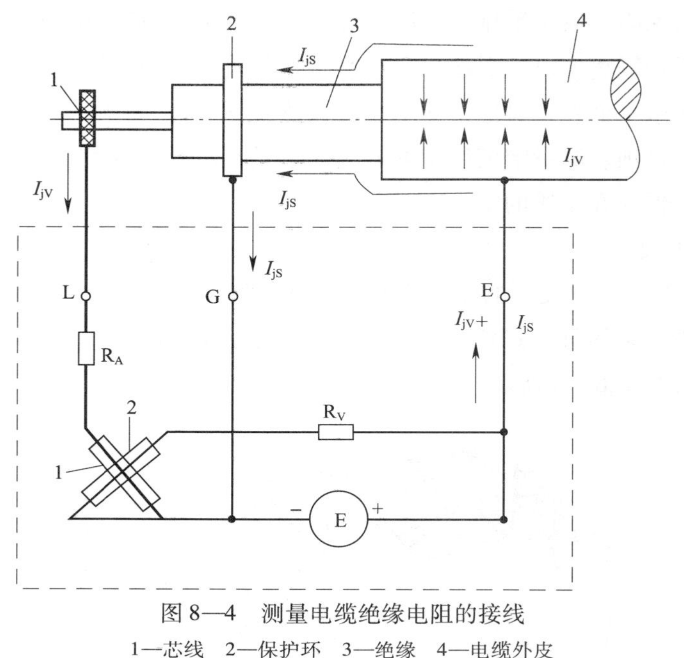

图8—4 测量电缆绝缘电阻的接线

1—芯线 2—保护环 3—绝缘 4—电缆外皮

绝缘电阻的表面漏电流 I_{jS}，沿绝缘电阻表面，经“屏”接线柱而不经过动圈流回电源负极。反映体积电阻的体积电流 I_{jV}，通过绝缘电阻的内部，经“线”接线柱以及线圈流回电源负极。可见，绝缘电阻表的测量结果只反映被测电阻的内部情况，即体积电阻。

③使用前的检查。绝缘电阻表使用时，要放置平稳，同时要检查偏转情况，先使“L”“E”开路，使手摇发电机的转速达到额定转速，观察指针是否指“∞”。然后必须在发电机转速极低情况下，再将“L”“E”短接，观察指针是否指“0”。否则，绝缘电阻表应检修。

二、低压电器与电动机

1. 废水处理厂常用低压电器

泵站除了需要电动机、变压器、电工仪表等一系列电气设备外，还需要控制电动机的电器。对于低压小容量的电动机常采用闸刀开关来控制；对于较大容量的低压电动机，常采用自动开关、交流接触器等电器来控制。此外，在运行中有可能发生过载、短路和失压等故障，如不及时排除，就会引起设备的不正常运行，导致设备遭到损坏。为了及时发现和处理故障，缩小事故范围，就需要采用具有保护作用的电器，低压小容量电动机需要熔断器、自动开关等，对于大功率的电动机则需要继电保护装置等。上述这些具有控制、保护、调节、转换和通断作用的电气设备叫作电器。电器分为低压电器和高压电器，工作电压在 500 V 及以下的称为低压电器；工作电压在 500 V 以上的称为高压电器。

此处主要介绍污水厂常用的一些低压电器：刀开关、熔断器、按钮开关、自动开关、交流接触器、磁力启动器以及异步电动机的减压启动器和变阻器等。

（1）刀开关

1）构造。它由分合刀体、熔体、接线座、胶盖及瓷质底板等组成。

2）使用范围。刀开关结构简单，熄灭电弧能力较差，因此只在低电压、小电流系统中作接通和截断电路之用。图8—5所示为瓷底胶盖刀开关，主要作为电灯电阻和电热等回路的控制开关和分支线路的配电开关。而三极刀开关可作为小容量三相异步电动机的全压启动设备，但不能频繁操作，其额定电流大，一般为15～60 A。

（2）铁壳开关（负荷开关）。铁壳开关主要由刀开关、熔断器、铸铁外壳和机械联锁装置组成。当铁壳开关壳罩打开时，手柄不能操纵开关合闸，当开关在合闸位置时，壳罩也打不开。所装的熔断器，可用作电动机的过载和短路保护，负荷电流一般在15～60 A。

（3）熔断器

1）熔断器的概述。熔断器是一种最简单的保护电器，如图8—6所示。它可用来防止过载电流和短路电流通过电气装置。熔断器主要由金属熔件（熔丝或熔片）、支持熔件的触座和外壳组成。当电路内电流增大到一定值时，熔断器熔件被加热到熔点而熔断，从而断开电路，使线路及电气设备得到保护。通过熔件的电流越大，则熔件的熔化和断路越快。

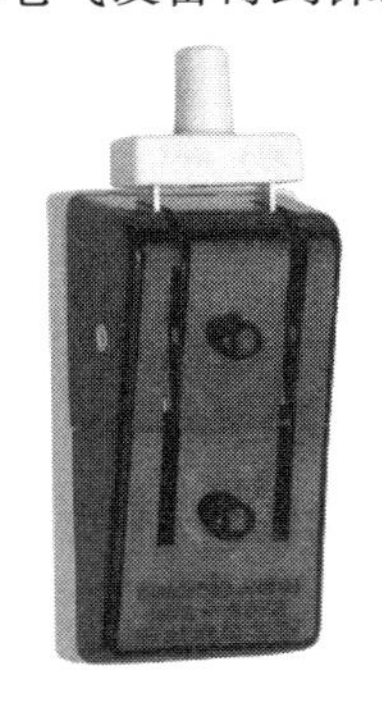

图8—5　刀开关

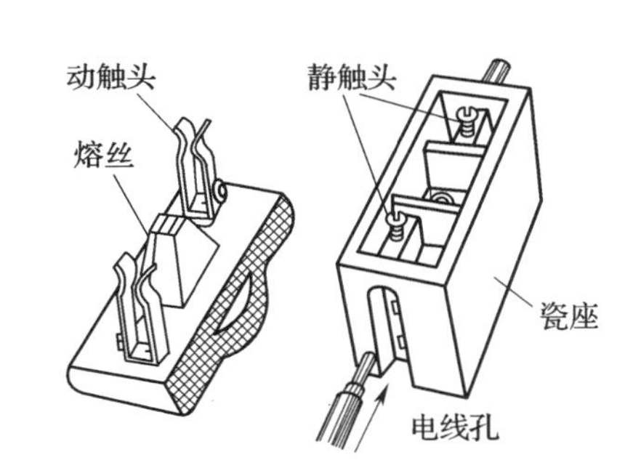

图8—6　瓷插式熔断器

熔件由铅、铅锡合金，锌，铝，铜，银和其他金属制成。铅、铅锡合金和锌的熔点较低（分别为327℃、200℃和420℃），但是电导率很小，所以用这些金属制成的熔件具有很大的截面，一般只用在500 V以下的熔断器中。铜和银的熔点很高（分别是1 080℃和960℃），但电导率很大，故用铜、银等材料制成的熔件，具有较小的截面。

熔断器的保护特性，是指通过熔断器的电流与熔件熔断时间的关系。当通过熔件的电流相同时，熔件的额定电流越小，则断路时间越短。

熔断器的熔件在额定电流下长期工作不应熔断，而超过熔断器的额定电流某一数值时，就必须熔断。使熔件能熔断的最小电流叫作最小熔断电流。熔断器能安全可靠地截断的最大电流，叫作熔断器的极限断路电流。熔断器应有选择性地动作，就是只有离短路地点最近的熔断器被熔断。

一般电气设备，如变压器、电动机等，都有一定的过载能力，在不同的电流过载倍数下，可以工作一定的时间。电气设备的过载倍数越大，所允许过载的时间越短；过载倍数越小，允许过载的时间越长，这种特性叫过载特性。选择熔断器时，其保护特性应稍低于电气设备的过载特性。

2）熔断器的种类。常用的低压熔断器有瓷插式熔断器、RL_1 型螺旋式熔断器、RM10 型无填料封闭式熔断器、RTO 型熔断器等（见图 8—7）。

a）

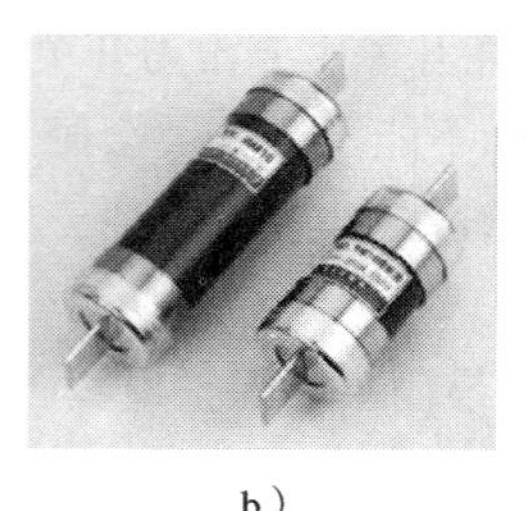

b）

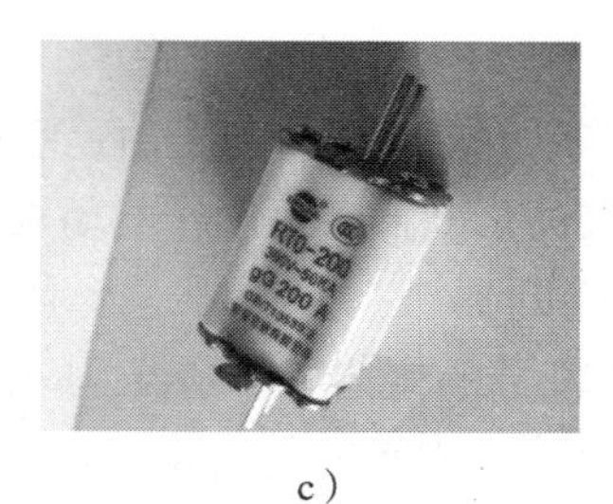

c）

图 8—7　各式熔断器

a）RL_1 型螺旋式熔断器　b）RM10 型无填料封闭式熔断器　c）RTO 型熔断器

3）熔件的选择。熔件的额定电流应根据负载的性质，工作状态以及实际负荷电流的大小进行选用。

（4）控制按钮。控制按钮是电器中最简单但又应用广泛的一种。它供交流电压 500 V、直流电压 440 V 以下作远距离手动控制各种电磁开关之用，如控制交流接触器，磁力启动器及继电器等。

（5）自动开关（见图 8—8）。自动开关又称自动空气开关或空气断路器，在低压配电线路中，它是一种保护性能较完善的电器。自动开关代替了刀开关和熔断器两种设备，并且其保护作用和选择性比闸刀开关和熔断器更好。自动开关具有良好的灭弧特性，既能接通和断开正常电流，也能自动切断过载或短路电流，常用其作为变压器低压侧或电动机的电源开关，同时又可用作电动机的保护电器。

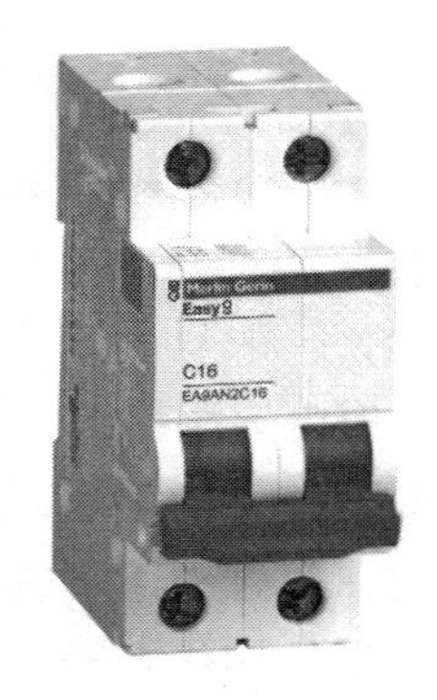

图 8—8　自动开关

（6）热继电器。热继电器是用以保护电动机过载的电器（见图 8—9）。在电动机正常运转时，热继电器不动作，当电动机发生过载时，过一定时间后，热继电器即动作，切断主回路，使电动机停止运转得到保护。热继电器要满足对电动机过载保护的要求，既要充分发挥电动机的工作潜力，又要保证热继电器对电动机的可靠保护。

热继电器动作后，经过一定的冷却时间，即可自动复位或手动复位，为下一次启动电动机创造条件。一般热继电器的自动复位时间为 5 min 以内，手动复位时间为 2 min。目前国产的热继电器有：JR0、JR9、JR10、JR15、JR16 等系列产品，对电动机的过载有较好的保护性能。

（7）电工成套装置中的指示灯和按钮的颜色。选色原则：依按钮被操作（按压）后所引起的功能或指示灯被接通（发光）后所反映的信息来选色。

1）指示灯颜色：红、黄、绿、蓝和白色。闪光信息的作用：进一步引起注意，须立即采取行动，反映出的信息不符合指令的要求，表示变化过程（在过程中发闪光）。亮与灭的时间比，一般是在 1∶1～4∶1 之间选取。较优先的信息使用较亮的闪烁频率。

指示灯的作用：

①指示。借以引起操作者的注意，或指示操作者应做的某种操作。

②执行。借以反映某个指令、某种状态、某些条件或某类演变，正在执行或已被执行。

红色含义是危险或告急，须立即采取行动；黄色是注意，情况有变化；绿色是安全，允许进行；蓝色、白色是无特定用意。

2）按钮颜色：红、黄、绿、蓝、黑、白和灰色。红色钮用于“停止”“断电”；绿色钮优先用于“启动”或“通电”，但也允许选用黑、白或灰色钮。一钮双用的“启动”与“停止”或“通电”与“断电”，交替按压后改变功能的，是黑、白或灰色钮；按压时运动，抬起时停止运动（如点动、微动），一般是黑、白、灰或绿色钮，最常用是黑色钮；复位，单一功能的，用蓝、黑、白或灰色钮；同时有“停止”与“断电”功能的是红色钮。

2. 废水处理厂常用电动机

电动机是根据电磁感应原理，把电能转换成机械能并输出机械转矩的原动机。电动机分类如图 8—10 所示。

图 8—9　热继电器

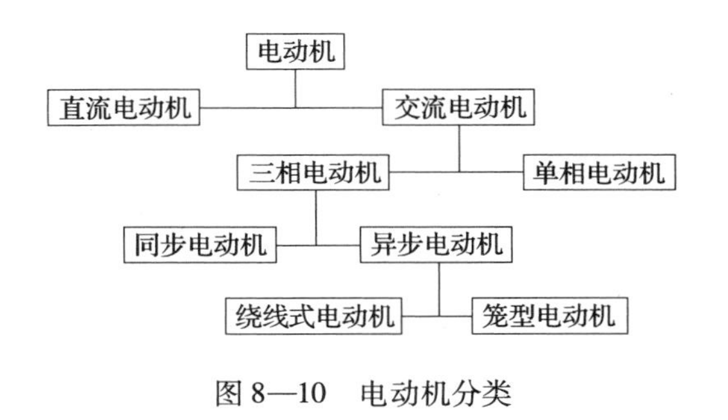

图 8—10　电动机分类

（1）三相异步电动机的铭牌。三相异步电动机的主要技术数据载于铭牌之上，这些数据是选择、使用和维修电动机的依据，如图 8—11 所示。

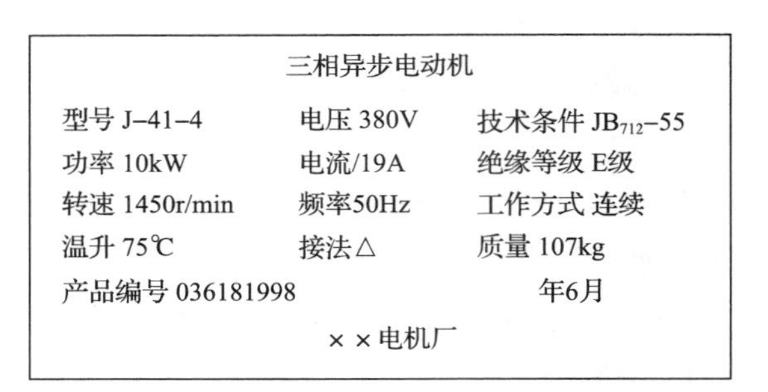

图 8—11　三相异步电动机的铭牌示例

1）型号。用汉语拼音字母和数字来表明电动机的种类、机座、结构、极数及转子类型等。异步电动机的型号含义说明如下：J－41－4 表示防护式三相笼型异步电动机，J 系列型号（防护式），4 号机座，1 号铁心长，4 级。

2）额定功率。额定功率表示电动机在额定运行情况下所能输出的最大允许机械功率，用有功功率表示，单位为千瓦。例如铭牌上所指的 10 kW，是指电动机在额定运行情况下，轴上允许输出的最大的机械功率为 10 kW。

3）额定电压。额定电压是指电动机在正常运行时的工作电压，也就是电动机定子绕组所接电源线电压的标准等级，单位为伏或千伏。电动机在额定电压下运行时，才能达到额定输出功率。运行时供给电动机的电压不应超过所规定的范围。电压过高或过低，都会使电动机过度发热，以致损坏。

4）额定电流。电动机的额定电流是指电动机在额定电压与额定功率下工作时，电动机三相定子绕组通过的线电流，单位为安培。由于定子绕组的连接方式不同，额定电压不同，电动机的额定电流也不同。例如一台额定功率为 20 kW 的三相异步电动机，做三角形接法时，额定电压为 220 V，额定电流为 68 A；而做星形接法时，额定电压为 380 V，额定电流为 39 A。铭牌上标明：接法－△/Y；额定电压 220/380 V；额定电流 68/39 A。

5）额定转速。额定转速是指电动机在额定电压、额定频率和额定负载下运行的转速，单位为 r/min，其值略低于同步转速。

6）额定频率。额定频率是指电动机在额定运行情况下，交流电源的频率。我国电网频率为 50 Hz。频率变化，对电动机的转速和输出功率都有影响。频率降低时，转速降低，定子电流增大。

7）绝缘等级。绝缘等级是指根据线圈所用的绝缘材料，按照它的允许耐热程度规定的等级，在所规定的温度限制以内，此种绝缘材料在一个相当长的时间内能可靠地工作。若电动机运行时，超出了绝缘材料所规定的温度，其寿命将大大缩短。

目前我国中、小容量电动机大部分采用 E 级绝缘，老产品中则采用 A 级绝缘的较多，大型电动机采用 B 级绝缘，有些特殊用途的电动机采用 F 级绝缘。

8）温升。温升是指电动机长期连续运行时的工作温度比周围环境温度高出的数值。我国将周围环境的最高温度规定为 40℃，例如电动机的允许温升为 65℃，则其所允许的工作温度为 65 + 40 = 105 （℃）。电动机的允许温升与所用的绝缘材料等级有关。电动机运行中的温度对绝缘材料的寿命影响很大，理论分析证明，绝缘材料运行中的温度每升高 8℃，其寿命将缩短一半。

9）工作定额。工作定额是指电动机的工作方式，即在额定的工作条件下运行时的持续时间或工作周期。我国规定电动机的工作定额有"连续""短时"和"断续"三种。连续工作表示电动机在额定条件下可以长时间连续运行；短时工作表示电动机在制造厂规定的时间内可以满载运行，在超过规定时间后，必须停车或减轻负荷，待电动机冷却后再工作；断续工作表示电动机应按制造厂规定短时断续使用，并以负载持续率（百分数）表示断续工作情况，标准负荷持续率分为 15%、25%、40% 及 60% 四种，以 10 min 为一周期，例如负载持续率为 40% 断续工作的电动机，工作周期为 10 min，在此 10 min 内满载运行时间不应超过 4 min。

（2）电动机定子绕组的接线方法。三相定子绕组的每相绕组都有两个引出线头，一头称为首端，另一头称为末端。规定第一相绕组的首端用 U1 表示，末端用 U2 表示；第二相绕组的首、末端分别用 V1 和 V2 表示；第三相绕组的首、末端分别用 W1 和 W2 表示。这六个引出线头引入接线盒的接线柱，接线柱则标出相应的符号。

三相定子绕组的六个端子可将三相定子绕组接成星形和三角形。

星形接法是将三相绕组的末端并联起来，即将 U2、V2 和 W2 接线柱用铜片连接起来，而将三相绕组的首端分别接入三相交流电源，即将 U1 、V1 和 W1 分别与 L1、L2 和 L3 三相电源连接，如图 8—12a 所示。

三角形接法是将第一相绕组的首端 U1 与第三相绕组的末端 W2 连接在一起，再接入 L1 相电源；第二相绕组的首端 V1 与第一相绕组的末端 U2 连接在一起，再接入 L2 相电源；第三相绕组的首端 W1 与第二相绕组的末端连接在一起，再接入 L3 相电源。即在接线盒内，将接线柱 U1 和 W2、V1 和 U2、W1 和 V2 分别用铜片连接起来，再分别接入三相电源，如图 8—12b 所示。

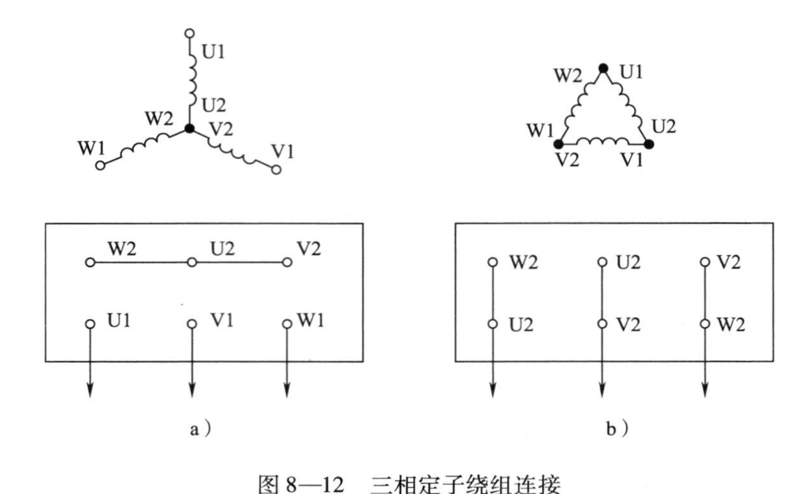

图8—12　三相定子绕组连接

a）星形连接　b）三角形连接

第2节　管件与阀门

学习目标

1. 了解管配件的种类、作用和特点
2. 熟悉管道防腐与保温
3. 掌握管配件的连接、阀门的安装和维护、阀门的故障分析
4. 能够进行管配件的连接操作

知识要求

一、管件连接与管道的防腐与保温

1. 管件连接操作

管道连接可分为螺纹连接、法兰连接、承插连接、焊接连接和黏合连接5种方式。根据管材和连接要求不同来选择连接方式。

（1）螺纹连接操作

1）冷水和排水系统在管径≤50 mm时采用螺纹连接方式。

2）螺纹连接时，先将管端螺纹抹上铅油，然后顺着螺纹缠少许麻丝，将螺纹与部件对正，用手徐徐拧上，再用管钳上紧。管件和管道应同心连接，不能发生偏移及产生角度。

3）安装螺纹零件时应按旋紧方向一次装好，不得回扭。管道连接应牢固，管螺纹根部应有外露螺纹，接口处无外露油麻。

4）螺纹连接管道安装后的管螺纹根部应有2~3扣的外露螺纹，多余的麻丝应清理干净并做防腐处理。

（2）法兰连接操作。法兰连接常用于管道和管道、管道与设备或者阀门等的连接。

1）凡管段与管段采用法兰盘连接或管段与法兰阀门连接者，必须按照设计要求和工作压力选用标准法兰盘。

2）连接法兰前应将其密封面清理干净，焊缝高出密封面部分应锉平，垫圈放置应平整，一般给水（冷水）采用厚度为3 mm的橡胶垫，供热、蒸汽、生活热水管道应采用厚度为3 mm的石棉橡胶垫。垫片要与管径同心，不得放偏。

3）法兰盘的连接螺栓直径、长度应符合规范要求。紧固法兰盘螺栓时要对称、均匀拧紧，严禁先拧紧一侧，再拧紧另一侧。紧固好的螺栓外露丝扣应为2~3扣，不宜大于螺栓直径的1/2。

（3）承插连接操作。带承接口的铸铁管采用承插连接。承插连接分嵌缝和密封两道工序。嵌缝是用油麻或橡胶圈将承插口填满并压实，然后用密封填料将承插口密封，保证管道中流体不渗漏。常用的填料有石棉水泥填料、自应力水泥砂浆填料、石膏水泥填料、青铅填料和水泥砂浆填料等。

承插式连接还可用胶黏剂粘接接口。施工时先用干布擦拭管端和承插口内表面，然后在管端外表面及承插口内涂一薄层胶黏剂，再将管子插入承插口，并转动半圈，使胶黏剂涂布均匀，用抹布擦掉插口外多余的胶黏结剂，待自然干燥即可。

（4）焊接连接操作。焊接连接是一种可靠性很高的连接方法，适用于高温高压管道的连接，但拆卸不方便，焊缝较易腐蚀，因此常用于不需要经常拆卸的管道连接。

1）管道焊接时应有防风、防雨雪措施，焊区环境温度低于－20℃，焊口应预热，预热温度为100~200℃，预热长度为200~250 mm。

2）一般管道焊接为对口形式及组对。

3）焊接前要将两管轴线对中，先将两管端部点焊牢，管径在100 mm以下可点焊三点，管径在150 mm以上以点焊四点为宜。

4）管材壁厚在5 mm以上者，应对管端焊口部位铲坡口。如用气焊加工管道坡口，必须除去坡口表面的氧化皮，并将影响焊接质量的凹凸不平处打磨平整。

5）管材与法兰盘焊接，应先将管材插入法兰盘内，先点焊2~3点再用角尺找正找平后方可焊接，法兰盘应两面焊接，其内侧焊缝不得凸出法兰盘密封面。

（5）黏合连接操作。黏合连接常应用于塑料管的连接。硬聚氯乙烯管采用承插式连接。

1）管子和管件在粘接前应采用清洁棉纱或干布将承插口的内侧和插口外侧擦拭干净，并保持粘接面洁净。若表面沾有油污，应采用棉纱蘸丙酮等清洁剂擦净。

2）用油刷涂抹胶黏剂时，应先涂承口内侧，后涂插口外侧。涂抹承口时应顺轴向由里向外涂抹均匀、适量，不得漏涂或涂抹过厚。

3）承插口涂刷胶黏剂后，宜在20 s内对准轴线一次连续用力插入。管端插入承口深度应根据实测承口深度，在插入管端表面做出标记，插入后将管旋转90°角。

4）插接完毕，应即刻将接头外部挤出的胶黏剂擦干净，并避免受力，静置至接口固化为止，待接头牢固后方可继续安装。

2. 管道防腐与保温操作

（1）管道防腐。金属腐蚀分为化学腐蚀和电化学腐蚀，通过防腐可以延长管道寿命，管道的防腐方法有覆盖法防腐、电化学防腐等。

在金属表面涂上防腐涂料（油漆）是较常用的覆盖法防腐。涂料一般分为底漆和面漆。常用底漆有：铁红防腐漆、铁红醇酸底漆、磷化底漆、厚漆等。常用面漆有：红丹防锈漆、灰色防锈漆、环氧红丹漆、铝粉漆、耐碱漆等。

一般管道防腐施工程序是：清理表面、涂漆、管道着色。

1）清理表面一般包括除油、除锈。油污较多时，可用氢氧化钠、碳酸钠等溶液处理，待干燥后除锈。

除锈分人工除锈、机械除锈、喷砂除锈和酸洗除锈。人工除锈可用钢丝刷、粗砂布等手工除锈。酸洗一般是除油后，用硫酸、盐酸和磷酸溶液进行酸洗，清水冲洗、中和、干燥后再进行刷漆或钝化处理。

2）埋地管道防腐施工：除油除锈后先涂两道沥青底漆（冷底子油），接着交替用玻璃布和沥青二层，最后用聚氯乙烯薄膜做保护层。

（2）管道保温。保温层一般由绝热层、防潮层、保护层组成。保温层常用材料：石棉硅藻土、玻璃棉、矿渣棉、膨胀珍珠岩、泡沫塑料、多孔混凝土等。一般用涂抹法、捆扎法施工。常用油毡和玻璃布做防潮层，保护层常用石棉水泥、玻璃布、金属等材料。

二、阀门的安装

在污水处理厂的设备管理中，必须重视阀门的管理与维护保养，以防因阀门的损坏而影响整个工艺的运行。阀门（尤其是经常操作的阀门）的泄漏也是不容忽视的问题，这种泄漏既可能造成阀门、管道、机械设备的腐蚀，又影响设备现场管理的整体水平。加强阀门的管理与维护保养，加强阀门的故障预知，加强阀门的备品备件工作，对保障安全生产，提高设备管理水平是非常重要的。

阀门在管道上安装时首先应按照管道连接方法进行安装，同时要满足以下规定。

1. 一般阀门安装要求

（1）安装前应按设计核对型号，并根据介质流向确定其安装方向。

（2）检查、清理阀件各部位的污物、氧化铁屑、砂粒等，防止污物划伤阀的密封面。

（3）检查填料是否完好，一般安装前要重新塞好填料，调整好填料压盖。

（4）检查阀杆是否歪斜，操作机构和传动装置是否灵活，试开试关一次，检查能否关闭严密。

（5）水平管道上的阀门，其阀杆一般应安装在上半圆范围内。

（6）安装铸铁、硅铁阀件时，要防止因强力连接或受力不均而引起的损坏。

（7）安装电动和气动阀门时，应使执行机构位于阀门的上部。

（8）截止阀的介质必须由下向上流经阀盘。

（9）闸阀不宜倒装，明杆阀门一般不装在地下，升降式止回阀应水平安装。

（10）旋启式止回阀只要保证旋板的放置轴呈水平即可，可装在水平或垂直的管道上，如果在垂直的管道上安装，流向必须由下向上。

2. 安全阀安装要求

（1）设备容器的安全阀应装在设备容器的开口短节上，也可装设在接近设备容器出口的管路上，但管路的公称通径不能小于安全阀进口的公称通径。

（2）液体安全阀介质应排入封闭系统，气体安全阀介质可排入大气。

（3）可燃气体和有毒气体安全阀的排气口，应用管引至室外，排气管应尽量不拐弯，排气管出口应高出操作面2.5 m以上。可燃气体和有毒气体排入大气时，安全阀放空管出口应高出周围最高建筑物或设备2 m。水平距离15 m以内有明火设备时，可燃气体不得排入大气。

（4）安全阀应垂直安装，以保证管路系统畅通无阻。安全阀应布置在便于检查和维修的场所。

（5）安装重锤式安全阀时，应使杠杆在重锤主平面内运动，调试好后必须用固定螺栓将重锤固定。

三、阀门的使用及保养

（1）阀门的润滑部位以螺杆、减速机构的齿轮及蜗轮、蜗杆为主，这些部位应每三个月加注一次润滑脂，以保证转动灵活，防止生锈。阀门的螺杆是暴露在外的，每年应将暴露的螺杆清洗干净并涂以新的润滑脂至少一次。

（2）电动启闭阀门时，应注意手轮是否脱开，板杆是否在电动的位置上。如果没有脱开，在启动时一旦保护装置失效，手柄可能高速转动而伤害操作者。

（3）在手动开闭阀门时应注意，如果感到很费劲就说明阀杆有锈死、卡死或阀杆弯曲等故障，此时如加大臂力就可能损坏阀杆，应在排除故障后再转动。当闸门闭合后应将闸门手柄反转一两转，这有利于闸门再次开启。

（4）电动阀的转矩限制机构不仅起过扭矩保护作用，当行程控制机构在操作过程中失灵时，还起备用停车的保护作用。其动作扭矩是可调的，应将其随时调整到说明书给定的扭矩范围之内。有少数闸阀是靠转矩限制机构来控制阀板压力的，如调节转矩太小，则关闭不严，反之则会损坏连杆，所以更应格外注意转矩的调节。

（5）应将阀门开度指示器的指针调整到正确的位置。调整时首先关闭阀门，将指针调零后再逐渐打开。当阀门完全打开时，指针应刚好指到全开的位置。正确的指示有利于操作者掌握情况，也有助于发现故障，例如当指针未指到全开位置而马达停转，就应判断这个阀门可能卡死。

（6）在北方地区，冬季应注意阀门的防冻措施，特别是暴露于室外、井外的阀门，冬季要用保温材料包裹，以避免阀体被冻裂。

（7）长期闭合的废水阀门，有时在阀门附近形成一个死区，其内会有泥沙沉积，这些泥沙会对蝶阀的开合形成阻力。如果开阀的时候发现阻力增大，不要硬开，应反复做开合动作，以促使水将沉积物冲走，在阻力减小后再打开阀门。同时如发现阀门附近有经常积沙的情况，应时常将阀门开启几分钟，以利于排除积沙。对于长期不启闭的闸门与阀门，应定期运转一两次，以防止锈死或者淤死。

（8）在可燃气体管道上工作的阀门，如沼气阀门，应遵循与可燃气体有关的安全操作规程。

四、阀门常见故障的原因和解决方法

1. 闸板等关闭件损坏

原因是材料选择不当或利用管道上的阀门经常当作调节阀用、高速流动的介质造成密封面的磨损。此时应查明损坏的原因，改用其他材料的关闭件。在输送高压水或水中杂质较多时，避免将闭路阀门当作调节阀门使用。

2. 填料室泄漏

原因主要是填料的选型或装填方式不正确、阀杆存在质量问题等。首先应选用合适的填料，并使用正确的方法在填料室内填装填料。在输送介质温度超过100℃时，不能使用油浸填料，而应使用耐热的石墨填料，以避免油浸填料中的油在高温时炭化后刮伤阀杆。当因为阀杆有椭圆度或划痕等缺陷而引起泄漏时，应修整或更换阀杆，保证阀杆圆整且表面粗糙度较低。

3. 阀杆升降不灵活

阀杆螺纹表面粗糙度不合要求或阀杆不直，需要重新打磨或调整。阀杆及其衬套采用同一种材料或选用的材料不当会使阀杆升降不灵活。阀杆使用碳钢或不锈钢时，应当采用青铜或含铬铸铁作为阀杆衬套材料。阀杆有轻微锈蚀使阀杆升降不灵活时，可用手锤沿阀杆衬轻轻敲击，将阀杆旋转出来后加上润滑油脂。如果发现阀杆螺纹有磨损现象，应更换新的阀杆衬套或新的阀杆。

4. 密封圈不严密

阀门安装前没有遵守安装规程，如没有清理阀体内腔的污垢，表面留有焊渣、铁锈、泥沙或其他机械杂质，引起密封面上有划痕、凹痕等缺陷引起阀门故障。因此，必须严格遵守安装规程，确保安装质量。阀门本身因为加工精度不够会使密封件与关闭件（阀板与阀座）配合不严密，此时必须修理或更换。关闭阀门时用力过大，也会造成密封部件的损坏，操作时用力必须适当。

5. 安全阀或减压阀的弹簧损坏

造成弹簧损坏的原因往往是弹簧材料选择的不合适或弹簧制造质量有问题，应当更换弹簧材料或更换质量优良的弹簧。

第3节　水　　泵

学习目标

1. 了解离心泵的类型与型号
2. 熟悉离心泵的选型
3. 掌握离心泵的性能参数、工作情况以及运行和维护知识

4. 能够进行水泵的日常运行与维护

5. 能够熟练加置水泵填料操作

知识要求

一、泵与离心泵

1. 泵的种类

由于应用场合、性能参数、输送介质和使用要求的不同，泵的种类及规格繁多，结构及形式多样。泵按工作原理来分主要可分为叶片式泵、容积式泵和其他类三大类。叶片式泵有离心泵、混流泵、轴流泵等形式，容积式泵有柱塞（活塞）泵、隔膜泵、螺杆泵等形式，其他类型有螺旋泵、喷射泵、射流泵、电磁泵等。

2. 泵的性能参数

（1）流量 Q。流量是泵在单位时间内输送出去的水量，用 Q 表示。水流量有体积流量和质量流量之分，常用单位有 m^3/s，m^3/h，L/s，kg/s 等。

（2）扬程 H。扬程是泵所抽送的单位重量液体从泵进口处到泵出口处能量的增值，又称为压头，也就是一牛顿液体通过泵获得的有效能量，其单位为 J/N 或 m，即泵抽送液体的液柱高度，习惯简称为米。从离心泵所表现出的效果来看，泵的扬程是其将水的位置抬升高度、将水的静压提高的高度以及在输送水的过程中克服的管路阻力这三项之和。

（3）转速 n。泵的转速是指单位时间内转子的回转数，泵的转速用 n 来表示，单位是 r/min。

（4）功率和效率。描述泵的功率有轴功率 N 和有效功率 N_e 两种形式。

1）轴功率。轴功率指泵的输入功率，即电动机输送给水泵的功率，用符号 N 表示，常用单位为 kW。

2）有效功率。有效功率指泵的输出功率，即单位时间内流过离心泵的水得到的能量，用符号 N_e 表示，单位为 J/s 或 W。泵在运行过程中，存在各种能量损失，因此轴功率不可能完全传给水，即泵的轴功率大于泵的有效功率。有效功率和轴功率之比，称为泵的效率，以 η 表示，即：

$$\eta = \frac{N_e}{N}$$

泵的效率反映了泵对外加能量的利用程度。泵的效率与泵的大小、类型、制造精密程度和所输送液体的性质有关。一般小型泵的效率为 50% ~77%，大型泵可达 90% 左右。

（5）允许吸上真空高度。允许吸上真空高度指当泵轴线高于水池液面时，为了防止发生汽蚀现象，所允许的泵轴线距吸水池液面的垂直高度，即在一个标准大气压下、水温为20℃时水泵进口处允许达到的最大真空高度，用 H_s 表示，单位：m。允许吸上真空高度 H_s 是随流量变化的，一般来说，流量增加，H_s 下降。当泵轴线低于水池液面时，可不考虑此项参数。

3．离心泵的工作情况

（1）水泵装置及其运转工况点

1）水泵装置及其特性曲线。所谓水泵装置是由水泵、管路及管路上的附件组成的系统，整个水泵装置的扬程公式就是装置特性曲线公式。对于水泵装置来讲，装置特性曲线是一条抛物线（见图 8—13）。

2）水泵运转的工况点。水泵运转的工况点是由水泵特性曲线（专指扬程流量特性曲线）和装置特性曲线两者决定的，把水泵装置特性曲线和水泵特性曲线画在同一个 $Q-H$ 坐标平面内，如图 8—14 所示，两线相交于 M 点，则 M 点即是水泵运转时的工况点。

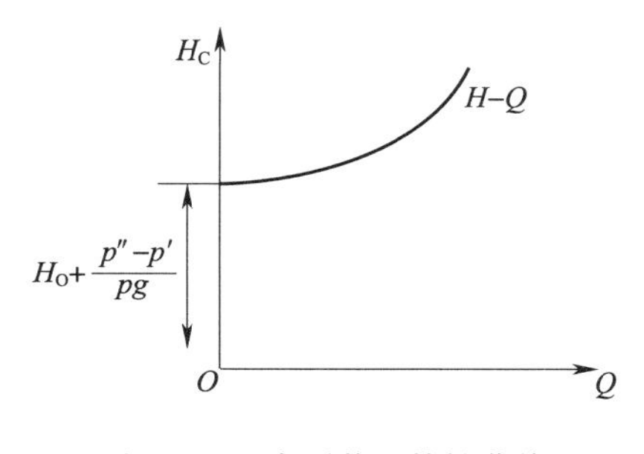

图 8—13　水泵装置特性曲线

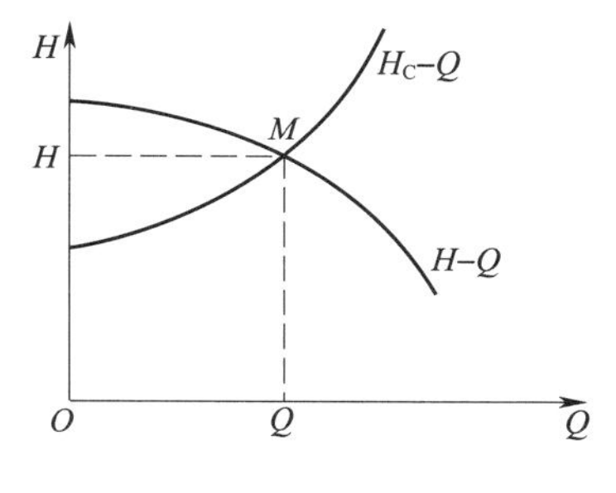

图 8—14　水泵运转工况点

一台水泵在运行过程中，如果外界条件不变，它就稳定在某一工况点运行，但是在日常生产中，我们往往要对泵装置进行调节，比如将出水阀关小，那么装置特性曲线就要改变，从而工况点也要随之改变。一台水泵有许许多多的工况点，泵具体在哪个工况点运行，由其对应的装置特性曲线和水泵特性曲线决定。

（2）水泵在管路系统中的运行

1）水泵的串联运行。当一台泵的扬程不够高时，可用两台泵串联运行。在理论上，两台同样的泵串联运转时，流量不变、扬程相加。但在实际运行当中，往往难以达到理想状态。水泵串联运行的基本要求是两台水泵的最佳工况流量应尽量相近，以便运转时两水泵均在高效区工作。

2）水泵的并联运行。当一个泵的流量不够大时，可以用两台泵并联运行。在理论上，两台同样的泵并联运行时，扬程不变、流量相加，但实际运行结果与理论值存在差别。两台水泵并联运转的要求是两台水泵在最佳工况时的扬程应尽量相似，以保证两泵均在高效区工作。

3）水泵工况的调节。水泵的运转工况点是水泵特性曲线与装置特性曲线的交点，因此，有两种方法可以改变工况点，一是改变装置特性曲线；另一种是改变水泵特性曲线。

①改变装置特性曲线。将压力管路上装的调节阀开大或关小达到调节流量的目的，是改变装置特性曲线最简单的方法，这种调节方法称为节流调节阀。节流调节阀的优点是调节方便、简单，旋转阀门就可以改变流量，而其缺点是以降低效率为代价、存在节流损失。

②改变泵的特性曲线

a. 改变泵的转速。泵的转速减小，泵的特性曲线就下降；泵的转速升高，则泵的特性曲线就上升，改变了它与装置特性曲线的交点，达到调节量的目的。这种调节法要求泵的驱动设备能够改变转速（如配备变频调速装置），或原动机与水泵之间采用能改变转速的传动机械。变转速调节流量的优点是没有附加节流损失的额，这对于节能很有意义，另外，这种调节方法流量可以往小调，也可以往大调，这种调节法经常用于高扬程、大流量的泵。

b. 改变叶轮直径。根据离心泵的切割定律可知，改变叶轮直径，泵的性能曲线也将改变，其规律与改变泵的转速类似，如图8—15所示。但这种方法实施起来不方便，且调节的范围不大，若叶轮直径减小不当还会降低泵的效率，所以不是操作中经常采用的方法，只有当流量定期变动时采用这种方法才是可行的。

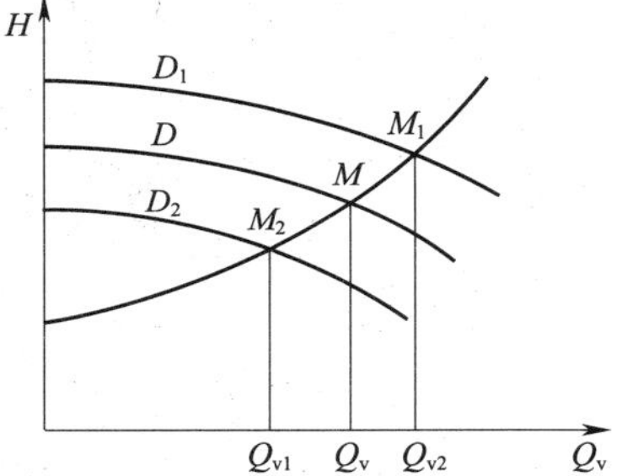

图8—15 改变叶轮直径时的流量变化示意图

4. 离心泵的类型和型号表示

离心泵种类繁多，按所输送液体的性质可以分为清水泵、耐腐蚀泵、杂质泵等。各种类型离心泵按照其结构特点各自成为一个系列，同一系列中又有各种规格。泵样本中列有各类离心泵的性能和规格。选泵时，应考虑以下几个的因素：应按进水管的最大时污水流量设计，并应满足最大充满度时的流量要求；尽量选用类型相同和口径相同水泵，以便于检修，也应满足低流量时的需要；由于生活污水对水泵有腐蚀作用，故污水泵站尽量采用污水泵，污水泵一般使用4 000 h需检修1次。

（1）清水泵（IS型、D型、S型）。清水泵是应用广泛的离心泵，用于输送各种工业用水以及物理、化学性质类似于水的其他液体。最普遍使用的是单级单吸悬臂式离心水泵，系列代号为“IS”。全系列扬程范围为5～125 m，流量范围为6.3～400 m^3/h。

泵的型号由字母和数字表示，如型号IS 100－80－125，IS表示泵的类型，为单级单吸悬臂式离心水泵；100 表示泵的吸入管内径，单位为 mm；80 表示泵的排出管内径，单位为 mm；125 表示泵的叶轮直径，单位为 mm。

若所要求流量下，其扬程高于单级泵所能提供的扬程时，可采用多级离心泵。在一根轴上串联多个叶轮，从一个叶轮流出的液体，通过泵壳内的导轮，引导液体改变流向，同时将一部分动能转变为静压能，然后进入下一个叶轮入口，液体从几个叶轮中多次接受能量而有较高的压头。我国生产的多级泵系列代号为“D”，叶轮级数通常为 2 ~ 9 级，最多可达 12 级，全系列的扬程范围为 14 ~ 351 m，流量范围为 10. 8 ~ 850 m^3/h。

若输送液体的流量较大而所需的扬程并不高时，则可采用双吸泵，其特点是从叶轮两侧同时吸液。中国生产的双吸泵系列代号为“S”，全系列扬程范围为 9 ~ 140 m，流量范围为 120 ~ 12 500 m^3/h。

（2）耐腐蚀泵（F 泵）。F 型泵是单级单吸悬臂式耐腐蚀离心泵，输送酸、碱等不含颗粒的腐蚀性液体时，应选用耐腐蚀泵。

此类泵的主要特点是与液体接触的部件用耐腐蚀材料制成，在 F 后面再加上一个字母表示材料代号以作区别。例如：

灰口铸铁—材料代号为 H，用于输送浓硫酸。

铬镍合金钢—材料代号为 B，用于常温和低浓度的硝酸、氧化性酸液、碱液和其他腐蚀性液体。

铬镍钼钛合金钢—材料代号为 M，最适用于常温的高浓度硝酸。

聚三氟氯乙烯塑料—材料代号为 S，适用于 90℃以下的硫酸、硝酸、盐酸和碱液。

耐腐蚀泵的另一个特点是密封要求高，所以 F 型泵多采用机械密封装置。F 型泵全系列扬程范围为 15 ~ 105 m，流量范围为 2 ~ 400 m^3/h。

（3）杂质泵（P 型）。用于输送悬浮液及稠厚的浆液时用杂质泵。该系列代号为“P”。根据其用途又可细分为污水泵“PW”、砂泵“PS”、泥浆泵“PN”等。对这类泵的要求是：不易堵塞、耐磨、容易清洗。这类泵的特点是叶轮流道宽，叶片数目少，常采用半闭式或开式叶轮。有些泵壳内衬以耐磨的铸钢护板，泵的效率低。

5. 离心泵的选型

（1）根据工艺参数和介质特性来选择泵的系列和材料。如确定选用离心泵后，可进一步考虑如下项目：

1）根据介质特性决定选用哪种特性泵，如清水泵、耐腐蚀泵或化工流程泵和杂质泵等；介质为剧毒、贵重或有放射性等不允许泄漏的物质时，应考虑选用无泄漏泵（如屏蔽泵、磁力泵）或带有泄漏液收集和泄漏报警装置的双端面机械密封泵；如介质为液化烃等易挥发液体应选择低汽蚀余量泵，如筒型泵。

2）根据现场安装条件选择卧式泵、立式泵（含液下泵、管道泵）。

3）根据流量大小选用单吸泵、双吸泵或小流量离心泵。

4）根据扬程高低选用单级泵、多级泵或高速离心泵等。

以上各项确定后即可根据各类泵中不同系列泵的特点及生产厂家的条件，选择合适的泵系列及生产厂家，最后根据装置的特点及泵的工艺参数，决定选用哪一类制造、检验标准。如要求较高时，可选 API610 标准，要求一般时，可选 GB/T 5656—2008（ISO 5199）或 ANSIB73.1M 标准。

（2）根据泵厂提供的样本及有关资料确定泵的型号（即规格）

1）额定流量和扬程的确定。额定流量一般直接采用最大流量，如缺少最大流量值时，常取正常流量的 1.1 ~ 1.15 倍。额定扬程一般取装置所需扬程的 1.05 ~ 1.1 倍。对黏度 $>20\ mm^2/s$ 或含固体颗粒的介质，需换算成输送清水时的额定流量和扬程，再进行以下工作。

2）查系列型谱图。水泵综合性能图（型谱图）是将该型号不同规格的所有泵的性能曲线的最佳经济工作范围（四边形）表示在一张图上，这个四边形是以叶轮未切割及切割的 Q－H 曲线与设计点效率相差不大于 7% 的等效曲线所组成。按额定流量和扬程查出初步选择的泵型号，可能为一种，也可能为两种以上。

3）校核。按性能曲线校核泵的额定工作点是否落在泵的高效工作区内，校核泵的装置汽蚀余量。

当符合上述条件者有两种以上规格时，要选择综合指标高者为最终选定的泵型号，具体可比较以下参数：效率（效率高者为优）、重量（重量轻者为优）和价格（价格低者为优）。

二、离心泵的运行与维护

1. 离心泵的运行

（1）水泵启动前的准备工作

1）清除转动部分周围的杂物。水泵转动部分主要指外裸露部分，如大型电动机的侧向及电动机与水泵的连接部位，联轴器处等。开泵前必须把周围环境清除干净，以免开泵时带入杂物造成设备故障，另外联轴器处还应有固定式防护罩。

2）观察电压表指示是否正常。电压波动过大时，应先采取措施后才能启动水泵。

3）检查加入到轴承或轴承箱中的润滑油或润滑脂是否适量，油质是否合格，对强制润滑的泵还要确认润滑的压力是否保持着规定的数值。水泵对润滑油的使用要求很高，所加润滑油必须符合“三级过滤”要求，使用前应检查一下油的生产日期、牌号、生产厂家的合格证，如果储藏时间过长还必须具有相应的化验报告，加油还应根据温度的变化适时调整油品牌号，代用油要符合以优代劣的原则且经过有关部门批准。

4）盘泵一般分为手动或工具及电动的方法。较小的泵用人力转动泵的靠背轮（联轴器），转速一般在100～200 r/min，感觉是否灵活，有无杂声磨卡；较大的泵人力不能驱动时，可用电动盘泵，电动盘车应注意电流情况及停泵的随走时间，而且最好是点动。

5）将各冷却水管、轴承的润滑水管等水管道上的阀全开并观察必要的冷却水是否流动着或保持着必要的压力。

6）位于吸水侧（进水）管路的阀门处于全开，位于排水（出口）侧的阀门全闭，并检查轴封渗水情况及进出水阀的漏水情况和管线上的压力表是否完好。

7）对于入口为负压的离心泵，要向泵壳和吸水管内充满水（灌泵或抽真空引水），其目的是将泵壳内和吸水管中的空气排除。这是因为在有空气存在的情况下，泵吸入口真空无法形成和保持。

8）对于特殊要求的泵如高温用泵（或低温用泵）还要预热（预冷）等。

（2）启动时的注意事项

1）离心泵在进口阀门全开，出口阀门全闭状态下启动。这是因为闭闸启动时，所需功率最小、启动电流最小，对泵及电气设备有保护作用。待达到额定转速，确认压力已经上升之后，再把出口阀慢慢打开。

2）启动时空转（不带载荷闭闸）时间不能过长，一般为2～3 min。因为当流量等于零时，相应的轴功率并不等于零，而此时功率主要消耗在水泵的机械损失上，长时间闭闸空转会使泵壳内的液体气化，水温度上升，泵壳、轴承发热，严重时可导致泵壳的热力变形。

3）启动时如发现有电动机的“嗡嗡”声而未转动，则有可能是缺相运行，此时，应迅速切断电源，待检查原因处理后再重新启动。对于较大的电动机带动的泵每两次启动间隔要5 min以上，且连续启动次数最好不超过两次，以保护电气设备。

4）对于降压启动的水泵，切换时间不宜过短或过长，最好在4～10 s之间，以达到保护电气设备目的。另外启动时操作人员不能马上离开现场，必须确认泵已经切换到正常运行后才能离开现场。

5）在降压启动时，要特别注意电流表的动作、开关柜内的声响及指示灯的转换（看颜色），特别是在有其他泵运行的情况下，由于周围噪声很大，这一点很重要，主要是防止烧坏频敏及电气设备。

（3）离心泵运行中的检查内容

1）离心泵启动后，首先要检查电流情况，进出口水流压力及流量是否在规定范围内。通常情况下，排出口压力变化剧烈或下降时，往往是因为吸入侧有固体杂物堵塞或者是吸入了空气。另外，异物流过泵内部时，往往电流数值急剧跳动。当电流表读数过大时，可能是系统供水量大或泵内发生了摩擦或磨卡等，当出水单向阀脱落或没打开时电流读数会很小。

2）检查轴承工作是否正常。离心泵安全运行时，滚动轴承温度不得比室温高35℃。最高不得高于70℃，滑动轴承（轴瓦）最高不得超过65℃，最好设法使轴承保持在通常室温40℃以下。用油润滑时油位要求：无油环的滚动轴承，油面应不低于最下部滚珠中心，对于用甩油环式油润滑，油面应能埋浸油环直径的1/6～1/4。要定时检查监视油面计或油标透视窗，另外还要经常查明甩油环是否正常地动作，轴承冷却系统是否畅通。对凡是油质不合格、变质、进水及有杂质的油，坚决不能使用。坚持润滑油使用中的“五定”“三过滤”原则。使用润滑脂润滑的轴承，加油脂量应加到轴承箱空腔的1/3～1/2处。

3）检查轴封处的温度和渗漏。机械密封一般渗漏较小或不渗漏，用填料装置密封，从填料压盖部位渗漏的，正常应控制液体处于分滴，不连续成线即可。渗漏过多时，应均匀地，逐步地拧紧填料压盖。在温度过高的情况下（填料压盖部位液体温度超过30℃），可把填料压盖放松，短暂地多渗漏一些，待填料与轴驯熟后，再重新拧紧。注意不能单边宁压盖螺栓，以防磨损轴（轴套）和压盖。轴封处的轴或轴套如果存在缺陷，填料会很快失效（即吃盘根），此时应停车进行检修。另外要选择规格性能合适的填料（盘根），并注意适时添加和更换。

4）检查水泵的振动及音响情况。若水泵从吸入管吸进空气或固体杂物时，往往会发出异常的声响，并随之产生振动，而因气蚀、压力脉动等也会产生振动。当水泵零部件出现故障，如地脚螺栓松动、转子不平衡、水泵与电动机轴不同心、不对中等时，也会导致发出异常声响及水泵振动。水泵异声的判断大都靠经验，而振动既可凭经验判定，也可参照有关标准（比如旋转机械振动诊断国际标准ISO 2372）。在使用有关标准判断时，应该做到定点（部位）、定时（周期）、定人定使用仪器，并持之以恒。

5）当生产工艺需要增加或减少水量时，必须注意不能用进水侧阀门调节，而只能用出口侧阀门进行调节。

（4）停泵时的注意事项

1）对于使用冷却水的泵，要先停泵再关闭冷却水阀，对于强制润滑的泵要先停泵再关闭润滑油压力阀。

2）离心泵通常在出口阀全闭后再停车，此时如果把进口阀先关闭的话，容易引起气蚀。如果不关闭出口阀就停泵的话，有可能在水泵及管路中因水流速度发生逆变而引起压力递变，即造成停泵水锤。停泵水锤危害很大，轻则造成水泵管线跑水、叶轮松动，严重时可能造成泵房被淹、设备损坏，甚至造成人员伤亡。近年来广泛使用的微阻缓闭止回阀有效地缓解了这一问题。

3）运行中如果遇到突然断电而停车的时候，首先要拉掉电源开关，同时手动关闭出口阀。

4）停车后，应该注意水泵的随走时间，即水泵停车后的惯性运转时间，若运转时间过短，就要检查泵内是否有磨卡现象。另外停车后还要注意水泵是否有倒转现象，倒转可能是出口处阀门不严或未关到底。倒转对水泵有危害，特别是轴流泵，有时可能造成叶轮脱落。

（5）停泵后的维护保养。不论几小时至几天的暂时停泵，还是由于工艺调整，季节运行，备台充足等形成的长期停泵，停泵后的维护保养都是必不可少的重要工作。

1）作为备用泵或暂时停用泵，要事先做好准备，使之根据实际的需要随时都能起动和投入生产。这类情况下，泵的润滑油或润滑脂、轴承冷却系统、密封部位的密封水等，要做到能够随时供给。

2）对于长时间不运行的泵，应把泵内的液体放掉。在冬季，如果泵壳内、密封箱内以及轴承内等处水冻结，可能会因体积膨胀而出现龟裂或产生破坏，因此要特别注意防冻。另外，为了使轴承、轴、填料压盖、联轴器等的加工面不生锈，要预先用油、脂或防锈剂涂抹。

3）为了防止长期停用的泵内部生锈而不能运行，同时防止卧式泵的泵轴长期停在一种状态下而可能产生弯曲，要定期盘泵，一般每周一次。较小的泵用人力，较大的泵用电动。电动盘泵一般要运行几分钟，听声音、观察电流以确认泵是否有问题。卧式泵盘泵一般应转几圈半。

4）泵房内清洁卫生时应当特别注意，不要用水管直接冲刷泵，这样会使轴承的润滑油进水，给以后的运行带来隐患。

5）对于并联运行的污水泵，泵出水管为立式（竖向）出水时，如果介质中含有固体颗粒物且间断运行时，应当定期轮流开泵十几分钟，以免出水闸被脏污堵塞。

2. 离心泵的维护

（1）离心泵部分易损部件

1）密封环。密封环是装在与叶轮进口相对应的泵壳或泵盖内孔上的圆环形零件，用来防止叶轮出口处的高压液体向叶轮进口回流，造成液流短路的泵内循环，从而可以防止离心泵出口压力的降低。同时，借助于密封环还可以延缓泵壳的磨损，延长泵壳的使用寿命。环的外圆与泵壳的内孔实现少量的过盈配合，内圆又与叶轮进口端外圆实现间隙配合。

2）轴向密封。离心泵的轴向密封可以防止外界空气进入泵壳内，同时又能阻止泵壳内的高压液体沿泵轴向外泄漏。常用的轴向密封有填料密封和机械密封两种。

①填料密封。在泵轴穿出泵盖处，转动的轴与固定的泵壳之间必然存在间隙。为了减少高压水通过该处的间隙向外大量流出，必须设置轴封装置。填料函就是最常用的一种轴

封装置，它由底衬环、填料、水封管、水封环、填料压盖等组成。填料压紧的程度，可用压盖上的螺钉来调节（见图8—16）。填料密封是将有弹性的填料装入填料函中，当其受到填料压盖的挤压之后，填料产生径向膨胀，充满轴套与填料函之间的间隙，起到密封的作用。

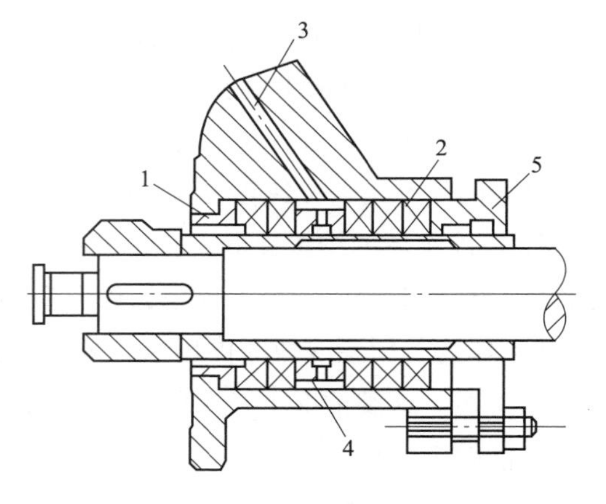

图8—16　压盖填料型填料函

1—密封环　2—填料　3—水封管

4—水封环　5—填料压盖

填料的挤压要适当。填料压得过紧，虽然能减少泄漏，但填料与轴之间的摩擦损失增加，会降低填料和轴的寿命，严重时造成发热冒烟，甚至将填料和轴烧坏；填料压得过松则起不到密封作用。

泵壳与轴之间存在径向间隙，当此间隙过大时，填料会由这里被挤入泵壳内，出现所谓"吃填料"的现象，这是影响离心泵密封效果的一个因素。

有些离心泵为了提高密封性能，延长使用寿命，在填料的中间增加一个水封环，将高压水从水封环四周的小孔内引入，泵轴旋转时带动高压水在水封环处形成高压水环，阻止泵壳内液体泄漏。这样既加强了填料的密封性能，又对填料起到冷却和润滑作用。填料俗称攀根（盘根），水泵常用填料有三种。

a. 牛油盘根。牛油盘根是用黄油浸透的棉纱编织而成，其截面为正方形，边长为填料规格，以 mm 为单位，常用的有 15 mm 、20 mm 等。此种盘根价格低廉，更换方便，使用广泛。

b. 黑粉盘根。黑粉盘根是用石墨与石棉混合编织而成，规格与牛油盘根相同，价格比牛油盘根贵，常用于工作温度较高，冷却润滑条件较差的场合。

c. 碳素纤维定型盘根。定型盘根是根据泵轴的圆周长度用耐腐蚀的碳素纤维编织压缩成型制成，使用时应根据水泵型号选用。

②机械密封。机械密封依靠静环与动环的端面相互贴合，并做相对转动而构成的密封装置。动环装在转轴上随转轴旋转，静环固定在泵壳上。两端面之所以始终紧密贴合是借助于压紧弹簧通过推环来实现的，动环和静环经常用不同的材料制成，动环硬度较大，而静环硬度较小。在正常操作时，由于两摩擦端面经过很好的研合，并适当调整弹簧的压力，使正常工作时两个端面间形成一层薄薄的液膜，造成很好的密封和润滑条件，在运转中可以达到既不渗透，也不漏气的程度。

由于动环与静环之间的相对运动，使得它们的接触面时刻都在产生摩擦和磨损。如果两者的摩擦面磨损严重，出现裂纹等缺陷时，应更换新的零件。弹簧的损坏多半是疲劳、腐蚀或磨损，而失去了原有的弹性。对于失去弹性的弹簧，应更换新的备品配件。

单级密封安装时，必须保证动、静环平行，轴套、轴颈部位不应有毛刺和划伤。双级密封安装时一定保证定位环尺寸和间隙，并一次推到位置，O 形环不能脱出凹槽，否则会损坏机封密封面。

与填料密封相比，机械密封具有密封性能好，结构紧凑，消耗功率小，使用寿命长等优点，缺点是零件加工要求高，成本较高，装卸和更换零件不便等。

3）轴套。轴套的作用是保护泵轴，使填料与泵轴的摩擦转变为填料与轴套的摩擦，所以轴套是离心泵的易损部件。

4）更换填料。水泵在运行过程中，填料与泵轴直接接触摩擦，损耗较大，填料磨损后必须及时调整或更换。

排水泵站排放的雨水、污水中可能隐含有毒有害气体，而水泵一般又安装在地下，自然通风条件较差，因此，在更换轴封填料过程中，要注意安全，防止职业危害发生。更换水泵轴封填料的方法如下：

①水泵在加置填料时应选择集水池低水位，当水位较高时，可开动其他水泵降低水位，以免集水井水位高于填料函，在拆卸压盖螺母时污水从填料函向外大量冒溢，造成淹没泵站事故。

②切断该台水泵电源，做到“二级隔离”，即在电气设备上断开分闸刀和负荷开关，并悬挂“禁止合闸，有人工作”警告牌。

③打开通风设备，测试工作场地硫化氢浓度，监测工作要贯穿更换填料全过程。

④关闭进、出水闸阀，放空进、出水管和泵体内剩水。

⑤拆下压盖，将旧填料全部挖出，磨损不严重的填料可再利用。

⑥取合乎规格的新填料，每圈的长度为围泵轴一周的长度。两端切口应互相平行，并且呈 45°角斜切。

⑦填料应逐圈加入填料函中，相邻两圈填料的切口应错开 120°～180°。

⑧新填料表面涂少许油脂，增加润滑，然后将填料放入填料函内。填料两端应沿轴向搭接，每道填料的剖口位置应相互错开一段弧度。一般情况下加 4～6 道填料，压盖压入 1/3 左右深度即可。拧紧压盖螺母要两端均匀下压，压盖与泵轴间隙保持均匀，对开式压盖要平整。

⑨更换填料后第一次试泵，应注意压盖下压松紧合适。压得过紧，虽然能减少泄漏，但增加了填料与泵轴之间的摩擦，会产生严重发热和填料轴套磨损；压得过松，则达不到密封效果。一般以水泵运转时，填料函微热不烫手，滴水不成线为好。

⑩有水封环的填料函，在水封环的两侧都要加入填料，并且把水封环先装得靠外一些，当拧紧压盖螺栓时，水封环便向里移动，对准水管入口。拧紧压盖螺栓时，要对称均匀，不能将压盖压得过紧或出现歪斜现象。

工作完毕要进行清场，把所有使用后的工器具及剩余物料带离现场，并做好水泵间的清洁工作。

（2）运行中的维护和保养

1）污水管路必须高度密封。

2）禁止泵在汽蚀状态下长期运行。

3）定时检查泵运行，禁止电动机超电流长期运行。

4）泵在运行过程中应有专人看管，以免发生意外。

5）泵每运行500 h应对轴承进行加油。电动机功率大于11 kW的配有加油装置，用高压油枪直接注入，以保证轴承润滑优良。

6）泵长期运行后，由于机械磨损，使机组噪声及振动增大时，应停车检查，必要时可更换易损零件及轴承，机组大修期一般为1年。

3．水泵常见故障及排除方法（见表8—2）

表8—2　　水泵故障原因及其排除方法

故障现象	故障原因	排除方法
水泵不出水	充水不足或进出水闸阀关闭	继续充水或打开阀门
	总扬程超过规定	改变安装位置降低扬程或换泵
	进水管路漏气	检查管道，并堵塞漏气处
	水泵转向不对	改变旋转方向
	进水口或叶轮堵塞	检查并清除杂物
	吸水高度太高	降低安装高度
	叶轮严重损坏	更换叶轮
	叶轮螺母及键脱出	修复紧固
流量不足	进水水位太低，空气进入泵内	停泵排气，水位增高后再开泵
	进水管路接头处漏气、漏水	检查并堵塞漏气、漏水处
	进水管路或叶轮中有杂物	检查进水格栅，清除杂物
	出水扬程过高	降低输送高度
	密封环或叶轮严重磨损	更换损坏零件
	闸阀开启度不够或逆止阀有杂物堵塞	适当开大闸阀或清除障碍物
	吸水高度太高	调整吸水高度

续表

故障现象	故障原因	排除方法
耗用功率太大	转速太高	检查电动机和泵转速匹配情况
	垃圾堵塞	清除垃圾
	叶轮与泵壳碰擦	调整间隙
	流量过大	关小进出水闸阀，减少流量
泵有杂声和振动	基础螺栓松动	旋紧
	叶轮损坏或局部堵塞	更换叶轮或消除阻塞
	泵轴弯曲、轴承磨损或损坏	校直或更换
	水泵轴与电动机轴不同心	校正同轴度
	泵发生汽蚀	停泵或调节出水闸阀
	叶轮或联轴器松动	紧固
	叶轮平衡性差	进行静平衡调整
填料函发热或漏水过多	填料压盖太紧	适当松压盖到滴水不成线
	填料磨损严重或轴套磨损	更换填料或轴套
	轴承磨损过大	调换轴承
轴承发热	润滑油过多或太少	调整油量
	润滑油质量差不清洁	清洗轴承、换润滑油
	轴承装配不正确或间隙不对	修正或调整
	泵轴弯曲、两联轴器不同心	更换或校正
	轴承损坏	更换新轴承
停泵时泵轴倒转	止回阀损坏或垃圾使止回阀无法关紧	修理止回阀或清除垃圾
	闸阀损坏	修理闸阀

第 4 节　风　　机

学习目标

1. 了解风机的分类、型号、风机的选型
2. 熟悉离心风机的故障与排除、罗茨风机的故障与排除

3. 掌握离心风机的运行与维护、罗茨风机的运行与维护要求

4. 能够安全运行风机

知识要求

一、风机的分类与选型

1. 风机的分类

（1）按风机工作原理分类。按风机作用原理的不同，有叶片式风机与容积式风机两种类型。叶片式是通过叶轮旋转将能量传递给气体；容积式是通过工作室容积周期性改变将能量传递给气体 。两种类型风机又分别具有不同形式。

叶片式风机包括离心式风机、轴流式风机和混流式风机；容积式风机包括往复式风机和回转式风机。

（2）按风机工作压力（全压）大小分类

1）风扇。标准状态下，风机额定压力范围为$p<98$ Pa（10 mmH_2O）。此风机无机壳，又称自由风扇，常用于建筑物的通风换气。

2）通风机。设计条件下，风机额定压力范围为98 Pa $<p<$ 14 710 Pa（1 500 mmH_2O）。一般风机均指通风机。通风机是应用最为广泛的风机，空气污染治理、通风、空调等工程大多采用此类风机。

3）鼓风机。工作压力范围为14 710 Pa $<p<$ 196 120 Pa。鼓风机压力较高，是污水处理曝气工艺中常用的设备。

4）压缩机。工作压力范围为$p<$ 196 120 Pa，或气体压缩比大于3.5的风机，如常用的空气压缩机。

2. 水处理风机的选型

（1）风机选型时必须考虑的因素。风机选型时首先必须考虑适用性、能耗噪声及价格因素。

1）选型适用性

①规模。城镇污水处理厂初期建设规模一般都在日处理10万吨以下，从规模上划分属于中小型污水处理厂，城镇污水处理厂中日处理量3万吨以下的划分为城镇小型污水处理厂，日处理量3～10万吨划分为城镇中型污水处理厂。建设规模直接影响项目投资成本，其中生产成本各项比例都发生相应的变化，比如城镇中型污水处理厂人工成本和管理成本占的比例较小，运行成本中电费、水费、药剂费占的比例较大，因此节能降耗直接影响投资回报期；城镇小型污水处理厂人工成本和管理成本所占比

例有所增加，而运行成本中电费、水费、药剂费所占比例相对减小，控制前期设备投资费用直接影响投资回报期。

②选型的工艺。鼓风机的应用主要受污水处理厂曝气系统工艺类别影响，其中根据曝气池的运行特点分为恒液位系统和变液位系统，其中具有代表性的有：

a. 恒液位系统，有 A/O、A^2/O、A/B、氧化沟工艺等。

b. 变液位系统，有 SBR、CASS、ICEAS（间歇式循环延时曝气活性污泥法）工艺等。

恒液位系统和变液位系统直接影响的是鼓风机的压力和流量性能曲线。出口压头的波动以及对出口流量的波动均会导致鼓风机选型的差异。

③运行中的阻力变化。一般的污水处理系统在新启用时系统压力基本上在设计范围内，但随着使用时间的延长，由于曝气头损坏、曝气孔的堵塞、阀门管道锈蚀等原因，可能会导致大量污泥进入管道并沉积，从而使整个系统阻力增加，这种现象在系统设计风机选型时必须加以考虑。在阻力变化适应性上，罗茨鼓风机优于离心式风机，因为罗茨鼓风机的流量是硬特性，当外界系统阻力增加时，其出口压力也随着增加，从而在流量几乎不变的情况下将气体排出（在风机强度及电动机功率满足的情况下）；而离心式风机则不同，由于离心式风机压力是硬特性，风量随阻力的增加而减少，当阻力增加到一定压力时将无法曝气。

因此在污水处理系统中选用离心式鼓风机要特别注意选用风机的压力一定要留有余地，特别要防止风机产生喘振现象。喘振现象是指：在风机运行中由于系统阻力的增加，造成风量的减小，当流量减小到某一最小值时就会在风机流道中出现严重的旋转脱离，流动严重恶化，使风机出口压突然下降。由于风机总是和水处理管网系统联合工作的，这时管网中的压力并未马上降低，于是管网的气体压力反而大于风机出口处的压力，气体发生倒流，一直至管网中的压力下降至风机的出口压力为止，这时倒流停止，风机又开始向管网供气，经过风机的流量重新增大，风机恢复正常工作，当管网中的压力又恢复时，风机的流量又减少，系统中的气流又减小，又产生倒流，如此周而复始就在系统中产生周期性的气流震荡现象，这就是风机的喘振现象，喘振现象往往造成风机的重大事故。喘振现象是否发生与系统管网有关，管网的容量越大，则喘振的振幅越大，频率越低；管网的容量越小，则喘振的振幅越小，频率越高。当几台风机并网使用时，有时还会出现单台机出现喘振的现象，因为一个系统当设计施工完毕后其系统的阻力将随着系统内所流通的风量增加而增加，当系统阻力增加至某台风机的喘振点时，就会产生风机的喘振现象。因此设计时除对风机的压力保留一定的余地外，还必须对管网系统做一定的设计计算。

对于罗茨鼓风机，在管网中必须安装止回阀，以防止突然断电时管路中高压气体突然倒流入风机中，造成叶轮突然反转，损坏叶轮。

2）能耗与噪声。国内罗茨鼓风机设计制造水平近年来有了长足的进步，中小型罗茨鼓风机由二叶型发展成三叶型，各项指标特别是噪声和能耗大幅度下降。3L 型罗茨鼓风机的能耗较传统二叶型要低 1% ~21%，3L 型三叶罗茨鼓风机的能耗也比多级离心鼓风机要低。

3）价格。3L 系列的风机价格是多级离心鼓风机的一半左右，是国产单级高速离心鼓风机的 1/5 左右，是从国外进口单级高速离心鼓风机的 1/12 左右，因而在价格上罗茨鼓风机有一定的优势。

（2）风机的选型

1）小型污水处理厂风机选用。在日处理量低于 3 万吨的小型污水处理厂风机选型时，一般选用罗茨风机。

不论是恒液位系统还是变液位系统，罗茨风机均能满足设计和运行要求，较离心风机运行安全可靠，同时采用变频控制方式调整转速可以达到提高过程效率、节约能耗的目的。因此罗茨风机是城镇小型污水处理厂首选的鼓风曝气设备。

2）中型污水处理厂风机选用。随着污水处理厂设计规模的增加，价格因素可能不再是首要因素，对于日处理量 3 ~10 万吨的城镇中型污水处理厂，需综合考虑风机性能、效率以及调控方式的选择，一般选用多级低速离心鼓风机。

对恒液位系统，多级低速离心鼓风机能够充分满足设计和运行要求，在出口压头变化不大的情况下，运行安全可靠，可以提高整机运行效率，达到节约能耗的目的，运行过程中噪声很小，不用采取其他辅助降噪措施。

二、离心风机

1. 离心风机简介

离心式风机输送气体时，一般的增压范围在 9.807 kPa（1 000 mmH_2O）以下，根据增压大小，离心风机又可分为：（1）低压风机，增压值小于 1 000 Pa（约 100 mmH_2O）；（2）中压风机，增压值自 1 000 ~3 000 Pa（约 100 ~300 mmH_2O）；（3）高压风机，增压值大于 3 000 Pa（约 300 mmH_2O 以上）。

D 型多级离心风机简配结构如图 8—17 所示。

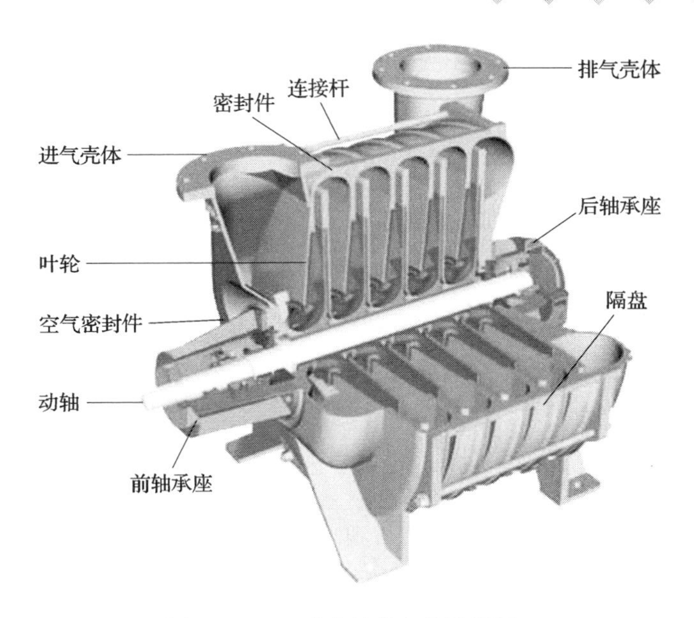

图 8—17　D 型多级离心风机简配

2. 离心风机的运行管理

（1）根据曝气池氧的需要，应及时调节风机的风量。

（2）风机及水、油冷却系统发生突然断电等不正常现象时，应立即采取措施，确保风机不发生故障。

（3）风机的通风廊道内应保持清洁，严禁有任何物品。

（4）风机在运行中，操作人员应注意观察风机及电动机的风压、油温、油压、风量、电流、电压等，并及时记录，遇到异常情况不能排除时，应立即停机。

（5）应经常检查冷却润滑系统是否通畅，温度、压力、流量是否满足要求。

3. 离心风机安全操作

（1）用手转动风机，应转动灵活，无异常声响。

（2）启动风机，并检查三相电流是否平衡，其电流不得超过电动机的额定电流。

（3）开机后，观察电动机运行情况，做以下检查：

1）电动机是否振动，螺钉是否松动，地线是否良好。

2）电动机及机壳有无异常声响。

3）轴承座内应有足够的润滑油。

4）停车时应关闭指示灯，将电流换相开关旋在“停”的位置。

（4）停车后，检查电动机和机壳有无摩擦痕迹（扫箱现象）。

（5）风机运转几分钟后，慢慢放开风门，观察风压，风压应掌握在规定范围内，一般在7 cm（水压）左右。

（6）操作人员严格执行交接班制度，并做好设备安全运行记录。

4. 离心风机的保养

（1）运转2 000 h，每次开机前要进行如下操作：

1）清洗表面灰尘。

2）检查清洗轴承。

3）检查、紧固各部螺栓。

4）检查进、出风口。

5）检查、调整联轴器间隙及同轴度。

6）检查、调整V带的松紧度。

7）检查润滑部位，更换润滑油及密封圈。

（2）运转8 000 h应进行如下操作：

1）运转2 000 h每次开机前的操作。

2）解体、清洗、检查各零部件。

3）修理轴瓦，更换滚动轴承。

4）检查、修理或更换叶轮。

5）校验叶轮的静平衡、动平衡。

6）检查、修理或更换主轴。

5. 风机故障及排除方法（见表8—3）

表8—3　　离心风机故障及排除方法

故障现象	故障原因	排除方法
轴承温度高	油脂过多	更换油脂
	轴承烧痕	更换轴承
	对中不好	重新找正
	机组振动	频谱测振分析
机组振动	转子不平衡	做动、静平衡测试
	转子结垢	清洗
	主轴弯曲	校正
	密封间隙过小，磨损	更换、修理
	找正不好	重新对中找正

续表

故障现象	故障原因	排除方法
机组振动	轴承箱间隙大	调整
	转子与壳体扫膛	解体调整
	基础下沉、变形	加固
	联轴器磨损、倾斜	更换、修理
	管道或外部因素	检查支座
转动声音不正常	定子、转子摩擦	解体检查
	杂质吸入	清理
	齿轮联轴器齿圈坏	更换
	进口叶片拉杆坏	重新固定
	喘振	调节风量
	轴承损坏	更换
	转数下降	检查电源
性能降低	叶轮粘有杂质	清洗
	进口叶片控制失灵	检查修理
	进口消声器过滤网堵塞	解体清理
	壳体内积灰尘多	清理
	轴封漏	更换修理
	进出口法兰密封不好	换垫

三、罗茨风机

1. 罗茨风机的简介

罗茨风机（见图8—18）风压大、风量小、噪声大，适用于中小型污水厂。

罗茨风机为容积式风机，输送的风量与转数成比例，三叶型叶轮每转动一次由2个叶轮进行3次吸、排气。与二叶型相比，三叶型的气体脉动性小、振动也小、噪声低。罗茨风机内腔不需要润滑油，结构简单、运转平稳、性能稳定，适应多种用途。

罗茨风机工作原理（见图8—19）

a图表示：A轮——进气即将关闭和排气即将打开状态；B轮——打开状态。

b图表示：A轮——已关闭和排气状态；B轮——打开状态。

c图表示：A轮——打开状态；B轮——进气即将关闭和排气即将打开状态。

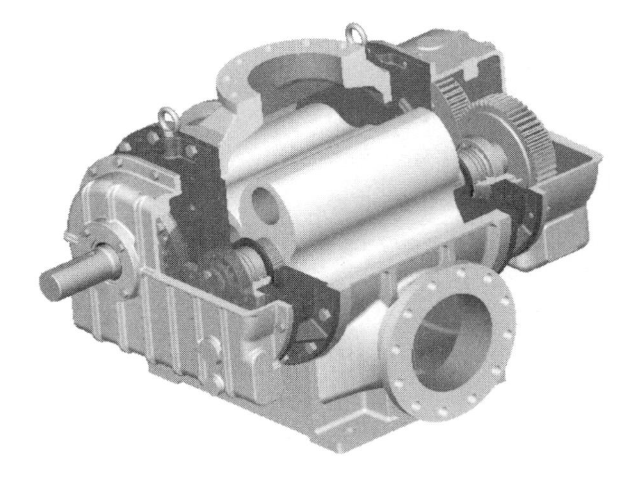

图8—18　罗茨风机

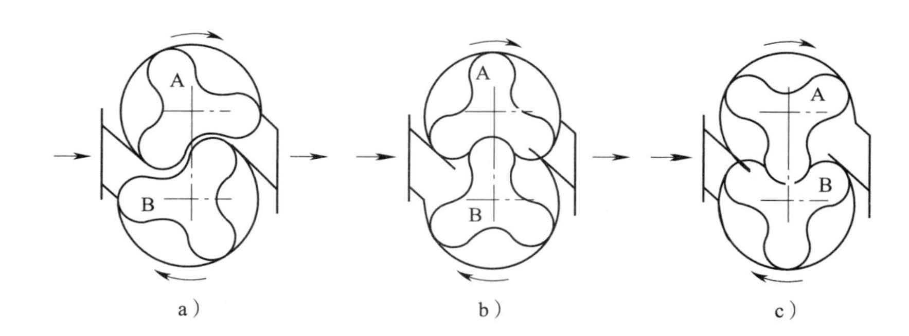

图8—19　罗茨风机工作原理

2. 罗茨风机使用要求

（1）进气温度不大于40℃。

（2）气体中固体微粒含量不大于100 mg/m^3，最大微粒应不大于装配间隙的一半。

（3）轴承温度不超过95℃。

（4）润滑油温度不超过65℃。

（5）不得超过标牌规定开压范围。

3. 罗茨风机的安全操作

（1）启动前的准备工作

1）检查各紧固件和定位销的安装质量。

2）检查进、排气管和阀门等安装质量。

3）检查机组的底座四周是否全部垫实，有地脚螺栓的是否紧固。

4）向齿轮箱注入规定牌号的润滑油至油标位置，驱动侧注入规定的润滑脂，并达到足够的量。

5）全部打开风机进、排气阀、盘动转子，倾听各部位有无不正常的杂声。

6）有通水冷却要求的风机，水温不高于25℃。

（2）风机空负载试运转

1）新安装或大修后的风机都应经过空载试运转。空负载运转是指在进气阀、排气阀完全打开的条件下投入运转。

2）没有不正常的气味、冒烟现象、碰撞及摩擦声，轴承部位的径向振动不大于6.3 mm/s。

3）空负载运行30 min左右，如情况正常，即可投入带负荷运转，如发现运行不正常，要立即停机进行检查，排除后仍需做空负载运转。

（3）正常负载持续运转

1）要求逐步缓慢地升压，带上负荷直到额定负荷。不允许一次调节至额定负荷。

2）风机正常工作中，严禁完全关闭进、排气门，也不准超负荷运行。

3）由于罗茨风机特性，不允许将排气口气体长时间地直接回流调节，而必须采用冷却措施。

4）鼓风机不应在满负荷情况下突然停车，以免损坏零部件。

4. 罗茨风机的维护与检修

（1）检查各部位的紧固件及定位销是否有松动现象。

（2）经常检查机体有无漏油现象。

（3）注意润滑是否正常，注意润滑油（脂）量，经常倾听风机的运行是否有杂声，注意机组是否在规定的工况下运行。润滑油（脂）：润滑油为中负荷工业齿轮油（牌号220，运动黏度198～242 mm^2/s，40℃，闪点≥200℃）；脂为黄油（合成锂基润滑脂针入度220～250，滴点≥190℃），运行200 h，第一次更换油（脂），运行1个月第二次更换油（脂），以后按使用环境及油（脂）质量状况更换，建议按3个月更换一次为宜。

（4）经常检查进风口气体过滤器，及时清扫或更换滤料。

（5）风机的过载，有时不是立即显示出来，所以要注意进、排气压力，根据轴承温度和电动机电流的增加趋势来判断风机是否运行正常。

（6）拆装机器前，应对机器配给尺寸进行测量，做好记录，并在零部件上做好标记，以保证装配后维持原来配合要求。

（7）新机或大修后，油箱应加以清洗，并按使用步骤，投入运行，建议运行8 h后更换全部润滑油（脂）。

5．罗茨风机故障及排除方法（见表8—4）

表8—4　罗茨风机故障及排除方法

故障现象	故障原因	排除方法
风量波动或不足	安全阀的动作	重调安全阀
	转数不足	检查皮带张紧度
	皮带打滑	拉紧或更换皮带
	叶轮与机体因磨损而引起间隙增大	更换或修理磨损零件
	转子各部间隙大于技术要求	按要求调整间隙
	管路系统有泄漏	检查后排除
电动机过载	进口过滤网堵塞，或其他原因造成阻力增高，形成负压（在出口压力不变的情况下压力增高）	检查后排除
	出口系统压力增加	检查后排除
轴承发热	润滑系统失灵，油不清洁，油黏度过大或过小	检修润滑系统，换油
	轴上油环没有转动或转动慢带不上油	修理或更换
	轴与轴承偏斜，风机轴与电动机轴不同心	找正，使两轴同心
	轴瓦研刮质量不好，接触弧度过小或接触不良	刮研轴瓦
	轴瓦表面有裂纹、擦伤、磨痕、夹渣	修理或重新浇轴瓦
	轴瓦端与止推垫圈间隙过小	调整间隙
	滚动轴承损坏，滚子支架破损	更换轴承
	轴承压盖太紧，轴承内无间隙	调整轴承压盖衬垫
密封环磨损	密封环与轴套不同心	调整或更换
	轴弯曲	调整轴
	密封环内进入硬性杂物	清洗
	机壳变形使密封环一侧磨损	修理或更换
	转子振动过大，其径向振幅之半大于密封径向间隙	检查压力调节阀，修理断电器
	轴承间隙超过规定间隙值	调整间隙，更换轴承
	轴刮研偏斜或中心与设计不符	调整各部间隙或重新换瓦

续表

故障现象	故障原因	排除方法
振动超限	转子平衡精度低	按 G6.3 级要求校正
	转子平衡被破坏（如煤焦油结垢）	检查后排除
	轴承磨损或损坏	更换
	齿轮损坏	修理或更换
	紧固件松动	检查后紧固
主机异常发热	排风压力上升	降低排风出口压力
	风机房内换气不足	改善换气设施，降低室内温度
	空气滤清器堵塞	清扫空气滤清器
漏油	加油量过多	停机后放油至游标中间
	部分紧固部位松动	将松动部位紧固
	密封垫破损	更换密封垫
机体内有碰撞声	转子相互之间摩擦	解体修理
	两转子径向与外壳摩擦	
	两转子端面与墙板摩擦	

第 5 节　污泥处理机械

学习目标

1. 熟悉污泥处理机械运行与维护要求
2. 掌握板框压滤机的常见故障和排除办法
3. 掌握带式压滤机的常见故障和排除办法
4. 掌握离心脱水机的常见故障和排除办法
5. 能够安全运行板框压滤机、带式压滤机、离心脱水机和污泥浓缩脱水一体机

知识要求

在水处理工艺中，常产生大量的污泥，污泥的含水率一般在 96% 以上，主要为空隙水和毛细水。因含水率非常高，所以污泥体积很大，输送、处理和处置都不经济。污泥经浓

缩后，可将污泥中的空隙水分离出来，减小体积，为后续处理和处置提供便利。一般污泥经浓缩后，其含水率仍在94%以上，呈流动状态，故污泥经浓缩后还需进行污泥脱水，将污泥中的毛细水分离出来，进一步减小体积。国内污水处理厂常用的脱水机械是板框压滤机、带式压滤机和离心脱水机。

一、板框压滤机

1. 板框压滤机操作规程

（1）开车前准备

1）检查所需开启泵是否正常。

2）检查进料压力、洗涤压力和吹气压力等，必须控制在规定的压力以内。

3）检查高压水泵。

4）关闭所有阀门。

5）压紧滤板，达到所需压力。压紧滤板前应将滤板整齐排列靠近固定板端，避免放置不正引起横梁弯曲变形。

6）检查渣浆是否充足。

（2）开车操作

1）打开高压密封水泵。

2）启动渣泵。

3）打开所需使用的压滤机进渣阀门。

4）进渣过滤。过滤开始时，进料阀门应缓慢开启。当看到压滤机出口水质浑浊时，应将变频器由43 Hz调至35 Hz，5 min后停机。

5）打开吹起阀，进行吹气。

6）卸料。卸料时不得残留过多的物料，以免影响工作。同时注意拉板器勾头是否打起，两端拉板器是否同步。

（3）停车操作。正常停车时，关闭所有阀门，将压滤机内物料卸空，然后压紧滤板、断电、停机。长期停车时应将压滤机液压压力调至5 MPa后方可停车停电。如发现油管破裂及配电盘漏电，应立即按下紧急停车键、停车、待修。

2. 板框压滤机的维护和保养

（1）主要润滑部位是减速箱、托辊，为减少摩擦和磨损，应保持其良好的润滑。

（2）压滤机使用过程中，若由于部分滤布破损而漏料，应及时更换滤布，否则会引起滤板压不紧，引起喷料现象，或压坏滤板的密封面。一般情况下，滤布3个月左右需更换。

（3）定期检查清洗装置，保持喷水管畅通。校正托辘的位置，防止滤布跑偏。

（4）液压油在一般工作环境下每六个月更换一次，新机在工作 1 ~2 周后更换液压油，换油时将脏油放净，并清理干净。

（5）电柜要保持干燥，各压力表，电磁阀及各个电器要定期检查，确保机器正常工作。

（6）液压油应通过滤油器加入油箱，并达到规定的油面。绝对禁止水、杂物等进入油箱，以免液压元件生锈、堵塞。

3. 板框压滤机的常见故障和排除办法（见表 8—5）

表 8—5　　板框压滤机的常见故障和排除办法

故障	原因	排除方法
滤板炸板	不遵守操作规程，在压滤机进料时突然打开阀门，使滤板在过高的压力下炸开 卸泥时对板框上进料孔检查清理不够，进料孔堵塞，局部压力差增大 板框没有按照要求的数量配齐，或没有使用隔板分隔，导致相邻滤板逐渐被炸开 进料性质控制不当或滤布清洗不彻底，过滤阻力突然上升，推动力超过了滤板承受能力，板框支撑横梁强度不够，弯曲后造成板框受力不均一侧进泥，滤板平面上受力不均	加强操作人员责任心和技术培训，严格控制阀门开启速度、经常检查进料孔状态，进泥质量不合格时需要进行必要的调理，提高滤布清洗质量；对压滤机硬件做必要的改造，如将横梁支撑改为吊挂支撑，将中心孔一侧液压改为两侧液压或集泥管多点进泥等
滤饼压不干	滤布过滤性能差 湿泥比阻太高 挤压力低，挤压时间短，调压阀门失灵	清洗或更换滤布；对进泥进行调理；提高挤压力和挤压时间；维修或更换阀门
板框无渣排出	投配槽无泥开空车 滤布穿孔太多 板框密封性不好	检查投配槽泥位；更换滤布和板框密封条
板框喷泥	板框密封条磨损 板框内卡有硬物 挤压力过大 滤布跑偏，褶皱 板框未压紧	更换或维修密封条；清除杂物；调节挤压力和对滤布纠偏

续表

故障	原因	排除方法
传感器故障	传感器感应铁块松动，位置过远 负荷过高导致滤布传感器报警	坚固铁块，调整位置，降低负荷
电动机故障	负荷过高，泵、减速机和滤布卡死，电动机报警 联轴器连接不好，传感器位置调节不当 控制转换开关未打到自动位置而报警 电气线路故障 电动机烧坏	降低负荷；检查联轴器和控制开关；检修电气线路；维修或更换电动机

二、带式压滤机

1. 带式压滤机操作规程

（1）开机前检查滤带上是否有杂物，滤带是否张紧到工作压力，清洗系统工作是否正常，刮泥板的位置是否正确，油雾器工作是否正常。

（2）开机步骤

1）加入絮凝剂，启动药液搅拌系统。

2）启动空压机，打开进气阀，将进气压力调整到0.3 MPa。

3）启动清洗水泵，打开进水总阀，开始清洗滤带。

4）启动主传动机，使滤带运转正常。

5）依次启动絮凝剂加药泵、污泥进料和絮凝搅拌电动机。

6）将进气压力调整到0.6 MPa，让两条滤带的压力一致。

7）调整进泥量和滤带的速度，使处理量和脱水率达到最佳。

（3）开机后检查滤带运转是否正常，纠偏机构工作是否正常，各转动部件是否正常，有无异响。

（4）停机步骤

1）关闭污泥进料泵，停止供污泥。

2）关闭加药泵、加药系统，停止加药。

3）停止絮凝搅拌电动机。

4）待污泥全部排尽，滤带空转把滤池清洗干净。

5）打开絮凝罐排空阀放尽剩余污泥。

6）用清洗水洗净絮凝罐和机架上的污泥。

7）一次关闭主传动电动机、清洗水泵和空压机。

8）将气路压力调整到零。

（5）停机后保养。关闭进料阀，待滤带运行一周清洗干净后再关主机。切断气源，用高压水管冲洗水盘和其他沾料处（电气件和电动机除外），冲净后停水。

2. 带式压滤机的定期保养

定期给各轴承、链条、链扣、齿轮、齿条、滑道加润滑脂（10天左右），3个月进行1次检修。及时给气动系统油雾器加润滑油，保证气动元件得到充分润滑，气缸杆外露部分及时涂润滑脂。

3. 带式压滤机的常见故障和排除办法（见表8—6）

表8—6　带式压滤机的常见故障和排除办法

故障	原因	排除方法
泥饼水分突然增大	凝聚剂与污泥混合不好或药剂量不当	调整混合时间、强度；调整药剂量
	滤带堵塞	清洗滤带
滤带打滑	超负荷	调整进泥量
	滤带张力不够	调整张力
	辊转动失灵或轴承损坏	调整挡泥板和刮泥板压力，更换轴承
滤带跑偏严重	污泥偏载	检查、调整进泥和配泥装置
	滚筒表面黏结或磨损	清除、修理、更换
	滤带质量差	更换滤带
	辊轴不平行	检查调整
污泥外溢	滤带严重堵塞或进流量太大	清洗滤带，控制进流量
	污泥太稀	对污泥进行浓缩预处理
	滤带张力太大	降低带张力
	带速过快	降低带速
滤带起拱	压力脱水区缠绕在辊子表面的两条滤带不重合，滤带内部张力不均	检查起拱处相邻辊子的转动状况，对轴承进行维护；检查起拱滤带的张紧装置，排除故障，减小张紧导向杆的移动阻力；调整张紧气压
滤带粘泥过多	刮泥板磨损	更换
	水冲洗不彻底	强力冲洗

三、离心脱水机

1. 离心脱水机的运行

目前普遍采用的是卧螺离心机。离心机的优点是设备小、效率高、分离能力强、操作条件好（密封、无气味）；缺点是制造工艺要求高、设备易磨损、对污泥的预处理要求高，而且必须使用高分子聚合电解质作为调理剂。

（1）启动前的准备。用手转动转筒，确定其是否能够自由转动，并确定运转方向是否正确；禁止在离心机开起前起动供料泵和加药泵；检查带防护罩是否完好；检查各轴承座及各部件连接螺栓是否拧紧。

（2）运行。离心机达到额定转速后，启动供料泵；检测转筒的转速，不允许超过其转速限定值；调整螺旋输送器与转筒的差速，以达到最佳状态。

在转筒还在运转时，不允许打开机器罩壳或拆除机器部件。停机时先停止供料泵、加药泵，停止进料；向离心机注水冲洗机器，直至排料口流出液变清；关闭离心机并等转筒停止转动。

2. 离心脱水机的维护和保养

主要润滑部位有齿轮、两个主轴承和下压杠杆等。新齿轮运行500 h后需更换齿轮油，以后每年或不超过 10 000 h 更换一次。主轴承每 2 000 h 加润滑脂一次，下压杠杆间隔 24 h加润滑脂一次，每6个月放空油脂储罐并清洁机座中的油脂管路。

为了保证离心机的安全运行，要定期进行安全检查，每隔3年必须对离心机进行解体检查。

定期检查 V 形皮带张紧度，一般为500 h 检查1次；定期检查齿轮，及时除去金属磨损物并清洗；定期检查螺旋输送器磨损情况，一般为 3 000 h 检查 1 次，当螺旋直径磨损大于20 mm 时，必须修理；定期检查供料管出料口的磨损情况，一般为3 000 h 检查1 次。一般运行1 000 ~ 3 000 h 以后，应检查螺旋内部有无沉积物，如果沉积物大于 10 mm，则应冲洗内表面，去除沉积物。

3. 离心脱水机的常见故障和排除办法（见表8—7）

表8—7　离心脱水机的常见故障和排除办法

故障	原因	排除方法
油泵出口的电接点压力表损坏	油泵刚启动时压力较高	油泵出口安装安全阀
	电接点压力表量程小	更换大量程的压力表
启动时噪声大	主机、电动机和油泵电动机同时开机，传动部分没有得到及时润滑	主机电动机和油泵电动机分接两个电源
		集控设定主机电动机比油泵电动机延时 30 s 运行

续表

故障	原因	排除方法
机体振幅大	地板与机体机座刚性差，连接不牢	机体机座厚度加厚，加隔振橡胶块后用特制螺栓固定
	入料管不是立管，导致入料分配不均匀；辊轴不平行	入料管改成立管，接近分配盘逐渐收口
离心机油压不稳	油管泄漏或油路局部堵塞	根据不同季节采用不同的齿轮油
	润滑油污染严重，滤油器堵塞	更换新油，洗净油管、油箱、滤油器
	压力表显示不正确	密封性检查，校准压力表

四、污泥浓缩脱水一体机

污泥浓缩脱水一体机即污泥浓缩装置和污泥脱水装置一体化，污泥可以直接浓缩和脱水，节省污泥静态预浓缩机相应的搅拌刮泥设备，大大减少占地，节约投资费用。一体化设备，自动控制，连续运行，使浓缩脱水效率高，泥饼含固率高，且能耗低、噪声小、使用化学药剂少、使用寿命长，易于维护管理，经济可靠，应用范围广。

1. 污泥浓缩脱水一体机的运行

（1）启动前的准备

1）按工艺要求调制好污泥絮凝剂。

2）检查压滤机各部分润滑情况，按规定进行润滑。

3）检查各配套设备。

（2）启动开机。准备工作完毕，即可打开主开关，准备开机。

1）开动空气压缩机，观察其工作情况，并调整气缸工作压力。

2）依次开动进泥泵、压滤机、带式输送机，观察进泥泵工作情况、滤布冲洗情况以及压滤机运转情况。

3）启动絮凝剂计量泵，按工艺规定调整好浓度和流量，到絮凝剂到达混合时，开动加药泵，并调整好污泥流量和带机走带速度。

（3）运行过程

1）操作人员必须对压滤机生产情况进行监视，并根据进泥情况、絮凝情况和出泥质量及时调整各部分运转状况。

2）操作人员必须随时注意压滤机运行状况

①全机运转是否正常，自动纠偏是否有效，有无异常杂音和气味。

②空压机供气压力是否正常，自动开关是否有效。

③冲洗水供水情况是否正常，滤布冲洗效果；必要时刷洗上、下滤布冲洗喷管。

3）工作时如出现报警或停机，操作人员必须立即查明原因，并予以排除。

4）工作中如出现意外情况（如硬质杂物进入污泥泵或滤带区时），操作人员应迅速按下紧急停止按钮使全机停止后逐个关掉全部启动旋钮，到危险排除后再按启动顺序重新启动全机。

（4）停机

1）停机时首先关闭污泥计量泵和絮凝计量泵。

2）压滤机继续运转至机内污泥全部排出，滤布全部冲洗干净后，洗刷干净上下冲洗水喷管，再依次关闭压滤机滤液泵、带式输送机、空气压缩机。

3）将滤布张紧气缸压力调整到零，切断全机电源；关闭滤液泵进、出水阀。

4）按规定保养全机，并填写工作记录。

2. 污泥浓缩脱水一体机的维护和保养

（1）每月定期检查减速机、变频器牵引油油位。

（2）3个月左右更换一次润滑油。

（3）传动齿轮、链轮、张紧调偏滑块定期上润滑脂。

（4）定期清理清洗装置喷嘴，防止阻塞。

五、污泥脱水机使用注意事项

由于使用环境潮湿和污泥的特殊性能，污泥脱水机在使用时应注意日常的管理和维护。

1. 离心脱水机维护

按照脱水机的要求，经常做好观测项目的观测和机器的检查维护。例如巡检离心脱水机时要注意观察其油箱油位、轴承的油流量、冷却水及冷却油的温度、设备的震动情况和电流表读数等。离心脱水机的易磨损部件是螺旋输送器。

2. 带式脱水机维护

对带式脱水机巡检时要注意其水压表、泥压表、油表等运行控制仪表的工作是否正常。定期检查脱水机易磨损部件的磨损情况，必要时予以更换。带式压榨脱水机的易磨损部件有转辊、滤布等。

3. 硬物伤害

发现进泥中的砂粒等硬颗粒对滤带、转筒或螺旋输送器造成伤害后，要立即进行修理，如果损坏严重，就必须予以更换。

4. 季节因素

污泥脱水机的泥水分离效果受温度的影响较大，例如使用离心脱水机时冬季泥饼的含水率比夏季要高出2%～3%，因此在冬季应加强污泥输送和脱水机房的保温，或增加药剂投加量，甚至有时需要更换效果更好的脱水剂。

5. 机器清洁

当脱水机停机前，必须保证有足够的水冲洗时间，以确保机器内部及周身外围的清洁彻底，降低产生恶臭的可能性。否则，如果出现积泥干化在机器上，黏结牢度很大，以后再冲洗非常困难，将直接影响下次脱水机的正常运行和脱水效果。

6. 运行观察

脱水时经常观察和检测脱水机的脱水效果，如果发现泥饼含固量下降或滤液混浊，应及时采取措施予以解决。同时观察脱水机本身的运转是否正常，对异常情况要及时采取措施解决，避免脱水机出现大的问题。

第6节　废水处理专用机械

学习目标

1. 熟悉格栅除污机的主要故障及处理方法
2. 掌握格栅除污机、除砂机、刮吸泥机、曝气设备的维护要求
3. 能够按规程运行格栅除污机、除砂机、刮吸泥机、常用曝气器
4. 能够进行格栅除污机、除砂机、刮吸泥机日常维护

知识要求

一、格栅除污机的运行管理

1. 格栅除污机运行注意事项

（1）移动式格栅除污机在操作中应注意的是：大车停车位置要准确，齿耙切入格栅后方可提升；切入力太大则容易卡死，切入力太小又难以捞净栅渣，故要几次试验才能正确掌握；工作完毕后应将齿耙耙臂上附着的污物冲洗干净，并且定期在规定的部位加油。

（2）高链式除污机的电动机及减速机安装在除污机上部的平台上。保持减速机的良好润滑是保证该设备安全运行的必要条件，操作人员要经常攀到平台上观察减速机的运转情况，随时补充及更换润滑油。对于扭矩极限开关或摩擦联轴器，应经常校验其安全扭矩。若扭矩太大，一旦出现卡死现象将使齿耙变形；若扭矩太小，则会出现正常运行时打滑、停机现象。除污机的链条、链轮、滚轮及滚轮导轮一般采用脂润滑。由于是开放式传动，润滑脂上会不断沾上被风吹来的尘土、细沙等污物，加速这些部位的磨损。因此应在大修时用油洗掉变脏的润滑脂，涂以新的润滑脂。

（3）高链式除污机的主要故障是齿耙不能正确地切入栅条，造成这种故障的原因很多，如：格栅下部有大量泥沙、杂物堆积；栅条扭曲、变形；齿耙或耙臂的刚度不够，远行时发生抖动而不能正确地吃入或齿耙、耙臂发生扭曲变形；链条变松或张紧度不一致甚至错位，造成齿耙歪斜。

（4）钢绳式格栅除污机的操作与高链式除污机类似。由于抓斗的耙齿是靠自重切入格栅，所以在运行时经常会出现耙齿切入不深，特别是在垃圾杂物较多时耙齿插不进。克服上述问题的主要方法是频开机，勿使格栅前积聚很多垃圾。此外应经常调整钢丝绳的长度与行程开关的工作状态，否则运行一段时间后，会因为钢丝绳的长度不一，造成抓斗的歪斜，增加牵引负荷，有时会因钢丝绳与开合绳的工作不协调，抓斗不能在规定的部位正确切入或抬起。

2. 格栅除污机的故障分析与处理（见表8—8）

表8—8　　格栅除污机的主要故障及处理方法

故障点	故障现象	故障原因	处理方法
电动机	跳闸	负荷过大或传动部件磨损或被异物卡住	查清原因，清除异物，及时清渣，对损坏的传动部件进行整修，加润滑油
	发热	负荷过大或轴承磨损，润滑油变质、缺少。连接部件位移	查清原因，更换磨损的轴承，加润滑油，调整与连接部件的水平度和垂直度
传动件	减速机发热、有异声	轴承、齿轮损坏。油位过低或过高，机油变质	更换损坏部件。按要求加注润滑油
	驱动链轮、驱动链条运行时有异声	链条松弛，机械磨损，缺润滑油	张紧松弛的链条，更换磨损的部件，加注润滑油
主体结构	不能有效去除杂物	格栅或耙齿变形，栅间隙增大或损坏	修理或更换损坏的部件
	运行时有异声、振动	链轮、主轴导轨、托杆、轴承和密封等的磨损或破损	修理或更换损坏的部件。按要求加注润滑油

二、除砂机

去除水中的无机砂粒是污水处理的一道重要工序，它可以减少污泥中所含砂粒对污泥泵、管道破碎机、污泥阀门及脱水机的磨损，最大限度地减少砂粒特别是较粗砂粒在渠道、管道及消化池中的沉积。

1. 除砂机安全操作规程

（1）开车准备

1）检查随机空压机润滑油位，低于下限时必须加足。

2）检查油雾器油量，不足时加满。

3）检查分水器水位，将水放光。

以上检查必须在储气罐无压力情况下进行。

4）检查除砂机运行道路上有无杂物，如有，必须清除掉。

5）合上电源，手动试验警铃及行车前后限位是否有效。

以上检查处理完毕，即可开机。

（2）启动运行

1）启动随机空压机，注意观察空压机运转状况和压力上升情况。

2）检查两个刮臂是否停在高位，如不在高位，必须先将它们提至高位，并可靠固定。刮臂处于低位时，除砂机严禁倒行。

3）将除砂机倒行至终端位置，停车。

4）将两刮臂放下至刮泥位置。

5）按下除砂机前进按钮，使除砂机正向行走进入工作。除砂机运行时，操作人员不得离开，必须随时注意和控制除砂机的运行状态。

6）在运行中，如发现有异常的噪声、振动，或限位失效、气压超过 7 bar（1 bar = 10^5 Pa）而压缩机不停止时，操作人员必须立即停机处理后才可开机。

（3）停机

1）除砂机运行完毕，必须停放在指定位置。

2）将两刮臂提到高位，可靠固定。

3）关闭控制柜内各开关，并关掉电源。

4）按要求做好运行记录。

2. 除砂机的运行管理

（1）及时排砂。根据废水砂量的变化规律，及时排砂。排砂间隙过长会堵塞排砂管、砂泵、堵卡刮砂机械；但排砂间隙太短会使砂浆量增大，含水率提高，增加后续处置的难度。沉砂池上的浮渣也应定期清除。

（2）当砂浆中有机物含量较大时，应采取工艺措施控制，如增加曝气量，提高流速等，以减少有机污泥的沉积。

（3）当出砂量减少时，应检查是否进水流量或水质含砂量发生了变化。当流量增大时，平流式沉砂池可采取调整溢流堰高度来改变有效水深，增加停留时间。曝气沉砂池应增大曝气量。

（4）注意除砂机的电气设备、传动件、主体结构、限位装置等的日常检修保养。

三、刮吸泥机

刮吸泥机（见图8—20）用于污水处理厂辐流式圆形沉淀池，排除沉降在池底的污泥和撇除池面的浮渣，主要用于中心进水周边出水的二沉池，也可以用于周进周出池形。驱动机构推动工作桥沿池平面旋转，工作桥带动刮臂旋转，固定于刮臂上的刮板将泥由池边逐渐刮至池中心的集泥斗中。刮泥板采取曲线对数螺旋线型，受力均匀、刮泥彻底，当池底遇有障碍时，能自动提耙，保护机器不受伤害，驱动机构可有扭矩保护装置，工作更加安全。

图8—20　刮吸泥机

1. 刮吸泥机的操作规程

（1）开车前的准备及开车

1）检查各润滑处（中心支座滑动轴承及滚动轴承、行车胶轮轴承、行星摆线针轮减速机油箱等）润滑油脂的油量和油质是否符合要求。

2）检查各部位紧固螺栓有无松动，并紧固之。

3）调整吸泥管上的锥形节流阀传动丝杠时，锥体阀应上下活动灵活、轻便、可靠。

4）检查行走胶轮有无剥离、脱胶和断裂现象。

5）清扫车轮轨道。

6）打开空气管路阀门，检查管道和回转接头，不得有泄漏现象。

7）接通电源，并检查无误后，可操作控制开关。点动4~5次，经检查，如未发生异常现象，可启动开关，使设备投入运行。

（2）运行中注意事项

1）定时记录电源、电压等数据，若有异常应停机向主管报告。

2）行车轮应转动灵活，无卡滞和松动现象，左右车轮箱应调整灵活、有效。

3）中心圆筒和旋转中心支座应保持同心，旋转灵活，各部位无卡滞现象。

4）空气管路各接口应严密不漏气，各阀门启闭灵活可靠。

5）经常检查胶轮运行情况，如有脱胶现象应及时向主管部门反映。

6）经常检查运转各部位的温升情况，如过高，应立即停机，并向主管部门及时反映，待处理后方可运行。

7）检查吸泥管吸泥是否正常，有无堵塞，如有应及时疏通。

8）检查倾听电动机、减速机、行车轮、中心支座等处有无异响和杂音。

9）检查各部位螺栓的紧固情况，如有松动应立即紧固。

2. 刮吸泥机的安全操作

（1）操作人员启闭刮吸泥机，或检修维修电器设备时应戴绝缘手套或切断电源，防止触电。

（2）为防止操作人员坠入池内，清扫堰口或调节回流污泥堰门等项操作时最好穿救生衣或采取其他的防护措施。

3. 刮吸泥机的运行管理

（1）大批人员同时走上刮吸泥机走道或池内掉进大块重异物，将造成刮吸泥机电动机的超载或超负荷运行，有损电动机。池内异物还可能堵塞排泥或放空管道。

（2）刮泥机应在各种机械性能完好的情况下运转，不得“带病”运行，否则将缩短设备的使用寿命。

（3）空气管道及回转接头处如有漏气，将降低空气压力，起不到有效的气提作用。

（4）当个别吸泥管被堵时，该管负责吸泥范围的污泥就得不到及时排除，时间长了，可能引起发酵，造成污泥上浮。此时可采取增大排泥水头或利用水头反冲。辐流式沉淀池吸泥管发生堵塞，特别是池中央的几根可伸入橡皮管堵塞时，应用压缩空气冲通。

（5）刮吸泥机轨道凹凸不平，行走轮容易损坏，整机也不能平稳运行。走道有积雪时，行走轮易打滑，所以应经常清扫，保持清洁，使刮吸泥机正常运行。

（6）各类闸门丝杠润滑良好，可以使闸门启闭灵活，便于调整。

4. 刮吸泥机的维护保养

（1）进出水、排泥、放空、空气管路等各类闸门都应保证完好状态，闸板不得脱落，润滑油不得变质或有杂质，丝杠及其他部件不得损坏。总之，闸门应起到调整和节流的作用，使用须灵活、可靠。

（2）设备各连接螺栓不得松动，否则将引起设备振动或其他损坏。

（3）刮吸泥机属非标准设备，维护和检修应按设计要求完成。其他排列设备应按产品使用说明中规定的维修内容、维修周期和技术要求进行大、中、小修。

（4）为保证操作人员的安全并延长护栏等的使用寿命，应做防腐处理。

四、曝气设备

1. 曝气设备的分类

废水处理中使用的曝气设备种类繁多，结构形式各异，但根据它们结构形式可分为鼓风曝气设备和机械曝气设备两大类。

（1）鼓风曝气设备。鼓风曝气设备主要由供气设备、气泡扩散设备和连接管道三部分组成。气泡扩散设备按其空气扩散方式和形成气泡大小来分，可分为多孔性和非多孔性两种。

1）多孔性扩散设备包括微孔曝气器、微孔陶瓷曝气管和弹性曝气软管。

2）非多孔性扩散设备包括穿孔管、圆形扩散管、喷嘴扩散管等。

3）射流曝气设备。

（2）机械曝气设备。机械曝气设备包括水平轴曝气机和垂直轴曝气机。

2. 曝气设备的运行管理

（1）鼓风曝气设备

1）多孔性扩散设备。安装或检修完成后，运行前在曝气池内放入清水，水面至设备顶部约300~500 mm。通气检查设备高度是否在同一水平面上，可适当进行调整，检查所有管道和接口、接头，各密封处是否漏气，气泡是否均匀。

扩散板、微孔曝气器（陶瓷材料）或管（陶瓷材料）内容易被尘埃、铁锈等堵塞，因此鼓风机送入的空气一定要经过过滤，滤料可采用玻璃纤维、尼龙纤维、无纺布等，保持空气洁净不含杂质。此外废水中含有砂粒、污泥、油脂等，停电或检修时，因外部的压力会堵塞设备表面。建议用双电源或备用发电机，以正常气量的1/4~1/6维持运行，以便恢复使用时确保设备正常运行。

微孔曝气器（高分子材料）或弹性曝气软管因其材料有弹性，不易堵塞，维修工作量较少。

2）射流曝气设备。射流曝气设备由循环水泵、射流器以及水下导流管构成。射流曝气设备能自行吸入空气，一般不需要空气压缩机供气。射流器产生的气泡小于多孔性扩散设备，由于吸气过程中水和气的强烈混合以及较深的工作液位（液位深度可达 16 m），因而有很高的氧传递效率（≥35%）。射流曝气装置结构简单，在池面及池边均可安置，水下构件少，不易堵塞，操作维护方便。潜水式射流曝气泵虽在水下工作，但具有机械密封功能，可实现自动控制。射流曝气的运行能耗略大于鼓风曝气，但在进水有机负荷高、场地紧张等条件下有较好的适用性，目前在国内的工业废水处理以及小规模生活污水处理领域已有较多的应用。

（2）机械曝气设备

1）水平轴曝气机

①启动前的准备。检查减速箱内的润滑油（泊位应在泊标尺测量杆的上、下限之间），检查托架轴承和减速箱输出轴的密封处，确认有新鲜的润滑脂溢出。检查各部分螺栓、连接件是否松动，有松动的要加以紧固。进行盘车检查，用脚向转刷或转碟（盘）的转动方向踩动转刷叶片转动数周，判断齿轮箱、机组转动是否灵活，主轴是否弯曲等，感觉应灵活、均匀，无受阻和异声。检查液位高度是否符合设备要求的浸没深度。

检查配电间各电气设备是否完好，是否具备开车条件。起动电动机，观察运行后运转方向是否正确。打开输油管上端的旋塞，检查有无润滑油流出。

②维护和保养。水平轴曝气机主要润滑部位是减速箱和轴承联轴器。为了减少摩擦和磨损，保持良好润滑非常重要，应定时检查泊位和输油管情况，添加及更换润滑油。为了防止生锈，空心轴的表面可涂以环氧沥青或包裹一层氯丁橡胶。刷片（碟片）在工作一段时间后可能出现松动、位移及缺损，应及时紧固及更换。对于长期停用的转刷（转碟），特别是尼龙、塑料及玻璃纤维增强塑料的转刷（转碟），应尽量避免阳光照射延缓老化，同时应避免长期放置的转刷（转碟）因自重而引起挠曲，可定期转动小半圈。

2）垂直轴曝气机

①启动前的准备。检查减速箱内泊位是否合适。油位应检查两处：减速箱侧面的油标内显示的泊位应在油标的 1/2 以上；减速箱上部用油标尺测量的泊位应在油标尺的上、下限之间。检查各部分螺栓、连接件是否松动，有松动的要加以紧固。检查液位高度，是否符合设备要求的浸没深度。冬季寒冷时，应检查是否有冰冻结在叶轮上，如有则应将其除去。检查电气设备是否完好，是否具备开车条件。

②运转。启动电动机，观察旋转方向是否正确。运转过程中要经常检查曝气机的轴承

处有无温升过高、异常振动、漏油和连接螺栓松动等异常现象。

③维护和保养。定期检查曝气机减速箱齿轮油的质量，对含有杂质或已经分解老化的润滑油，必须随时更换。新机组运转300～600 h后需更换润滑油，以后每运转2 000～5 000 h更换1次，具体换油时间间隔可根据实际工作状况而定，但最长不宜超过18个月。

注意调节叶轮的浸水深度，防止功率及充氧量下降。如果这种现象较为严重，而调节浸水深度又达不到满意的效果，应适当减小叶轮进气孔的面积。

E形叶轮泵曝气机运行时应保证叶轮有一定浸没深度（50 mm以内）。浸水太浅会产生脱水现象而形不成水跃，降低充氧效率。不能改变浸没深时，操作人员应定期将电动机、减速机上面的污垢擦拭、清洗干净，以保证安全正常运行。

第7节　常用仪表和在线监测仪表

学习目标

1. 了解常用仪表和在线监测仪表的种类及应用
2. 熟悉常用仪表和在线监测仪表的结构与原理
3. 掌握常用仪表和在线监测仪表的操作与日常维护要求
4. 能够正确判断常用仪表和在线监测仪表的故障类型

知识要求

仪表能够迅速及时地反映废水处理过程中各种工艺参数的变化情况，帮助操作人员明确调控的具体目标和数量范围，保证处理装置运行的稳定、高效。而要实现过程自动化控制，仪表是必不可少的指示器。因此应了解常用仪表的性能，掌握正确的使用和维护保养方法。

一、常用仪表

1. 温度测量仪表

按温度测量方式可把测温分为接触式和非接触式两类，一般多采用接触式测温的方法，测温仪表流体温度计、双金属温度计、压力式温度计等。具体使用哪种温度测量仪表，必须依被测介质、环境条件、测量精度、响应时间以及对温度控制的要求而定。

（1）接触式温度计的安装。接触式温度计是通过感温元件与被测介质进行热交换来测量温度的，因此放置方式与位置应尽量有利于热交换的进行。在管道中，感温元件的工作端应置于流速最大处，与被测介质流向成90°角（即与管道垂直）。介质流速较大时，感温元件必须倾斜安装，最好安装于管道的弯曲处，以免受到过大的冲击。

感温元件应尽可能保证最大的插入深度，使受热部分增大。在设备中，则需逐个决定其插入深度；在管道中，为增大插入深度可将感温元件斜插。感温元件安装于负压管道或设备中时，必须保证其密封性，以免外界冷空气侵入，影响测量值。

安装压力式温度计时，应将温包自上而下垂直安装，同时毛细管不应受有拉力，避免机械损伤。玻璃流体温度计只能垂直或倾斜安装，不得水平安装（直角形玻璃流体温度计除外），更不得倒装，同时需考虑观察方便。

（2）接触式温度计的保养。为避免感温元件受到损坏，可根据被测介质的工作压力、温度及性质，加装感温元件保护套管。凡承受压力的感温元件，都必须保证其密封性良好。

2. 压力测量仪表

压力测量仪表主要应用在液体、气体、蒸汽等介质的检测和控制中。常用的有弹簧管压力仪表、膜片式压力仪表、电接点压力仪表、电动压力变送器等。其感测元件有弹簧管、膜片、膜盒、波纹管等。

（1）压力测量仪表的选用

1）压力表的量程。测量稳定压力时，正常操作压力应为量程的1/3～2/3；测量脉动压力时，正常操作压力应为量程的1/3～1/2；测量高压时，正常操作压力不应超过量程的3/5。

2）压力测量仪表的选型。对常用的空气、水、蒸汽等的压力测量可使用普通弹簧管压力表；对特殊介质，宜使用专用压力表，如对黏性非腐蚀性介质的测量，宜使用膜片式压力表；对腐蚀性介质的测量，宜使用耐酸压力表或膜片式防腐型压力表。

3）压力变送器、传感器。测量精确度要求高的场合，一般应配置压力变送器和传感器。测量精确度要求不高的场合，可使用弹簧式远传压力表、电感式压力表、电阻式压力表等。

（2）压力测量仪表的安装与维护。压力表安装的地方，应力求避免受振动和高温的影响。取压管的内端面以及与设备管道连接处应平整，无凸出物或毛刺，以保证测定静压力。被测介质温度超过60℃时，取压口至阀门间或阀门至压力表间应有冷凝管。对于腐蚀性介质，应加装充有中性介质的隔离器。取压口到压力表间应装有切断阀，以备检修压力表时使用。

3. 流量测量仪表

测量流体流量的仪表统称为流量计或流量表。目前污水处理厂常用的流量计主要有电磁流量计和超声波流量计。

流量计应正确使用，并加强日常维护和保养，以保证测量精度，延长使用寿命。

（1）流量计应按照规定的流量范围、工作压力和工作温度使用，不得任意超出使用范围。

（2）流量计开始使用前，出口侧的阀门应处于关闭状态，先使流体充满管道和流量计，然后缓慢开启出口侧阀门，观察其工作是否正常，当确认正常时，再逐渐增大到所需要的流量。

（3）流量计停止使用时，应先关闭出口侧的阀门，然后再关闭进口侧的阀门，防止被测介质倒流入流量计。

（4）流量计测量液体时，必须把壳体内的气体排净，否则将影响测量精度。

（5）在使用过程中，要经常检查流量计运转是否正常，如发现有异常现象，应及时停止运行，待检修好后，再投入运行。

（6）流量计使用一定时期后，要进行拆洗、标定。标定周期一般为一年。流量计在拆洗过程中发现零部件磨损，必须及时进行修理或更换零件，然后重新标定。

二、在线监测仪表

1. 在线 COD 测定仪

在线 COD 测定仪的全部工作过程是在微处理器控制下进行的，能够自动取样、自动分析、自动校正。我们在五级教材中介绍了重铬酸盐法中的库仑滴定法 COD 在线监测仪，本节介绍光谱法 COD 在线监测仪。根据有机物对紫外线吸收作用的原理，通过对被测物紫外线消光度的测定，而实现对 COD 的分析测量。

（1）基本原理。测量原理是基于紫外光谱法。流通池中的水路被氙灯的紫外光照射。紫外光的某些组分通过流通池而被吸收，从而被检测和分析出来。然后，根据比尔－朗伯定律，以不饱和有机分子在 UV254 nm 处的吸收为基础，测量出这种光的吸收量。光源发出的紫外光通过滤光片分别检测出 254 nm 和 350 nm 的紫外光，采用双波长分光光度计作为参比波长，并且由光电二极管检测出光强度，检测出的信号通过放大器送到微处理器；350 nm 的光强度用于补偿浊度的影响，最后经过计算输出测量结果。

UV 法技术有效地克服了传统方法的缺陷，仪器结构简单，整个过程不用试剂，无须加热，所以可实现对 COD 的连续、快速、稳定的测量，而且无二次污染。

（2）功能特点。人性化彩色触摸屏界面，既可直观显示测量结果，又可显示历史纪录、曲线及各部件的状态，简便直观，便于操作。采用紫外氙灯光源，使用寿命可长达 10

年；测量迅速，3～5 min 即可读数，并且可实现连续快速监测；自动清洗，采用5%的稀硫酸清洗液，可设置清洗间隔；仪器具备自动校准功能，可设置校准间隔；可根据水质状况自动切换合适量程，以保证测量精度，当浓度超标时还可自动报警。该仪器的新型采样装置可对水样进行过滤，既不影响测量结果，又可保证测量精度。

（3）主要技术参数。量程：0～2 000 mg/L COD（可根据实际水质选择对应量程）；重复性：≤±2%；准确度：±3% F·S；零点漂移：≤±2% F·S/24 h；量程漂移：≤±2%F·S/24 h；线性误差：≤±5%F·S。

（4）操作维护及适用注意事项。传统试剂法 COD 测定仪的日常维护主要是检查仪器工作是否正常，比如进出管是否通畅，有无泄漏；保持仪器的清洁，尤其是对转动部分和易损件要检查和更换，防止其损坏造成泄漏腐蚀仪器。

光谱法 COD 测定仪的安装地点流速不能太快，不能有旋涡，不能直接提电缆来取探头，探头测量狭缝方向应同水流方向一致（自净作用）。光谱法 COD 测定需要借助化验室测定结果来标定。最好每周都进行一次人工清洗，保证测量窗口的清洁，保持仪表的正常工作。标定时建议两点：一点为蒸馏水样（测得频率，COD 值为0）；另一点为实际水样（通过实验室测得 COD 值），将这两点数据输入监测仪完成标定。

仪器暂时停用时，要用蒸馏水彻底清洗后排空，再依次关闭进出口阀门和电源，重新启用时用新试剂进行彻底清洗并重新校准工作曲线。

2. TOC 的在线测定

总有机碳（TOC）为水中有机物所含碳的总量。采用燃烧氧化—非分散红外法测定，对有机物的氧化比较完全，氧化率多数在90%以上，所以能完全反映有机物对水体的污染情况。

（1）TOC 测定仪的使用与维护

1）标准溶液的配制。标准溶液按如下方法配制：

①总碳（TC）标准液。称取2.125 g 干燥的邻苯二钾酸氢钾，放入容量瓶中，然后再加入蒸馏水至1 L 溶解，此液浓度为1 000 mg/L。以此为原液，可根据需要，稀释成不同浓度的标准液。

②无机碳标准液。称取7.00 g 干燥的碳酸氢钠，放入容量瓶中，再加蒸馏水至1L 溶解，此液浓度为1 000 mg/L。以此为原液，根据需要，稀释成不同浓度的标准液。

将以上所配制的标准液分别注入 TOC 测定仪，所得结果制成标准曲线备用。

2）注意事项

①校准仪器时，宜先进行总碳测定，后进行无机碳测定，样品必须摇匀。

②进行微量分析时，摇动样品会使空气中 CO_2 溶解进去，故应小心，记录曲线的拖尾

现象就是由此所致。在处理数据时，要减去总碳、无机碳的空白值。

③进样量的多少，按仪器规定执行。一般进样量越大，曲线的峰越高，但过高的进样量会导致燃烧效率低下。同时，样品中如有悬浮物质，一定要滤去。

④分析含盐过多的样品时，应加脱盐装置，这时，可适当降低高温炉温度，如调温至700℃左右。

（2）TOC仪故障处理及维护项目（见表8—9及表8—10）

表8—9　　TOC仪故障处理

序号	故障现象	可能原因	排除方法
1	载气达不到规定流量	抽气泵发生故障	修理泵
		燃烧管破裂	更换
		水封器水位过低	补充水
2	温度指示表无指示	加热丝断	更换
		测温热电偶断	更换
3	记录仪基线无法调整	载气净化剂失效	更换
		载气流量不稳	按序号1各项检查处理
		红外线分析器故障	应由专业人员修理、调整
4	重现性差	试样性能不合要求	检查试样pH值、SS含量
		载气流量、压力不稳	按本表序号1各项检查
		进样量不准	重新进样
		外界电源电压波动	安装稳压器
5	指示值不稳	同“重现性差”项	同“重观性差”项

表8—10　　TOC仪器的维护

名称	项目	内　　容
载气系统	压力	检查压力是否符合规定
	漏气	各连接管道有否漏气，用肥皂液涂于连接处观察
	流量	流量计
	污染	检查过滤器的滤材是否干净
总碳燃烧系统	温度调节器燃烧管	温度调到规定值处，能否进行自动控温是否漏气
无机碳反应系统	温度调节器	温度调到规定值处，能否进行自动控温
	反应管	是否漏气
	反应管内充填物	是否变质

续表

名称	项目	内　容
除湿除尘系统	脱水器	动作是否正常
	水封器	水位是否到标线
	过滤器	滤材是否干净
测量系统	红外线气体分析器	动作是否正常，池窗是否污染
总动作	分析精度	通入零点标准液及满刻度标准液进行标定、检查
指示及记录	记录仪	走纸系统是否正常，记录墨水是否流畅，传动系统是否润滑

3. 在线污泥浓度（MLSS）监测仪

MLSS是废水活性污泥法处理过程中的重要指标，在线检测有利于工艺操作与调整。检测原理主要过滤质量法、超声波法和散射测量光法三类。

（1）过滤质量法。过滤质量法是过滤干燥称重过程自动化。该方法适用范围广，但测定时间长、误差较大，系统维护工作量大。

（2）超声波法。超声波在悬浮物中的衰减与液体中悬浮物的浓度有关，超声波法根据这一原理实现了悬浮物浓度的在线测量和监控。它可以在线监视污泥浓度的变化，同时可以自动记录设定时间内的污泥浓度变化曲线，还可以通过设定输出继电器的触发值来直接进行工艺控制，如图8—21所示。该仪器还具有自动清洗功能。

（3）散射测量光法。散射测量光法采用散射测量法，具有测量准确、性能稳定、使用寿命长的优点。通过对该测控系统运行程序指令进行即时设定，可以改变传感器的测量状态，从而使该系统既可以用于低浓度测量，也可以用于高浓度测量。该悬浮物污泥（MLSS）浓度测控系统具有使用方便、灵活、经济的特点。

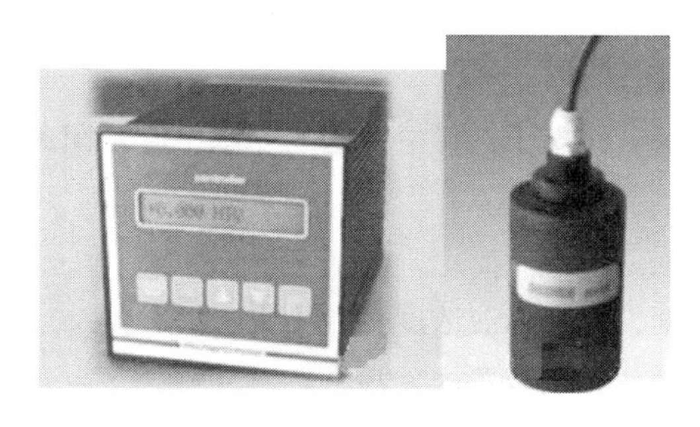

图8—21　超声波在线污泥浓度监测仪

4. 氨氮在线分析仪

氨氮在线分析仪种类有纳比色法、水杨酸比色法、氨气敏电极法、电导法、滴定法、铵离子选择电极法。

（1）工作原理

1）纳比色法（见图8—22）。纳比色法目前使用较多，检测范围宽，灵敏度没有水杨酸法好，适合高浓度废水，易受污水色度的影响。

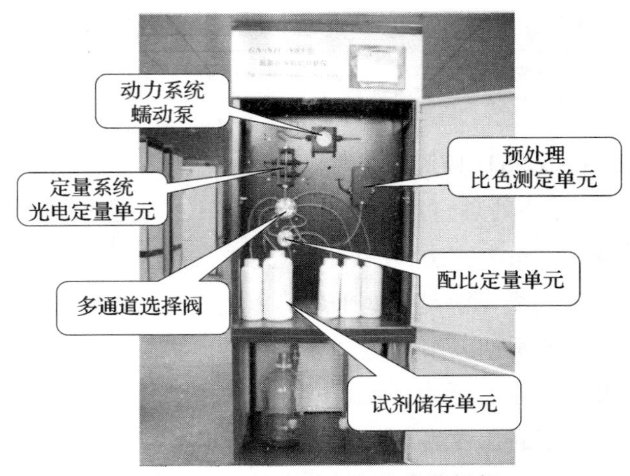

图8—22　比色法氨氮在线分析仪

2）水杨酸比色法。水杨酸比色法灵敏度高，没有二次污染。

3）电极法。电极法仪器结构简单，易受到水的色度、浊度的干扰，电极需经常更换电极膜。氨气敏电极法（见图8—23）准确度较高，抗干扰能力强，但由于使用气体渗透膜，易导致气体堵塞，设备维护工作量大，电极价格较贵。

4）电导法。电导法不易受干扰，省时、准确。运行成本较低价。

5）滴定法。滴定法适用于较高浓度的水样，低浓度时误差较大，因使用酸、碱试剂，易造成腐蚀，仪器维护工作量大。

6）铵离子选择电极法。铵离子选择电极法易受水中一价阳离子的干扰。

（2）日常维护

1）查看仪器历史数据。

2）查看仪器校准数据，应与标液浓度相差不大。

3）查看仪器主要部件，光电装置内无污物。

4）查看仪器泵头、管路有无松动，无漏液。

5）查看试剂信息，试剂用量。

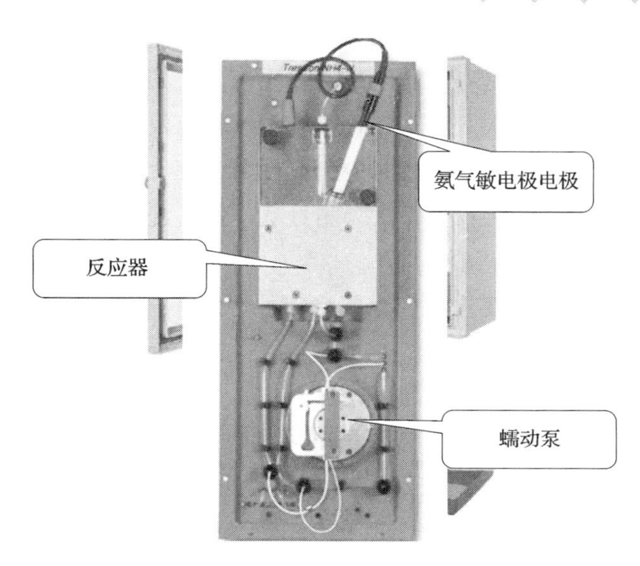

图 8—23　氨气敏电极法氨氮在线分析仪

5. 总磷（TP）在线分析仪（见图 8—24）

（1）工作原理。总磷（TP）在线分析仪类别较多，但各类仪器的测量原理均以国家标准《GB 11893—1989 水质总磷的测定钼酸铵分光光度法》要求为基础，先将样品与过硫酸钾混合均匀，采用不同的消解技术，将样品中所含的以各种形式存在的磷全部氧化为正磷酸盐；磷钼杂多酸化合物被还原剂抗坏血酸还原成蓝色的络合物，络合物颜色的深浅与样品中的磷含量成正比；然后用分光光度法测量反映产物的吸光度值，从而得到样品的磷含量。

该仪器选用顺序注射和光电定量技术，试剂消耗量少，为常规化学方法仪器试剂用量的 1/10,适合于长时间在线监测。可以自动清洗采样管道，防止藻类或生物膜的生成。空气负压循环结构，样品或试剂不直接与蠕动泵管接触，避免磨损和腐蚀，使用安全，分析高效。

该仪器有可靠的过压、过温保护装置，使用更为安全；自动漏液报警功能，提示用户进行维护；智能故障自诊断功能，报警提示，管理和维护十分方便。

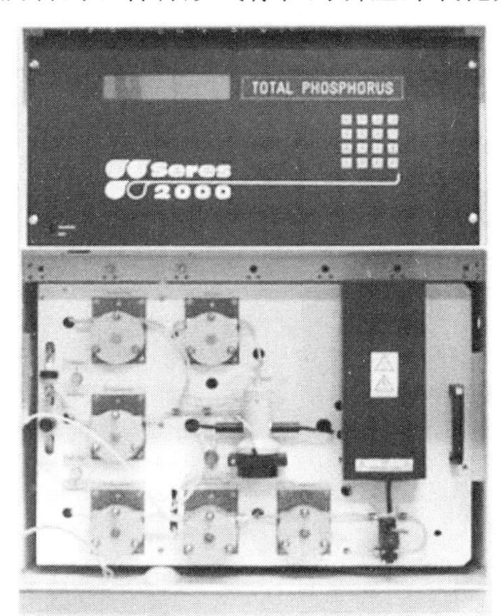

图 8—24　总磷在线分析仪

（2）操作维护及使用注意事项。每1～2周定期更换试剂，更换试剂后应进行泵初始化3～5 min，防止管路中有气泡存在，造成进样不准确，使得检测结果不准确。每周至少检查水样管、蠕动泵和试剂一次。当水样管路有泥污时应及时清洗，保持管路畅通。蠕动泵内的泵管使用6个月后应更换，更换时，应清理泵，装上泵管后加一些硅脂。校准周期为试剂更换时校准1次或1个月校准1次。测量室每月清洗1次或必要时清洗。如停电时间超过5 h时，应对测量室拆除清洗。

故障影响因素：环境温度变化大、电压稳定性、水中浊度、堵塞等造成数据不稳定，分析不准确。

本章思考题

1. 说明电动机星形连接和三角形连接的操作步骤及注意事项。
2. 请至少列出5项使用万用表的注意事项。
3. 阀门安装前一般需要做哪些检查？
4. 泵与风机有哪些主要的性能参数？铭牌上标出的是指哪个工况下的参数？
5. 常用离心泵的特性曲线有几种？曲线有何特点？
6. 简单概括水泵运行的几个步骤。
7. 简述离心泵加置填料操作步骤。
8. 简述板框压滤机的结构与原理。
9. 吸刮泥机运行中要注意的安全事项有哪些？
10. 简述废水处理常用仪表的分类、用途和特点。

第 9 章

废水监测与分析

废水处理过程中根据工艺特点，按标准分析方法及时进行水质分析，以确定设备、设施运行状况、废水处理效率以及最终出水是否达到国家或地方规定的排放标准，并根据分析结果及时调整工艺参数、稳定和提高处理效果。废水处理工应掌握各工艺主要控制参数的简单分析方法，以此指导生产实践，提高运行管理水平。

本章主要介绍水质分析的溶液配制基本知识、常用监测分析仪器操作维护常识及常规水质指标的测定方法等。

第1节　水质分析基础

学习单元1　标准溶液

学习目标

1. 掌握标准溶液的概念以及基准物质须符合的条件
2. 能够用直接配制法和间接配制法配制标准溶液
3. 能够熟练使用分析天平进行准确称量

知识要求

一、标准溶液的配制

1. 标准溶液的概念

已知准确浓度的试剂溶液称为标准溶液。在滴定分析中，测定结果是根据消耗的标准溶液的浓度和体积计算出被测物质含量的。因此，标准溶液配制、标定得是否准确，保存得是否妥当，将直接影响测定结果的准确性。

（1）基准物质。能用于直接配制或标定标准溶液准确浓度的试剂称为基准物质或基准物，如 $K_2Cr_2O_7$、邻苯二甲酸氢钾（$KHC_8H_4O_4$）等。作为基准物质必须符合下列条件：

1）物质的组成与化学式完全相符。

2）滴定反应按化学式计量无副反应。

3）试剂的纯度足够高，一般要求99.9%以上。

4）稳定性要高，不易吸收空气中的水分和CO_2，不易被空气氧化，加热时不易分解等。

5）摩尔质量较大，可减小称量误差。

滴定分析常用的基准物质见表9—1。

表9—1　　滴定分析常用的基准物质

应用范围	名称	分子式	干燥条件
酸碱滴定	碳酸钠	Na_2CO_3	270±10℃
	十水合四硼酸钠（硼砂）	$Na_2B_4O_7 \cdot 10H_2O$	放在装有NaCl和蔗糖饱和液的密闭容器中
	邻苯二甲酸氢钾	$KHC_8H_4O_4$	110～120℃
	二水合草酸	$H_2C_2O_4 \cdot 2H_2O$	室温空气干燥
配位滴定	碳酸钙	$CaCO_3$	110℃
	锌	Zn	室温干燥器保存
	氧化锌	ZnO	900～1 000℃
	七水合硫酸锌	$ZnSO_4 \cdot 7H_2O$	110℃
氧化还原滴定	重铬酸钾	$K_2Cr_2O_7$	100～110℃
	碘酸钾	KIO_3	130℃
	铜	Cu	室温干燥器保存
	三氧化二砷	As_2O_3	室温空气中保存
	草酸钠	$Na_2C_2O_4$	105～110℃
沉淀滴定	氯化钠	NaCl	500～600℃
	氯化钾	KCl	500～600℃

（2）标准溶液的配制方法。标准溶液的配制一般有下述两种方法。

1）直接法。准确称取一定量的基准物质，溶解后定量地转入容量瓶中，加水稀释到刻度，根据称取的基准物的质量和溶液的体积，计算出所配标准溶液的准确浓度。

例如，欲配制0.100 0 mol/L的$K_2Cr_2O_7$标准溶液250.0 mL，根据计算结果，首先在分析天平上准确称取$K_2Cr_2O_7$（基准物质）7.354 5 g于烧杯中，加适量水使其溶解后，定量转入250.0 mL容量瓶中，加水稀释到刻度，摇匀，根据称取的质量和定容的体积，即可求出$K_2Cr_2O_7$，标准溶液的准确浓度为0.100 0 mol/L。

2）间接法（标定法）。许多化学试剂由于不易提纯和保存，或在空气中不稳定，组成不恒定，不便准确称量。例如，市售盐酸溶液中 HCl 含量不准确，且易挥发；固体 NaOH 很容易吸收空气中的水分和 CO_2 等。这类试剂均不能采用直接法配制标准溶液，而是先粗称一定量的这类试剂，配成近似于所需浓度的溶液，然后再用基准物质或另外一种已知准确浓度的标准溶液来测定该溶液的准确浓度。这一处理过程称为标定，由此配制标准溶液的方法称为间接法或标定法。

例如，欲配制 0.1 mol/L 的 NaOH 溶液，由于 NaOH 不便准确称量，可先配制成浓度大约为 0.1 mol/L 的溶液，然后准确称取一定量的基准物质，如邻苯二甲酸氢钾，溶解后用配制的 NaOH 溶液滴定邻苯二甲酸氢钾溶液，直到二者的化学反应完全，根据称取的邻苯二甲酸氢钾的质量和标定时消耗的 NaOH 溶液的体积，计算出 NaOH 标准溶液的准确浓度。

2. 标准溶液配制要求

标准溶液浓度的准确度直接影响分析结果的准确度。因此，配制标准溶液在方法、使用仪器、量具和试剂方面都有严格的要求。应按照中华人民共和国国家标准《标准滴定溶液的制备》GB/T 601—2002 的要求制备标准溶液，规定如下：

（1）所用试剂的纯度应在分析纯以上，所用制剂及制品，应按 GB/T 603—2002 的规定制备。

（2）实验用水应符合《分析实验室用水规格和试验方法》GB/T 6682—2008 中三级水的规格。

（3）制备的标准滴定溶液的浓度，除高氯酸外，均指 20℃时的浓度。在标准滴定溶液标定、直接制备和使用时若温度有差异，应进行补正。

（4）标准滴定溶液标定、直接制备和使用时所用分析天平、砝码、滴定管、容量瓶、单标线吸管等均须定期校正。

二、标准溶液配制过程

1. 电热干燥箱（烘箱）的使用

在用基准物质配制标准溶液之前，需要将基准物质按要求进行烘干后在干燥器中冷却，待用。

电热干燥箱（见图 9—1）通常称之为烘箱或干燥箱，是利用电热丝隔层加热，通过空气对流使物体干燥的设备。实验室用的电热干燥箱适用于在高于室温 5℃ 至最高达 300℃范围内恒温烘烤，干燥试样、试剂、器皿、沉淀等物料及测定水分等。在分析工作中，烘箱常用来干燥待称量的基准物质。

图 9—1　电热干燥箱

电热干燥箱的型号很多，生产厂家为突出其某一附加功能，常常标以不同的名称，如市场上常见的电热干燥箱有：电热恒温干燥箱、电热鼓风干燥箱、电热恒温鼓风干燥箱、电热真空干燥箱等。尽管名称不同，但它们的结构基本相似，主要由箱体、电热系统和自动恒温控制系统三部分组成。

电热干燥箱使用时应注意：

（1）易挥发的化学药品、低浓度爆炸的气体、低着火点气体等易燃易爆和具有腐蚀性的物质不能在电热干燥箱中使用。

（2）使用快速辅助加热时，工作人员应在现场不断观察升温情况，待升至所需温度时，将开关拨到恒温挡。

（3）试剂和玻璃仪器要分开烘干，以免相互污染。干燥箱内物品之间应留有空间，不可过密。

（4）使用无鼓风的干燥箱时，应将温度计插在距被烘物较近位置，以便准确指示和控制温度。另外，不允许将被烘物放在烘箱底板上，因为底板直接受电热丝加热，温度大大超过干燥箱所控制的温度。

（5）有鼓风装置的电热干燥箱，在加热和恒温过程中必须将鼓风机开启，否则会影响工作室温度的均匀性和损坏加热元件。

（6）干燥箱使用时，顶部的排气阀应旋开一定间隙，以便于让水蒸气逸出，停止使用时应及时将排气阀关闭，以防潮气和灰尘进入。

（7）当需要观察箱内物品情况时，可打开外门通过玻璃观察，但箱门应尽量少开，以免影响恒温。特别是工作温度超过 200℃时，打开箱门有可能使玻璃门骤冷而破裂。

2. 准确称量

配制标准溶液的基准物质按照要求进行烘干处理后，必须用分析天平进行准确的称量。分析天平的分度值为0.1 mg，又称为万分之一天平。下面主要介绍电子分析天平的使用注意事项。

（1）电子分析天平使用规则

1）称量前先将天平罩取下叠好，清洁天平内外灰尘，调节天平的水平和零点。

2）称量时被称物应放在称量瓶中称量，称量瓶应放在盘中央，吸湿性、挥发性物品等应密封后再称，被称物不得超过天平最大载荷。

3）过热、过冷物品应先放在干燥器内冷却至室温后再称量。

4）读数时应关闭两侧门。

5）同一次实验所有称量使用同一台天平。

6）称量数据应立即记录。

7）称量完毕，关闭天平，取下药品。天平盘用毛刷刷净，关好天平门，罩上天平罩。

8）操作时应洗净、擦干双手，不可直接用手取用称量瓶，一般用洁净、干燥的纸条固定容器或带上干净的手套取用。

（2）试样称量方法。化学分析中试样的称量主要分为指定质量称样法（固定称样法）、减量称样法（递减或差减称样法）和直接称样法（增量法）。以下分别简述三种称量方法的使用原则及操作规程。

1）指定质量称量法。在分析工作中，有时要求准确称取某一指定质量的试样，如用直接法配制指定溶液的标准溶液时，常用指定质量称量法。但用此法称取的物质必须是不宜吸湿，且不与空气中各种组分发生作用，性质稳定的物质。称量方法如下：

在天平上准确称出容器的重量（容器可以是表面皿、小烧杯、碗形容器、电光纸、硫酸纸等），电子天平直接去皮重。用洁净药勺盛试样，在容器上方轻轻振动。使试样徐徐落入容器，调整试样的量达到指定质量。称量完后，将试样全部转移入实验容器中（表面皿等可洗涤数次，称量纸上必须不黏附试样，可复合电子天平零点）。

2）减量法称样。在分析过程中，许多试剂或待测样品易被空气中的O_2、NO_2、H_2S、SO_2等氧化或还原，有些待称物质易与空气中的CO_2、NH_3等起作用，有些易受空气中水蒸气的影响或试样本身具有挥发性等，引起质量变化，而试剂和样品的变质是化学分析中产生误差的重要原因之一。上述各类型待称物质及同一试样连称几份的情况易采用减量法称量。

减量法称量方法是首先称取装有试样的称量瓶的重量，再称取倒出部分试样后称量瓶的重量，二者之差既是试样的重量。如再倒出一份试样，可连续称出第二份试样的重量。称量方法如下：

在称量瓶中装入一定量的固体试样，例如要求称2份0.400 0～0.600 0 g试样，取约1.200 0 g左右试样装入瓶中，盖好瓶盖，将称量瓶放在天平盘上，称出其重量，然后取出称量瓶置于容器（一般为烧杯或锥形瓶）上方，使称量瓶倾斜，打开瓶盖，用夹盖轻敲瓶中上缘，渐渐倾出样品，估计已够0.400 0 g时，在一面轻轻敲击的情况下，慢慢竖起称量瓶，使瓶口不留一点试样，轻轻盖好瓶盖（这一切都要在容器上方进行，防止试样丢失），放回天平盘上，读数记录差减值。如一次减掉不够0.400 0 g，应再倒一次，但次数不能太多，如倒出试样超过要求值，不可借助药勺取回，只能弃去重称。按上法称取下份试样。

3）直接称量法。对某些在空气中没有吸湿性的试样或试剂，可以用直接称量法称样。本方法类似于指定质量称量法，即用药勺取试样放在已去皮重的清洁而干燥的表面皿或硫酸纸等容器上，一次称取一定量的试样，所得读数即为试样质量，转移试样时必须全部转至容器中，不得在称量容器上遗留。

3．标准溶液配制步骤

（1）直接配制法配制标准溶液步骤

1）计算。计算配制所需固体溶质的质量。

2）称量。用分析天平准确称量固体质量。

3）溶解。在烧杯中溶解或稀释溶质，恢复至室温（如不能完全溶解可适当加热）。检查容量瓶是否漏水。

4）定量转移。将烧杯内冷却后的溶液沿玻璃棒小心转入一定体积的容量瓶中。用蒸馏水洗涤烧杯和玻璃棒2～3次，并将洗涤液转入容量瓶中，平摇，使溶液混合均匀。

5）定容。向容量瓶中加水至刻度线以下1～2 cm处时，改用胶头滴管加水，使溶液凹面恰好与刻度线相切。

6）摇匀。盖好瓶塞，用食指顶住瓶塞，另一只手的手指托住瓶底，反复上下颠倒15～20次，使溶液混合均匀。

7）最后将配制好的溶液倒入试剂瓶中，贴好标签（名称、浓度、时间等）。

（2）间接配制法配制标准溶液步骤

1）计算。计算配制所需固体溶质的质量或液体浓溶液的体积。

2）称量。用托盘天平称量固体质量或用量筒量取液体体积。

3）溶解。在烧杯中溶解或稀释溶质，恢复至室温（如不能完全溶解可适当加热）。

4）稀释。加入去离子水或蒸馏水至所需体积，搅拌均匀。

5）最后将配制好的溶液倒入试剂瓶中，贴好标签。

间接配制法配制的标准溶液浓度为近似浓度，使用前需用基准物质标定其浓度。

4. 标准溶液的标定

（1）基准物质标定法

1）多次称量法。精密称取若干份同样的基准物质，分别溶于适量水中，用待标定的标准溶液滴定。根据基准物质的质量和待标定标准溶液所消耗的体积，即可计算出该溶液的准确浓度，取平均值作为该标准溶液的浓度。

2）移液管法。称取较大的一份基准物质，溶解后，定量转移到容量瓶中，定容、摇匀。用移液管移取若干份该溶液，用待标定的标准溶液滴定，计算后取平均值。

（2）比较标定法。准确吸取一定体积的待标定标准溶液，用某已知准确浓度的标准溶液滴定，或准确吸取一定体积的某已知准确浓度的标准溶液，用待标定标准溶液滴定，根据两种溶液消耗的体积及已知准确浓度的标准溶液浓度，可计算出待标定标准溶液的准确浓度。

5. 标准溶液的保存

（1）碱溶液应储存于聚乙烯容器内，其余溶液应储存于玻璃容器内，氧化还原及易感光的溶液，应储存在棕色瓶内。有挥发性的溶液如碘及非水介质的溶液应密闭储存。

（2）标准溶液配制完毕，应在储存容器瓶身上贴好标签，写明标准溶液的名称、浓度、配制日期、配制人员等信息。

（3）标准溶液均应存放在干燥冷暗处，防止日光直射。标准溶液使用前应充分摇匀。

学习单元2 可见分光光度计

学习目标

1. 了解可见分光光度计的结构
2. 掌握光的吸收定律——琅伯－比尔定律
3. 能够熟练使用可见分光光度计

知识要求

一、可见分光光度计的工作原理和常见型号

1. 可见分光光度计的工作原理

（1）光的吸收定律——朗伯－比尔定律。可见分光光度计的工作原理是基于朗伯－比

尔定律。朗伯－比尔定律认为：当一束平行的单色光通过某一均匀的有色溶液时，溶液的吸光度与溶液的浓度和光程的乘积成正比。它是光度分析中定量分析的最基础、最根本的依据。

公式如下：

$$A = \lg I_0/I = KbC$$

式中 A——吸光度；

I_0——入射光强度；

I——透射光强度；

C——溶液的浓度，mol/L 或 g/L；

b——液层厚度（即光程），cm；

K——比例常数。

（2）可见分光光度计的结构。目前分光光度计虽然种类和型号繁多，但基本上均由五大部分组成，即光源、单色光器、吸收池、检测系统、显示器。

1）光源。在可见光区测量时通常使用 12 V/25 W 低压钨丝灯作为光源，其发射波段为 360～800 nm。由于钨丝灯光源强度分布受电源电压变化的影响较大，所以需要使用稳压器提供稳定的电源电压，以保证光源输出的稳定性。

2）单色光器。将光源发出的连续光谱分解为单色光的装置称为单色光器。单色光器主要是由棱镜或光栅等色散元件及狭缝和透镜等组成。经过器件截取某一狭窄波段的光，即比较纯单色光。

3）吸收池。吸收池亦称比色皿。它是由无色透明的光学玻璃或石英制成，用来盛放被测溶液。可见光分光光度法使用玻璃制的吸收池，紫外区分光光度法则需使用石英制的吸收池。比色皿的规格有 0.5 cm、1.0 cm、2.0 cm、3.0 cm 等，使用时应注意以下几点：

①拿比色皿时，用手捏住比色皿的毛面，切勿触及透光面，以免透光面被沾污或磨损。

②被测液用量以比色皿的约 3/4 高度为宜。

③为使比色皿中测定溶液与原溶液的浓度保持一致，需要先用该溶液清洗比色皿内壁 2～3 次。在测定一系列溶液的吸光度时，应从稀到浓的顺序进行比色，减小误差。

④比色皿外壁的液体用擦镜纸或细而软的吸水纸吸干，以保护透光面。

⑤清洗比色皿时，一般用水冲洗。如果比色皿被有机物沾污，宜用盐酸－乙醇混合液浸泡片刻，再用水冲洗。不能用碱液或强氧化性洗涤液清洗，也不能用毛刷刷洗，以免损伤比色皿。

4）检测系统。检测系统是利用光电转换元件将光强度转换成光电流进行测量，因此要求光电转换元件对测定波长范围内的光有快速、灵敏的响应，而且最重要的是产生的光电流应与照射于检测器上的光强度成正比。常用的光电转换元件有光电管和光电倍增管。

5）显示器。普通光度计的指示器是一个较灵敏的检流计，显示透光率 T 和吸光度 A。中高档的分光光度计采用记录仪、数字显示器或电传打字机记录吸光度值。

2. 常见型号简介

可见分光光度计常见的有721系列、722系列和723系列。

721系列可见分光光度计是棱镜做分光元件，波长范围小，波长精度较低，微安表读数的最普通的实验室光谱分析仪器；722系列可见分光光度计采用光栅做分光元件，波长精度较高，数码读数，属中档型；723系列可见光分光光度计采用光栅做分光元件，波长精度高、CPU处理数据、自动打印，属高档型。

一般分析实验用721系列，图9—2所示为721N型分光光度计的外形。

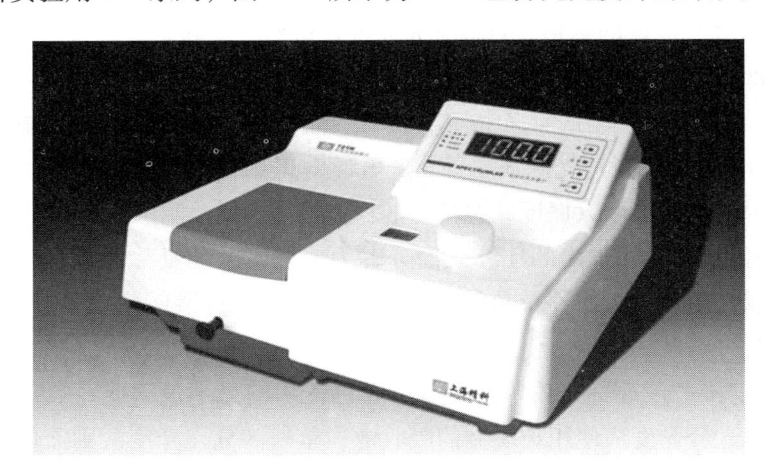

图9—2　721N型分光光度计

二、可见分光光度计的使用与维护

1. 可见分光光度计的使用步骤

以721N型分光光度计为例，使用步骤：

（1）打开暗盒盖和电源开关，指示灯亮，仪器预热20 min。

（2）调节波长至所需波长。

（3）取一对比色皿分别盛装用来调节透光率“T”为零的参比溶液（一般用蒸馏水或空白溶液）和待测溶液，置入检测室。让装有参比溶液的比色皿对准光路。

（4）打开检测室盖子，调节透光率“T”为零。

（5）合下检测室盖，光路对准蒸馏水，调节透光率“T”为“100%”，须反复（4）（5）两点操作，使仪器达到稳定。

（6）拉杆拉出一格，使待测溶液置于光路读取 A 值，记录实验数据。

（7）打开检测室盖，取出比色皿，倒去溶液，用蒸馏水将比色皿冲洗干净，倒置于表面皿（铺有滤纸）中。

2. 可见分光光度计的日常维护

可见分光光度计使用时注意事项：

（1）合上检测室盖连续工作的时间不宜过长，以防光电管疲乏。每次读完比色架内的一组读数后，立即打开检测室盖。

（2）仪器连续使用不应超过 2 h，必要时间歇 0.5 h 再用。

（3）仪器放有干燥剂的地方应保持干燥，要经常检查，发现硅胶变色应及时更换或烘干后再用。

（4）仪器长期工作或搬动后，要检查波长精度等，以保证测定结果的精确。

学习单元 3　实验误差分析与数据处理

学习目标

1. 熟悉滴定分析常用的基准物质
2. 熟悉四倍法和 Q 检验法进行可疑值的取舍判断
3. 掌握误差的分类方法及准确度和精密度的概念
4. 掌握计算相对误差和相对平均偏差的方法
5. 掌握进行有效数字的运算方法

知识要求

一、实验误差分析

1. 测量值与误差

定量分析的目的是通过一系列的分析步骤，来获得被测组分的准确含量。但在实际测量过程中，即使采用最可靠的分析方法，使用最精密的仪器，由技术最熟练的分析人员测定也不可能得到绝对准确的结果。由同一个人，在同样条件下对同一个试样进行多次测定，所得结果也不尽相同。这说明，在分析测定过程中误差是客观存在的。所以，我们要了解分析过程中误差产生的原因及出现的规律，以便采取相应措施减小误差，并进行科学的归纳、取舍、处理，使测定结果尽量接近客观真实值。

2. 误差的分类

在定量分析中，由各种原因造成的误差，按照性质可分为系统误差、偶然误差和过失误差三类。

（1）系统误差。系统误差又称可测误差。由于实验方法、所用仪器、试剂、实验条件的控制以及实验者本身的一些主观因素造成的误差称系统误差。

它的突出特点是单向性、重现性和可测性。单向性是它对分析结果的影响比较固定，可使测定结果系统偏高或偏低；重现性是当重复测定时，它会重复出现；可测性是一般来说产生系统误差的具体原因都是可以找到的，设法加以测定，从而消除它对测定结果的影响，所以系统误差又叫可测误差。

系统误差产生的原因有多种：

1）方法误差。由于测定方法本身的某些不足引起的，如滴定分析中所选用的指示剂的变色点和化学计量点不相符，分析中干扰离子的影响未消除，重量分析中沉淀的溶解损失而产生的误差等。

2）仪器误差。仪器不够准确或未经校准所引起的误差，如天平两臂不等，砝码未校正，滴定管、容量瓶未校正等。

3）试剂误差。所用试剂或蒸馏水含有微量杂质或干扰物质所引起的误差，如去离子水不合格，试剂纯度不够（含待测组份或干扰离子）等。

4）主观误差（操作误差）。在正常操作情况下，由于操作人员主观因素造成的误差，如终点颜色的判断，有人偏深，有人偏浅。

（2）偶然误差。偶然误差又称随机误差或未定误差。它是由一些偶然的原因造成的，如测量时环境温度、气压的微小变化，都能造成误差。这类误差的性质是来源于随机因素，因此，误差数值不定，且方向也不固定，有时为正误差，有时为负误差。从表面看，这类误差没有什么规律，但经过大量实验可以发现，偶然误差的分布也有一定规律性（正态分布）（见图9—3）。

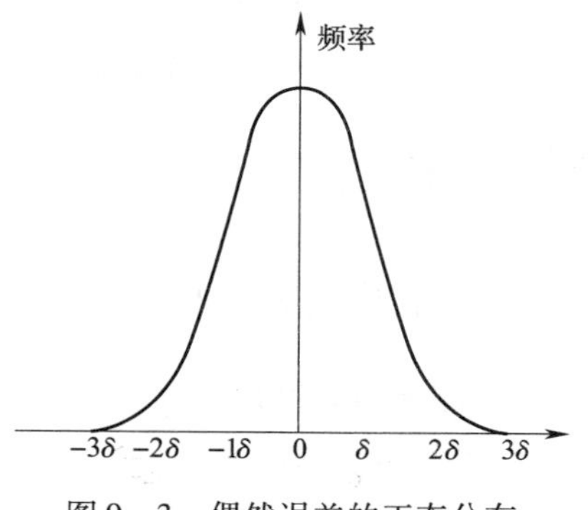

图9—3　偶然误差的正态分布

1）大小相近的正误差和负误差出现的概率相等，

即绝对值相近（或相等）而符号相反的误差以同等的概率出现。

2）小误差出现的频率高，而大误差出现的频率较低，很大误差出现的概率近乎于零或极少，即偶然误差的规律符合正态分布。在消除系统误差的情况下，增加测定次数，取其平均值，可减少偶然误差。

（3）过失误差。这是由于实验工作者粗枝大叶，不按操作规程办事，过度疲劳或情绪不好等原因造成的，如读错刻度，看错砝码，加错试剂，记录、计算出错，操作中溶液溅失等。只要我们认真仔细，过失误差是完全可以避免的，在实验中过失误差是不允许存在的，得到的数据应舍弃。

3. 误差分析

（1）准确度与误差。准确度表示测定值与真实值接近的程度，差值越小，表示误差越小，即准确度越高。准确度常用误差来表示，它分为绝对误差和相对误差两种。

$$绝对误差：E = x - \mu$$

$$相对误差：RE = \frac{x - \mu}{\mu} \times 100\%$$

式中　x——测定值；

　　μ——真实值。

绝对误差表示测定值与真实值之间的差，具有与测定值相同的量纲；相对误差表示绝对误差与真实值之比，一般用百分率或千分率表示，无量纲。绝对误差和相对误差都有正值和负值，正值表示测定结果偏高，负值则反之。

（2）精密度与偏差。精密度表示各次测定结果相互接近的程度，精密度表达了测定数据的再现性，偏差越小，说明分析结果的精密度越高，精密度常用偏差来表示，分为绝对偏差、相对平均偏差和标准偏差等。

$$绝对偏差：d_i = x_i - \bar{x}$$

$$平均偏差：\bar{d} = \frac{1}{n}\sum_{i=1}^{n}|x_i - \bar{x}|$$

$$相对平均偏差：R\bar{d} = \frac{\bar{d}}{\bar{x}} \times 100\%$$

$$\bar{x} = \frac{1}{n}\sum_{i=1}^{n}x_i$$

式中　$\bar{x}$——测定值的算术平均值。

当一批测定所得的数据分散程度较大时，仅从其平均偏差还不能看出其精密度的好坏，需采用标准偏差来衡量其精密度。

标准偏差又称为均方根偏差，当测定次数不多时（$n < 20$），标准偏差可用下式计算：

$$S=\sqrt{\frac{\sum_{i=1}^{n}(x_i-\bar{x})^2}{n-1}}$$

例如，有甲、乙两组测定数据，各组十次测定的偏差（d_i）分别为：

甲组：+0.1、+0.4、0.0、−0.3、+0.2、−0.3、+0.2、−0.4、+0.3、+0.2 则

$\bar{d}_{甲}=0.24$

乙组：−0.1、−0.2、+0.9*、0.0、+0.1、0.0、+0.1、−0.7*、−0.2、+0.1 则

$\bar{d}_{乙}=0.24$

两组数据平均偏差相同，但明显可以看出，乙组数据较为分散，因为其中有两个较大偏差。所以，用平均偏差反映不出这两组数据的精密程度。但是，如果用标准偏差来表示时，情况就很清楚了。他们的标准偏差分别为：

$$S_{甲}=\sqrt{\frac{0.1^2+0.4^2+0^2+0.3^2+0.2^2+0.3^2+0.2^2+0.4^2+0.3^2+0.2^2}{10-1}}=0.28$$

$$S_{乙}=\sqrt{\frac{0.1^2+0.2^2+0.9^2+0.0^2+0.1^2+0.0^2+0.1^2+0.7^2+0.2^2+0.1^2}{10-1}}=0.40$$

可见，甲组数据的精密度较好。

一般化学分析中，数据不多时，通常采用计算简便的平均偏差来表示测定结果的精密度。但在精密度要求较高的情况下，用标准偏差表示精密度更为可靠。

二、数据处理

1. 有效数字及运算

所谓有效数字，是指在分析工作中实际能够测量到的数字，包括准确数字和最后一位可疑数字。

（1）有效数字的位数。一般有效数字位数是指从左边第一个非零的数字算起的位数。

要特别注意的是，对数的有效数字的位数仅取决于小数部分（尾数）数字的位数，其整数部分（首数）为10的幂数，不是有效数字。

（2）有效数字的修约。有效数字计算时遵循“先修约，再计算”的原则。修约时根据“四舍六入五留双”的原则弃去多余的数字，数字修约有如下规定：

1）在拟舍弃的数字中，当第一个数字≤4时，则弃去；当第一个数字≥6时，则进位。

2）在拟舍弃的数字中，若第一个数字为5时，其后边的数字并非全部为零时，则进一。

3）在拟舍弃的数字中，若第一个数字为5时，其后边的数字全部为0时，5前面的数字若为奇数则进一，若为偶数（包括“0”），则不进。

4）在所拟舍弃的数字中，若为两位以上的数字时，不得连续进行多次修约。

2. 有效数字运算基本规则

（1）记录测定结果时，只保留一位可疑数字。

（2）加减法运算。几个数值相加或相减时，和或差的有效数字保留位数，以小数点后位数最少的数字为准。

（3）乘除法运算。几个数字相乘或相除时，积或商的有效数字的保留位数，以有效数字位数最少的数值为准。

（4）若某一数据中第一位有效数字大于或等于8，则有效数字的位数可多算一位，如8.15可视为四位有效数字。

（5）在分析计算中，倍数、分数等数字，不考虑其有效数字位数，计算结果的有效数字的位数由其他测量数据来决定。

（6）在计算过程中，为了提高计算结果的可靠性，可以暂时多保留一位有效数字的位数，得到最后结果，在修约时弃去多余的数字。

（7）在分析化学计算中，对于各种误差的计算，一般取一位有效数字，最多取两位。对于pH值的计算，通常只取一位或两位有效数字即可。

3. 可疑值的取舍

在一系列平行测定所得的数据中，常常会发现个别数据对多数数据来说偏离较大，若将这样的数据纳入计算过程中，就会影响结果的准确性，把这样的偏离值叫可疑值。例如在分析某含氯试样时，平行测定了四次，结果分别为：30.22%、30.34%、30.42%、30.38%。显然，第一个数据，就是一个可疑值。对可疑值，除发现确实是由于实验中的错误而造成的以外，决不可主观的决定舍弃，一定要根据随机误差分布规律决定取舍，常用的方法有：

（1）四倍法。适合于测定次数3~10时的检验，其步骤如下：

1）除去可疑值外，求出其余数据的算术平均值（$\bar{x}$）及平均偏差（$\bar{d}$）。

2）如可疑值与平均值绝对值之差大于或等于平均偏差四倍时，即$|可疑值-\bar{x}| \geq 4 \cdot \bar{d}$，则弃去可疑值，否则应给予保留。

例如在分析某含氯试样时，平行测定了四次，结果分别为：30.22%、30.34%、30.42%、30.38%。从数值上看30.22%是可疑值，用四倍法检验能否弃去？

解：除去30.22外，求其他三数的算术平均值（$\bar{x}$）

$$\bar{x}=\frac{30.34+30.38+30.42}{3}=30.38$$

求平均偏差（$\bar{d}$）

$$\bar{d}=\frac{|30.34-30.38|+|30.38-30.38|+|30.42-30.38|}{3}=0.03$$

比较
$$|\text{可疑值}-\bar{x}|=|30.22-30.38|=0.16$$
$$4.\bar{d}=4\times0.03=0.12$$
$$|\text{可疑值}-\bar{x}|\geqslant4\cdot\bar{d}$$

显然，此值可舍弃。

（2）Q 检验法。适合于测定次数 3～10 时的检验，其步骤如下：

1）将所得的数据按递增顺序排列 x_1，x_2，. . . ，x_n。

2）计算统计量

若 x_1 为可疑值
$$Q_{\text{计}}=\frac{x_2-x_1}{x_n-x_1}$$

若 x_n 为可疑值，则
$$Q_{\text{计}}=\frac{x_n-x_{n-1}}{x_n-x_1}$$

式中分子为可疑值与相邻的一个数值的差值，分母为整组数据的极差，Q 越大，说明 x_1 或 x_n 离群越远，到一定界限时应舍去，Q 称为“舍弃商”，统计学家已计算出不同置信度的 Q 值，通常取置信度 90%（见表 9—2）。

表 9—2　　舍弃商 Q 值（置信度 90%）表

测定次数 n	3	4	5	6	7	8	9	10
$Q_{0.90}$	0.94	0.76	0.64	0.56	0.51	0.47	0.44	0.41

选定置信度 P，由相应的 n 查出 $Q_{\text{表}}$，若 $Q_{\text{计}}>Q_{\text{表}}$ 时，可疑值应弃去，否则应予保留。

例：用碳酸钠标定盐酸浓度，平行测定四次，结果是（mol/L）：0.101 2、0.101 9、0.101 6、0.101 4。试用 Q 检验法确定 0.101 9 是否应该舍弃。

解：将所得的数据按递增顺序排列 0.101 2、0.101 4、0.101 6、0.101 9

$$Q_{\text{计}}=\frac{0.1019-0.1016}{0.1019-0.1012}=0.43$$

当 $n=4$ 时，$Q_{0.90}=0.76$，Q 计 $<Q_{0.90}$，所以 0.101 9 不应当舍弃。

第2节　常规水质指标的测定

1. 了解氨氮的测定原理、水样保存和预处理方法
2. 熟悉悬浮性固体（SS）的测定方法
3. 掌握悬浮性固体（SS）、溶解氧（DO）、化学需氧量（COD）、氨氮（NH_3-N）和污泥浓度的概念
4. 掌握溶解氧（DO）采样、测定的注意事项
5. 掌握化学需氧量（COD）测定的注意事项
6. 能够用碘量法测定水中的溶解氧（DO）
7. 能够用滴定法测定化学需氧量（COD）
8. 能够用纳氏比色法测定氨氮（NH_3-N）
9. 能够进行污泥浓度的测定

知识要求

根据职业标准的要求，本节仅对常用分析指标中SS、DO、COD、NH_3-N和污泥浓度五项指标进行讲解，其他水质分析指标检测方法，请参考国家相关项目检测标准。

一、悬浮性固体的测定

水质中的悬浮性固体简称SS。它是指水样通过孔径为0.45 μm的滤膜，截留在滤膜上并于103～105℃烘干至恒重的物质。SS的测定采用重量分析法。重量分析法是根据称量确定被测组分含量的分析方法。重量分析中的测定数据是直接由分析天平称得的，误差较小，准确度较高。

1. 取样要求和水样保存

采集水样所用聚乙烯瓶或硬质玻璃瓶要用洗涤剂洗净，再依次用自来水和蒸馏水冲洗干净，在采样之前，再用即将采集的水样清洗三次，然后，采集具有代表性的水样500～1 000 mL，盖严瓶塞。

注意，漂浮或浸没不均匀的固体物质不属于悬浮物质，应从水样中除去。

采集的水样应尽快分析测定。如需放置，应储存在4℃冷藏箱中，但最长不得超过7天。

不能加入任何保护剂，以防破坏物质在固、液间的分配平衡。

2. 实验准备（滤膜恒重）

测定时，过滤后的悬浮物应与滤膜一起进行称量，所以必须首先确定滤膜本身的准确质量，然后将过滤后含悬浮物的滤膜的总质量减去滤膜本身的质量即为悬浮物的质量。

因为滤膜暴露在空气中，受空气湿度的影响，会吸收空气中的水分而使其质量发生微小变化，因此，在使用前必须使滤膜达到恒重。恒重是重量分析法中非常重要的一个概念，分析中的很多测定数据必须是恒重后的测定数据。下面介绍滤纸的恒重方法。

用扁嘴无齿镊子夹取孔径为0.45 μm滤膜放于事先恒重的称量瓶里，移入烘箱内于103～105℃烘干0.5 h，取出放于干燥器内冷却至室温，在分析天平上称重。然后反复烘干、冷却、称量，直到两次称量之差不超过0.2 mg，即为恒重，记为m_1。

3. 测定步骤

量取充分混合均匀的试样100 mL抽吸过滤，使水分全部通过滤膜，再以每次10 mL蒸馏水连续洗涤3次，继续吸滤以除去痕量水分。停止吸滤后，仔细取出载有悬浮物的滤膜放在已恒重的称量瓶里，移入烘箱内于103～105℃烘干1 h，取出放于干燥器内冷却至室温，在分析天平上称重。然后反复烘干、冷却、称量，直到两次称量之差不超过0.4 mg为止，记为m_2。

4. 计算

悬浮物含量C（mg/L）按下式计算：

$$C=\frac{(m_2-m_1)\times 10^6}{V}$$

式中　C——水中悬污物含量，mg/L；

m_1——滤膜+称量瓶质量，g；

m_2——悬浮物+滤膜+称量瓶质量，g；

V——试样体积，mL。

二、溶解氧的测定（碘量法）

溶解氧是指溶解于水中的分子状态的氧，以每升水中含氧（O_2）的毫克数表示。水中溶解氧的含量与大气压力、空气中氧的分压及水的温度有密切的关系。在1.013×10^5 Pa的大气压力下，空气中含氧气20.9%时，氧在不同温度的淡水中的溶解度也不同。温度越高，溶解氧越低；压力越大，溶解氧越大。

这里主要介绍应用间接碘量法的基本原理测定溶解氧的方法。

1. 取样要求和水样保存

（1）采样。用碘量法测定水中溶解氧，水样常采集到溶解氧瓶（见图 9—4）中。采集水样时注意不使水样曝气或有气泡残存在采样瓶中。可用水样冲洗溶解氧瓶后，沿瓶壁直接倾注水样或用虹吸法将吸管插入溶解氧瓶底部，注入水样至溢流出瓶容积的 1/3 ~ 1/2。

如采集的是自来水，先用水样冲洗溶解氧瓶后，再将水阀上连着的橡皮管深入溶解氧瓶底，任水沿瓶壁注满，溢出数分钟后加塞盖紧，不留气泡。

图 9—4　溶解氧瓶

（2）溶解氧的固定。在采样现场取下瓶盖，用刻度吸管吸取 1 mL 硫酸锰溶液，加入装有水样的溶解氧瓶中，加注时，应将吸管插入液面下。按上法，加入 2 mL 碱性碘化钾溶液，盖紧瓶塞，将样瓶颠倒混合数次，静置。待棕色沉淀降至瓶内一半时，再颠倒混合一次，待沉淀物下降至瓶底。将固定后的溶解氧水样带回实验室。

2. 测定原理

水样中加入硫酸锰和碱性碘化钾，水中溶解氧将低价锰氧化成高价锰，生成 $MnO(OH)_2$ 棕色沉淀。

$$2MnSO_4 + 4NaOH = 2Mn(OH)_2\downarrow \text{（肉色）} + 2Na_2SO_4$$

$$2Mn(OH)_2 + O_2 = 2MnO(OH)_2\downarrow$$

加酸后沉淀溶解，与碘离子反应释出与溶解氧量相当的游离碘，溶解氧越多，析出的碘也越多，溶液的颜色也就越深。

$$2KI + 2H_2SO_4 + MnO(OH)_2 = K_2SO_4 + MnSO_4 + I_2 + 3H_2O$$

$$I_2 + 2Na_2S_2O_3 = 2NaI + Na_2S_4O_6$$

用移液管取一定量反应完毕的水样，以淀粉做指示剂，用标准溶液硫代硫酸钠滴定析出的碘，计算出水样中溶解氧的含量。

3. 测定步骤

（1）酸化析出碘。将现场加入固定剂的溶解氧瓶轻轻打开瓶塞，立即用吸管插入液面下加入2.0 mL浓硫酸，小心盖紧瓶塞，颠倒混合，直至沉淀物全部溶解为止，放置暗处5 min。

（2）滴定溶解氧。用移液管吸取100.0 mL上述溶液于250 mL锥形瓶中，用标准硫代硫酸钠溶液滴定至溶液呈淡黄色，加入1 mL淀粉溶液（此时溶液变蓝色），继续滴定至蓝色刚刚退去，记录硫代硫酸钠溶液用量。按上述方法平行测定两次。

4. 计算

$$C_{O_2}=\frac{CV\times 8\times 1\ 000}{100}$$

式中 C_{O_2}——水中溶解氧的浓度，mg/L；

C——硫代硫酸钠标准溶液浓度，mol/L；

V——硫代硫酸钠标准溶液用量，mL。

三、化学需氧量（COD）的测定

化学需氧量（COD）是在一定的条件下，经重铬酸钾氧化处理时，水样中的溶解性物质和悬浮物所消耗的重铬酸钾相对应的氧的质量浓度。它是表示水中还原性物质多少的一个指标。水中的还原性物质有各种有机物、亚硝酸盐、硫化物、亚铁盐等，但主要的是有机物。因此，化学需氧量（COD）往往作为衡量水中有机物质含量多少的指标。化学需氧量越大，说明水体受有机物的污染越严重。

化学需氧量（COD）的测定，我国检测标准规定用重铬酸钾氧化法。

1. 测定原理

在水样中加入已知一定量的重铬酸钾溶液，在强酸性介质下以硫酸银作为催化剂，加热回流一定时间，部分重铬酸钾被水样中还原性物质还原，用硫酸亚铁铵滴定剩余的重铬酸钾，根据消耗重铬酸钾的量换算成消耗氧的质量浓度，计算COD的值。

重铬酸酸性钾氧化性很强，可氧化大部分有机物，但芳烃及吡啶难以被氧化，其氧化率较低。在硫酸银催化作用下，直链脂肪族化合物可有效地被氧化。Cl^-能被重铬酸盐氧化，并能与硫酸银产生沉淀，影响测定结果，故在回流前向水样中加入硫酸汞，以消除干扰。

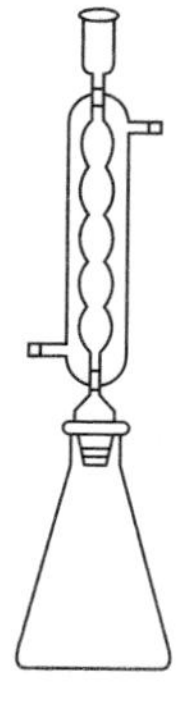

图9—5 全玻璃回流装置

2. 实验准备

（1）器具。250 mL全玻璃回流装置（见图9—5）、加热装置

（电炉）、5 mL 或 50 mL 酸式滴定管、锥形瓶、移液管和容量瓶等。

（2）试剂。重铬酸钾标准溶液（$C_{1/6K_2Cr_2O_7}=0.2500\ mol/L$）、试亚铁灵指示液、硫酸亚铁铵标准溶液（$C_{(NH_4)_2Fe(SO_4)_2 \cdot 6H_2O} \approx 0.1\ mol/L$）、硫酸－硫酸银溶液、硫酸汞。

3. 测定步骤（见图 9—6）

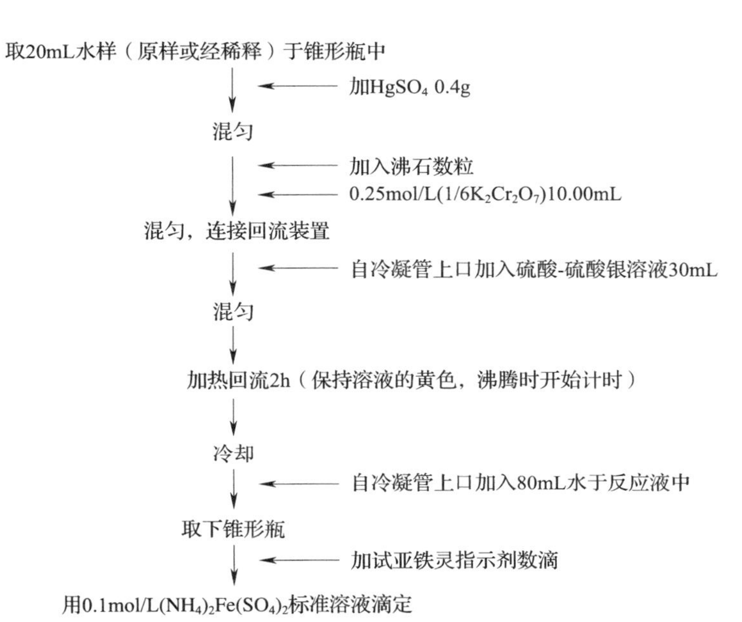

图 9—6　COD 测定步骤示意图

终点由蓝绿色变成红棕色，同时做空白实验，用 20 mL 蒸馏水代替水样按照上述步骤测定，记录（$(NH_4)_2Fe(SO_4)_2$）标准溶液滴定所用体积。

4. 计算

$$COD（O_2，mg/L）=\frac{(V_0-V_1)\cdot C\times 8\times 1\,000}{V}$$

式中　V_0——滴定空白时消耗硫酸亚铁铵标准溶液体积，mL；

V_1——滴定水样消耗硫酸亚铁铵标准溶液体积，mL；

V——回流时所取水样体积，mL；

C——硫酸亚铁铵溶液浓度，mol/L。

氧（1/2O）的摩尔质量为 8 g/mol。

四、氨氮的测定

水中的氨氮是指以游离氨（NH_3）和离子铵（NH_4^+）形式存在的氨，两者的组成比决定于水的 pH 值。氨氮主要来源于石油化工厂、畜牧场及它的废水处理厂、食品厂、化肥厂、生活污水处理厂及炼焦厂等排放废水，粪便是生活污水中氮的主要来源。

氨氮的测定方法，通常有纳氏试剂分光光度法、苯酚－次氯酸盐（或水杨酸－次氯酸盐）分光光度法和电极法等。纳氏试剂分光光度法具有操作简便、灵敏等特点，但水中钙、镁、铁等金属离子、硫化物、醛酮类颜色以及浊度等均干扰测定，需做相应的预处理。水杨酸－次氯酸盐分光光度法具有灵敏、稳定等优点，干扰情况和消除方法同纳氏试剂比色法。电极法通常不需要对水样进行预处理，但电极的寿命和再现性尚存在一些问题。

这里介绍纳氏试剂分光光度法。

1. 取样要求和水样保存

水样的采集在聚乙烯瓶或玻璃瓶内，应尽快分析，必要时可加硫酸将水样酸化至 pH 值 <2，于 2～5℃下存放。酸化样品应注意防止因吸收空气中的氨而被沾污。

2. 测定原理

碘化汞和碘化钾的碱性溶液与氨反应生成黄棕色胶态化合物，此颜色在较宽的波长范围内吸收强烈，通常测量波长在 410～425 nm 范围。

3. 干扰及消除

水样带色或混浊以及含其他一些干扰物质，影响氨氮的测定，为此，在分析时需做适当的预处理。对较清洁的水，可采用絮凝沉淀法；对污染严重的水或工业废水，则用蒸馏法消除干扰。

（1）絮凝沉淀法。加适量的硫酸锌于水样中，并加氢氧化钠使其呈碱性，生成氢氧化锌沉淀，再经过滤除去颜色、浑浊等。

操作步骤如下：取 100 mL 水样于 100 mL 具塞量筒或比色管中，加入 1 mL10% 硫酸锌溶液和 0.1～0.2 mL25% 氢氧化钠溶液，调节 pH 值至 10.5 左右，混匀。静置沉淀，用经无氨水充分洗涤过的中速滤纸过滤，弃去初滤液 20 mL。

（2）蒸馏法。调节水样的 pH 值在 6.0～7.4 之间，加入适量氧化镁使其呈微碱性，蒸馏释放出的氨被吸收于硼酸溶液中。

操作步骤如下：

1）蒸馏装置的预处理（见图 9—7）。加入 250 mL 水样于凯氏烧瓶中，加入 0.25 g 轻质氧化镁和数粒玻璃珠，加热蒸馏至溜出液不含氨为止，弃去瓶内残液。

2）分取 250 mL 水样（如氨氮含量较高，可分取适量并加水至 250 mL，使氨氮含量不超过2.5mg），移入凯氏烧瓶中，加数滴溴百里酚蓝指示液，用氢氧化钠溶液或盐酸溶液调节 pH 值至 7 左右，加入 0.25 g 轻质氧化镁和数粒玻璃珠，立即连接氮球和冷凝管，导管下端插入吸收液液面下，加热蒸馏，至溜出液达 200 mL 时，停止蒸馏，定容至 250 mL。

4. 测定步骤

（1）校准曲线绘制

1）吸取 0 mL、0.50 mL、1.00 mL、3.00 mL、5.00 mL、7.00 mL 和 10.00 mL 铵标准液于 50 mL 比色管中，加水至标线，加 1.0 mL 酒石酸钾钠溶液，混匀，加 1.5 mL 纳氏试剂，放置 10 min 后在波长 420 nm 处，用光程 20 mm 的比色皿，以水为参比，测量吸光度。

2）测得的吸光度，减去零浓度空白的吸光度后，得到校正吸光度，绘制以氨氮含量（mg）对校正吸光度的校准曲线。

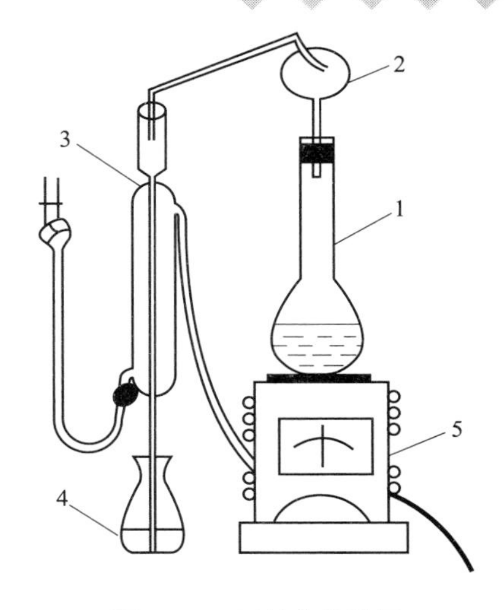

图 9—7　氨氮蒸馏装置

1—凯氏烧瓶　2—定氮球　3—直形冷凝管　4—收集瓶　5—电炉

（2）水样的测定

1）分取适量经絮凝沉淀预处理后的水样（使氨氮含量不超过 0.1 mg），加入 50 mL 比色管中，稀释至标线，加 1.0 mL 酒石酸钾钠溶液。以下同校准曲线绘制。

2）分取适量经蒸馏预处理后的蒸馏液，加入 50 mL 比色管中，加一定量 1 mol/L 氢氧化钠溶液以中和硼酸，稀释至标线，加 1.5 mL 纳氏试剂，混匀，放置 10 min 后，同校准曲线步骤测量吸光度。

（3）空白试验。以无氨水代替水样，做全程空白测定。

5. 计算

由水样测得的吸光度减去空白试验的吸光度后，从校准曲线上查得氨氮含量（mg）。

$$氨氮（N，mg/L）=\frac{m}{V}\times 1\ 000$$

式中　m——由校准曲线查得的氨氮量，mg；

V——水样体积，mL。

五、污泥浓度的测定

污泥浓度是指曝气池中污水和活性污泥混合后的混合液悬浮固体数量，单位是 mg/L。

1. 取样要求和水样保存

样品采集在干净的玻璃瓶内，采样之前用待采的水样清洗三次，然后采集具有代表性的水样 100 ~ 200 mL，盖严瓶塞，尽快分析。

2. 实验准备（滤纸准备）

用扁嘴无齿镊子夹取已用蒸馏水充分冲洗（去除溶解性物质）的中速定量滤纸放于事先恒重的称量瓶内，移入烘箱中于 103 ~ 105℃烘干，0.5 h 后取出置于干燥器内冷却至室温，称其重量。反复烘干、冷却、称量，直至两次称量的重量差≤0.2 mg，记为 m_1。将恒重的滤纸放在玻璃漏斗内。

3. 测定步骤

用 100 mL 量筒量取充分混合均匀的试样 100 mL。用准备好的滤纸进行过滤，并用少量蒸馏水冲洗量筒，合并滤液。（为提高过滤速度，应采用真空泵进行抽滤。）将载有污泥的滤纸放在原恒重的称量瓶里，移入烘箱中于 103 ~ 105℃下烘 2 ~ 3 h 后移入干燥器中，使冷却到室温，称其质量。反复烘干、冷却、称量，直至两次称量的质量差≤0.4 mg 为止，记为 m_2。

4. 计算

污泥浓度 MLSS（mg/L）按下式计算：

$$MLSS = \frac{m_2 - m_1}{100} \times 10^6$$

式中 MLSS——污泥浓度，mg/L；

m_1——滤纸 + 称量瓶质量，g；

m_2——污泥 + 滤纸 + 称量瓶质量，g。

100 是试样体积（mL）。

第 3 节　化验室管理基础

学习目标

1. 了解污水厂化验室应具备的条件
2. 熟悉污水厂化验室的日常管理制度和应急管理制度

知识要求

一、污水厂化验室的质量保证体系

污水厂化验室应建立、健全质量保证体系，符合国家计量认证的要求。

1. 人员

现行在编人员要经过培训并通过考核；管理人员要具有实验室管理的相应资质和经验；有相关人员的技术和培训管理档案。

2. 设备

实验室具备各检测项目所需的各类设备仪器，并定期校核或检定。实验室有相应的设备仪器管理程序或制度。

3. 设施和环境

化验室具备满足检测项目所必需的设施和环境条件。实验场所应按规定设置紧急喷淋设施和应急冲淋设备。化验室应配备防火、防盗等安全保护设施。

二、完善日常管理体系

1. 制订记录制度

化验室应制订适合自身具体情况并符合现行质量体系的记录制度。化验室质量记录的编制、填写、更改、识别、收集、索引、存档、维护和清理应按照程序规范进行。

2. 完善记录

化验室应有完善的原始记录、表格、报表管理制度，认真填写检测原始数据，并进行复核及审核。

3. 样品保存

当日的样品要在当日内完成检测（个别项目除外）。应当对样品保存、容器类别、保存方法和保存时间进行规定。

4. 电子储存

对电子储存的记录也应采取有效措施，避免原始信息或数据的丢失或改动。每次检测的记录应包含足够的信息以保证其能够再现。

5. 标签规范

（1）化验监测的各种仪器、设备、标准药品及检测样品应按产品的特性及使用要求固定摆放整齐，应有明显的标签。

（2）样品具有状态标签，在检样品应有的标签内容包括样品编号、采样日期、样品名称、采样地点等，书写格式应规范。

（3）药品和试剂的存放应整洁、合理，标签内容和书写格式符合国家有关规定，标签不得污损。

6. 计量器具管理

（1）化验监测所用的量具应按规定由国家法定计量部门进行检定或者校准。只有合格的或者在准用范围内的仪器设备和校容量器具才可以使用。

（2）必须使用带“CMC”标志的计量器具。进口设备应具有制造商所在国家法定计量器具的标志。严禁使用没有“CMC”标志的计量器具。

7. 安全管理制度

（1）化验室应当有危险化学品申购、储存、领取、使用、销毁等管理制度。重点是要遵守“五双”制度，即双人申购、双人储存、双人领取、双人使用、双人销毁。同时，应制订应急预案，定期演练。

（2）工作完毕后，应对仪器开关、水、电、气源等进行关闭检查，并做记录。平时有监督人员对以上措施进行督察。

本章思考题

1. 基准物质应符合哪些条件？
2. 什么是朗伯-比尔定律？其适用条件是什么？
3. 误差如何分类？准确度和精密度有什么关系？
4. 分光光度计由哪几部分组成？分别有什么作用？
5. 什么是COD？测定时有什么注意事项？
6. 溶解氧的采样和测定要注意哪些问题？
7. 纳氏比色法测定氨氮的水样应如何进行预处理？
8. 什么是“五双制度”？

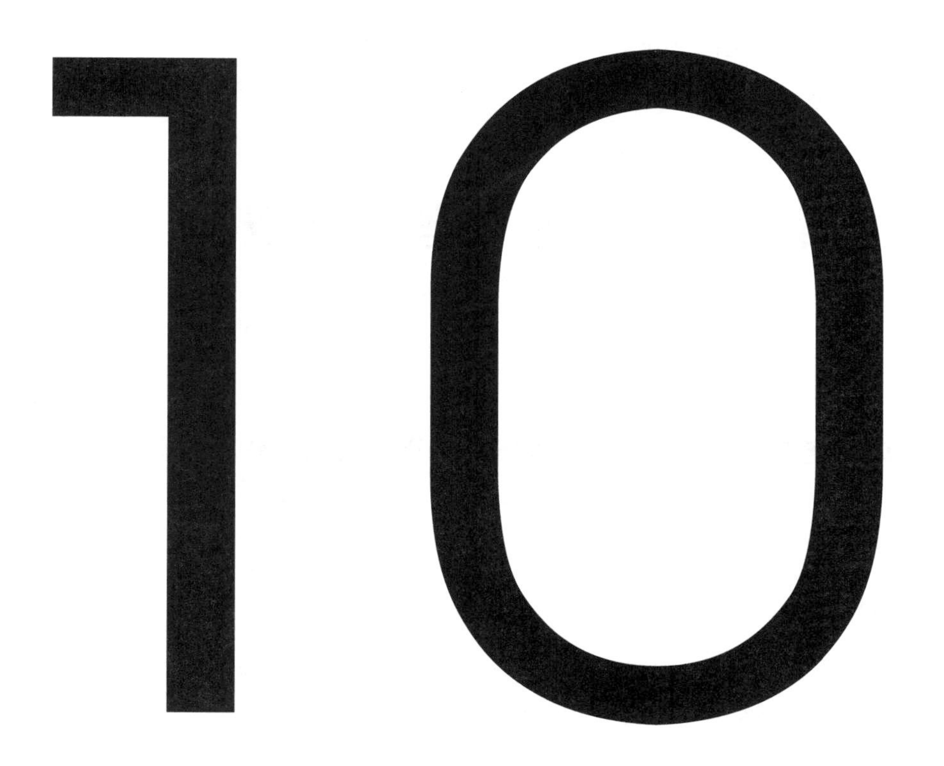

第 10 章

安全生产

学习和遵守安全生产法，掌握安全生产技能是每个废水处理工必备知识和技能，污水处理厂主要安全注意事项有防火、防爆、防毒气、防触电、防溺水、防高空坠落和化验室安全等。安全生产的基础是安全生产制度、岗位安全操作规程。有毒有害气体预防是安全工作的重中之重。

第 1 节　污水处理厂的安全生产

学习单元 1　污水处理厂的安全制度与安全操作规程

学习目标

1. 了解污水处理厂安全操作规程的编制依据、内容及制定步骤
2. 熟悉安全生产法相关知识及污水处理厂安全制度

知识要求

在污水处理厂的生产过程中，会产生一些不安全、不卫生的因素，如不及时采取防护措施，会危害劳动者的安全和健康，导致工伤事故或职业病，妨碍生产的正常进行。

一、安全制度

1. 安全教育制度

（1）根据经营管理的需要，污水厂对全体员工进行经常性的安全教育，方法主要采用上课、观看录像、现场会等形式。

（2）污水厂对新录用的工人必须进行三级安全教育（入厂教育、车间教育和岗位教育），经考试合格后，方准独立操作，并填写教育手册。在采用新技术、新生产方法、新设备或工人调岗时必须进行安全教育。

（3）污水厂建立安全活动日和落实安全生产检查制度，认真填写各种安全管理台账。

（4）对临时用工和来厂实习培训人员也要进行相应的安全教育。结合职工文化生活，开展和进行安全生产宣传活动。

2. 安全检查制度

各生产班组应根据不同情况进行每日巡检制度，发现隐患及时整改，对难以处理的情况应及时上报。企业应将检查情况纳入年终考核，对成绩突出的予以表彰，对发生问题的部门和个人将按有关规定进行处理。

（1）检查内容

1）机械设备、电气设备、供配电设备设施及机电仪表等安全运行情况。

2）设备设施安全卫生标签、设备运行维护维修记录、各班组日常工作记录、工艺及化验记录是否完整。

3）设备设施日常维护是否到位。

4）操作人员的安全意识、管理性制度完善和安全设施增设需求等。

（2）参检人员：分管领导、部门领导、班组长、安全员。

（3）检查时间：定期检查。

（4）检查范围：中控室、化验室、脱水车间、回流泵房、高压配电房、低压配电房、变压器房、鼓风机房、进水泵房、办公室、车间和所有户外设备。

（5）汇总：以上检查结束后，所有参检人员集中汇总检查结果，登记检查中存在的问题，填写安检记录，对违反规章制度及操作规程的行为按照有关规定酌情处罚，并将需要整改的事项及要求通知相关负责人。

（6）反馈：由厂领导按照整改要求及时检查完成情况，对无故拖延时间或不按要求完成整改项目以至影响生产正常进行的行为进行通报批评。

3. 安全学习制度

（1）每周厂长安排各班组学习安全文件、安全规章和注意事项。

（2）每年岗位培训中列入安全培训内容。

（3）新上岗人员首先进行安全培训，培训内容为安全制度、安全注意事项、现有安全设施安全隐患等。

（4）每年至少一次对全厂职工进行一次集中安全学习，如看录像、安全演习等，并进行考试，不合格者不得上岗。

（5）各种安全学习须做好记录，对学习的成效进行适时评估。

（6）各班组或职工须在工作或业余时间加强安全知识学习和积累。

4. 班组长安全生产责任制

（1）贯彻执行上级有关安全生产工作的命令、指示和要求。

（2）指导和督促工人执行各项安全生产规章制度，进行现场检查，纠正违章作业，及时发现和消除各类不安全隐患。

（3）对新职工进行安全教育，督促指导操作人员正确使用各类电动工具，特种作业要按有关规定进行。

（4）组织召开每周安全例会，总结经验，表扬先进，批评违章，认真做好班组记录，并填写班组安全管理台账。

（5）发生事故应保护好现场，积极组织抢救，并按规定程序上报，尽最大力量将损失降到最低点。班组长有权拒绝执行违章指挥。

（6）重点部位如变电室机房、药品室，要建立登记制度，并认真填写。

（7）对不符合进入重点部位的人员要坚决予以制止。

（8）为减小事故损失，废水处理厂要开展必要的应急事故预案演练。

（9）重大人身伤亡事故发生后，要立即抢救，保护现场，按规定期限逐级报告，对事故责任者应根据责任轻重、损失大小、认识态度提出处理意见。

5. 化验室安全管理制度

（1）化验人员进入化验室必须穿戴工作服和劳保用品。上池取样必须注意防滑，取样要规范。

（2）化验室所有药品、样品、试剂和溶液必须有标签标明，禁止使用化验室的器皿装食品或饮水。

（3）一切易燃易爆物质的操作都要在离火较远的地方进行，并严格按照操作规程操作。

（4）有毒有刺激性气味的气体的操作都要在通风橱内进行，有时需要借助于嗅觉判别少量气体时，决不能将鼻子直接对着瓶口或管口，而应当用手将少量气体轻轻扇向自己的鼻孔。

（5）移动开启大瓶液体时，不能将瓶直接放在水泥板上，应用橡皮垫或草垫垫好，若是用石膏包装，应用水泡软后再打开，严禁用锤敲砸。

（6）取下正在沸腾的溶液时，应先用瓶夹轻摇后再取下。

（7）盛过强腐蚀性、易燃性、有毒或易爆物品的器皿，应由操作者亲手洗净。

（8）将玻璃瓶、玻璃管、温度计等插入或拔出胶塞胶管时应垫有棉布，切不可强行插入或拔出。

（9）开启高压瓶时，动作要轻缓，不得将瓶口对人。

（10）加热浓缩液体的操作要十分小心，不能俯视加热的液体，加热的试管口更不能对着自己和别人。浓缩溶液时，特别是有晶体出现之后，要不停搅拌。不能离开工作岗位，尽可能带上保护眼镜。

（11）绝对禁止在实验室内饮食及抽烟。凡属使用剧毒强腐蚀性药品的，必须戴橡皮手套和手指套，用后洗手。有剧毒的药品（如铬盐、钡盐、铝盐、砷的化合物、氰化物等）严格防止进入口内，剩余的废液也决不许倒入下水道，可回收后集中处理。

（12）浓酸浓碱具有强腐蚀性，使用时，不要溅在皮肤或衣服上，更要注意保护眼睛。稀释时（特别是浓 H_2SO_4），应在不断搅动下将它们慢慢倒入水中，而不能相反进行，以免迸溅。

（13）回流和蒸馏液体时应放沸石或玻璃球，以防溶液因过热暴沸而冲出。若在加热后发现未放玻璃球，则即停止加热，待稍冷后再放，否则，在过热溶液中放入沸石（或玻璃球）会导致液体迅速沸腾，冲出瓶外引起火灾。

（14）使用的玻璃管或玻璃棒切割后，马上将断口烧溶保持圆滑。玻璃碎片要放回收容器内，绝不能丢在地面或桌子上。

（15）化验中所用药品，不得随意散失遗弃。对反应中产生的有害气体的化验操作应按规定进行，以免污染环境影响身体健康。

（16）水、电、燃气使用完毕后应立即关闭。

（17）工作完后，应将手洗净才离开化验室。

6. 危险药品的保管使用制度

实验室的化学药品，从对环境影响的程度来看，可分为非危险品和危险品，前者危险性小，后者危险性大，如易燃、易爆、剧毒、强腐蚀等。本制度主要针对危险品而制定。

（1）存放原则。危险品和非危险品应分类，而不是混合存放。理化性质互相抵触或灭火方法不同的也应该分类隔离存放，仓库应干燥阴凉通风低温。远离火源、电源、水源和震源。

（2）危险药品分类

1）剧毒品

氰化物：氰化钾（KCN）、氰化钠（NaCN）、氰化亚铜。

砷化物：三氧化二砷（砒霜）、五氧化二砷（AS_2O_5）、砷酸（HAsO）、亚砷酸钾（KAsO）。

汞盐：氯化汞（HgCl）、氧化汞（HgO）、溴化汞（$HgBr_2$）碘化汞（HgI_2）、汞（Hg）。

2）易燃品。乙醇、丙醇、石油醚、汽油、煤油、二硫化碳、甲酸、乙酯、苯、无水乙醇、甲苯等有机液体和试剂氢、乙炔等气体。

3）易爆品。过氧化钠（Na_2O_2）、过氯酸盐、硝酸盐、过氯酸。

4）腐蚀物品。盐酸、硝酸、硫酸、高氯酸、氢氟酸、氢溴酸、磷酸、过氧化氢、溴水、碘、冰乙酸、氢碘酸、氢氧化铵、氢氧化钾、氢氧化钠。

（3）上述四类药品必须分类储存。剧毒品应存放于保险柜内；易燃品、易爆品、腐蚀性物品分类分区存于专用仓库内。

（4）实验室禁止大批存放上述四类药品。剧毒品随用随领，用多少领多少，多余的当即归还。其余三类应视工作需要保存最小量。

（5）使用氰化物时，必须带上橡胶手套，手指破伤时不能使用。在酸性介质下是不能使用氰化物的，用完后的废物必须及时处理，注意保护环境。

（6）化学药品仓库和实验室均必须配备消防设备（消防水阀、化学泡沫二氧化碳、四氯化碳等灭火器）以及砂土，并注意定期更换。

7. 贵重精密仪器的使用与保管制度

（1）精密仪器一般应放在远离高温，防尘、防酸，避免阳光直射和震动的地方。

（2）仪器安装后不得任意搬动，部件不得乱拆乱卸、张冠李戴，需要拆卸检修的，须经保管人员及有关领导同意方可。

（3）操作者必须认真熟悉每台仪器的使用方法，严格遵守操作规程，不能违章作业。

（4）仪器使用完毕后，必须清理干净，部件归位，并切断电源、气源等。

8. 用电安全制度

（1）启动电气仪器前，事先检查电路是否接妥，使用不得超过负荷，不得随意更改或增设线路。

（2）所有电气和仪器设备均必须接有地线，熔丝的标号规格及负荷要符合规定，严禁用钢丝、铝丝或其他金属丝代替熔丝。

（3）突然断电时，要及时关闭使用的电气仪器的全部开关。

（4）在高温炉火中放入或取出物品时。必须先切断电源，金属器皿不能直接放在电炉上加热，要隔垫耐火盘或石棉板。

（5）插头插座线路等电气设备要经常保持干燥清洁。

9. 安全生产管理组织机构（见图10—1）

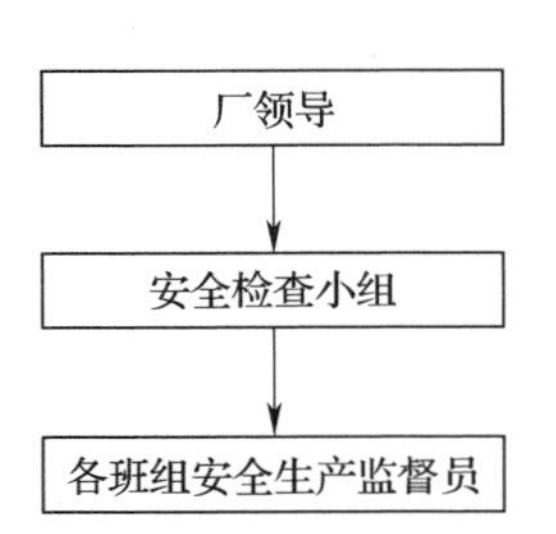

图10—1 安全生产管理组织机构图

二、安全操作规程

废水处理行业每年都发生操作人员因安全防范疏忽或违规操作引起的人身伤亡事故。我们应吸取血的教训，熟练掌握安全生产技能，严格遵守安全生产规定，确保人身安全。另外，掌握伤害急救方法，有助于减少事故损失，赢得急救时间，挽救伤员生命。

1. 安全操作规程的编制依据

安全操作规程的编制原则是贯彻“安全第一，预防为主”的方针，结合生产及工作环境进行编制。

安全操作规程的编制依据是国家有关法律法规及技术标准，如《城镇污水处理厂运行、维护及安全技术规程》CJJ 60—2011。

2. 操作规程内容

安全操作规程的内容一般包括以下方面。

（1）安全管理规程。安全管理规程主要是对设备使用过程中的维修、保养、安全检查、安全检测和档案管理等的规定。

（2）安全技术要求。安全技术要求是对设备应处于什么样的技术状态所做的规定。

（3）操作过程规程。操作过程规程是对操作程序过程安全要求的规定，它是岗位安全操作规程的核心。

（4）设备安全操作规程的通用要求

1）开动设备接通电源以前应清理好工作现场，仔细检查各部位是否正确灵活，安全装置是否齐全可靠。

2）开动设备前首先检查油池油箱中的油量是否充足，油路是否畅通，并按润滑图表卡片进行润滑工作。

3）变速时，各变速手柄必须转换到指定位置。

4）工件必须装卡牢固，以免松动甩出而造成事故。

5）已卡紧的工件，不得再行敲打校正，以免损伤而影响设备的精度。

6）要经常保持润滑工具及润滑系统的清洁，不得敞开油箱油眼盖，以免灰尘杂质等异物进入。

7）开动设备时必须盖好电器箱盖，不允许有污物进入电动机或电器装置内。

8）设备外露基准面或滑动面上不准堆放工具产品等，以免碰伤而影响设备的精度。

9）严禁超性能、超负荷使用设备。

10）采取自动控制时，首先要调整好限位装置，以免超越行程而造成事故。

11）设备运转时，操作者不得离开工作岗位，并应经常注意各部位有无异常（异音、异味、发热、振动等），发现故障应立即停止操作，及时排除故障。凡属操作者不能排除的故障，应及时通知维修人员进行排除。

12）操作者离开设备、装卸工件或对设备进行调整清洗或润滑时，都应停止设备并切断电源。

13）不得随意拆除设备上的安全防护装置。

14）调整或维修设备时，要正确使用拆卸工具，严禁乱敲乱拆。

15）作业人员思想要集中，穿戴要符合安全要求，站立位置要安全。

16）特殊危险场所的安全要求等。

3. 安全操作规程制定的步骤

（1）调查收集资料信息。安全操作规程应具有很强的针对性和可操作性，为了制定出合理的安全操作规程，必须对设备运行情况进行深入调查，并收集分析相关资料信息。这些资料包括各类国家行业安全技术标准、安全管理规程和有关的安全检测检验技术标准规范。

（2）编写规程。确定规程内容后即可按统一格式编写，安全操作规程的格式一般可分为“全式”和“简式”两种。“简式”的内容一般由操作安全要求等构成，其针对性很强。企业内部制定的安全操作规程通常采用“简式”。

学习单元2　案例分析

学习目标

能够分析污水处理厂存在安全隐患并制定相应的预防措施及发生事故时的应急处理预案

知识要求

一、污水处理厂主要安全隐患

污水处理厂的电器设备很多，如不注意安全用电就可能出现触电事故；消化区的沼气属易燃易爆气体，如不采取防火防爆措施，就可能引起爆炸；污水池井内易产生和积累有毒的 H_2S 气体，如不采取特殊措施，操作人员下池下井就可能中毒乃至死亡；污水中含有各种病菌和寄生虫卵，操作人员接触污水后，如不注意卫生，就可能引起疾病和寄生虫病；跌落到废水污泥池后会溺水窒息身亡；皮肤直接接触强酸强碱会后会引起严重灼伤或腐蚀；各种机械设备可能引起绞伤等。

（1）工艺管线（加药管、曝气管等）、工艺构筑物（沉砂池、生物池、储泥池等）、储药罐、鼓风机、脱水机阀门等设备设施存在跑冒滴漏现象。

（2）高压配电室、鼓风机房、脱水机房等操作现场未配备必需的安全保护设施和消防设施；在集水井、生化池和二沉池等构筑物的明显位置未配备防护救生设施及用品。集水井、生化池和二沉池等构筑物的防护设施（栏杆盖板、爬梯等）存在松动、锈蚀或缺失情况；阀门井盖、仪表井盖、电缆沟盖、板下水道检查井盖缺失或破损；氯库加氯间等有毒有害场所未配备安全防护的仪器仪表和设备，未设立必要的报警装置。

（3）工作环境不符合要求，配电室、变压器室、集水井、水池、储药罐等危险场所未设置安全警示标志；构筑物楼梯走道地面有积水；配电室、变压器室未采取防止暴晒、灰尘、风雨和潮湿侵袭的措施；下水道排水堵塞；电缆沟配电室未采取防水和防小动物进入的措施；氯库加氯间、污泥脱水机房、泵房等车间和连接排泥管道的闸门井、廊道等没有保持良好通风。

（4）电气设备外壳没有有效的接地线；移动电具没有使用三眼（四眼）插座；室外移动性刀开关和插座等没有安装在安全电箱内；电源总开关没有安装坚固的外罩。

（5）高压配电设备及防护用品、压力容器起重机和压力温度仪表等设备设施没有按规定定期进行检测或检测不合格。

（6）特种作业人员（电工、焊工、钳工等）没有按规定持证上岗。

（7）化验室剧毒药品没有制定专门的保管使用制度，没有设专柜双人双锁保管。

（8）没有建立和执行针对高空、池面水下和受限空间等危险作业的申请审批制度。

（9）未按照相关规定定期对消防设施、避雷和防爆装置进行测试维修；未定期检查和更换救生衣、救生圈、防毒面具等安全防护用品。

（10）在变配电室进行倒闸操作，以及变压器高压开关柜、高压用电设备停电检修时，没有使用工作票。

（11）操作人员维护或检修电气设备时没有挂检修标志牌，作业时没有专人负责监护。

（12）没有制定年度安全培训计划和定期进行安全培训；新入厂、新调换工种的从业人员以及离岗一个月后上岗的从业人员，上岗前没有进行安全培训。

（13）没有定期进行安全检查或对检查发现的问题没有及时进行整改。

二、安全事故案例

密闭空间内的污水、污泥易产生和积聚硫化氢等有害气体。污水处理厂的中毒事故主要与硫化氢有关。

【案例 10—1】 北京“3·3”污水处理厂硫化氢中毒事故。2008 年 3 月北京某污水处理厂 4 人在对水泵进行检修时，操作人员在未确认该污泥循环系统进水阀门是否关闭的情况下，盲目打开水泵泵壳的环形夹具，致使该泵处于承压状态，泵吸入口污泥带压喷出并将操作人员掩埋，污泥内厌氧产生硫化氢等有害气体累积并随喷出的污水溢出，现场其他3名作业人员迅速从不同出入口撤离管廊。喷泥事故发生后，污水处理厂4名管理人员在对事故情况不清、未采取安全防护措施的情况下，分别从不同出入口下到地下管廊内查看情况，在查看过程中，4人先后晕倒在管廊内。消防人员赶到后，分别将五人救出，经医护人员抢救无效，造成4人死亡，1人受重伤的严重后果。

【案例10—2】 山西运城一污水处理厂发生安全事故。2007年5月，位于运城市某污水处理厂发生安全事故，造成3人死亡。当时一村民正在该厂机房深井内打捞沉淀物和漂浮物，突然一头掉进深井内。随后，该厂两名工人下去救人，结果也遇到了意外。主要原因是在污水池内吸入大量沼气，过度缺氧导致死亡。事后经过调查，在出事的机房内，没有任何安全提示，现场也没有强制通风的设备，该厂在管理上存在严重的漏洞。

【案例10—3】 电动葫芦漏电致工人触电死亡。某市某厂车间维修电工对该车间清洗库的电动葫芦安装保护器后，经试车检查一切正常。而晚班生产工人操作电动葫芦时却发现有麻电感觉，立即找来电工采取了临时绝缘措施，继续维持操作直至下班。在次日上班后，另一电工准备摘下保护器检查，在登钢梯上电动葫芦运行的工字钢梁摘保护器时触电死亡。

事故原因：（1）安装的保护器电源接线焊接点处未装绝缘套管，也未采取其他绝缘保护措施，致使保护器出现漏电；（2）电气设备未按国家标准规定进行接地或接零；（3）在发现用电设备出现漏电故障进行检修时，未按安全要求切断电源，检修人员未穿绝缘鞋，违章操作，且又违反安全规定站在钢制梯子上作业，造成触电死亡。

第2节　安全生产基础与应急处理

学习单元1　安全生产基础

学习目标

1. 掌握消防、用电、机械损伤、高空跌落、有毒有害气体预防的相关知识

2. 能够熟练按规程进行井下作业操作

3. 能够熟练使用各类灭火器具

一、消防安全

1. 火灾基础

(1) 燃烧。燃烧是可燃物与氧化剂作用发生的放热反应，通常伴有火焰、发光和发烟的现象。

燃烧的基本条件是可燃物（木材、棉花、硫、磷等)、点火源（冲击火花、电火花等)、氧化剂（空气、氯酸钾、过氧化物等)。

(2) 爆炸。爆炸是大量能量（物理和化学）在瞬间迅速释放或急剧转换成机械、光、热等能量形态的现象。其危害是能产生很大的破坏作用。爆炸基本条件是存在可燃物质，可燃物质与空气（或氧气）混合并达到爆炸极限形成爆炸混合物，爆炸混合物受火源作用。

1) 物理性爆炸，如锅炉等高压容器因过热、过压等破裂引起的爆炸。

2) 化学性爆炸，可燃气体与空气混合物的爆炸。可燃气体主要有氢、乙炔、天然气、煤气、液化石油气等；可燃蒸汽主要是由汽油、苯、酒精、乙醚等可燃性液体产生的蒸汽。这种可燃物质在空气中形成爆炸混合物的最低浓度叫作爆炸下限，最高浓度叫作爆炸上限。浓度在爆炸上限和爆炸下限之间，都能发生爆炸，这个浓度范围叫该物质的爆炸极限。如一氧化碳的爆炸极限是12.5% ~74.5%。

3) 粉尘爆炸，在企业的生产过程中，有些工艺会产生可燃性固体粉尘或者可燃液体的雾状飞沫。当粉尘分散在空气中或助燃性气体中，且达到某种浓度，遇到火源，就会发生粉尘爆炸，如镁、钛、铝、锌、塑料、木材、麻、煤等粉尘。

4) 混合危险物品引起的爆炸。

(3) 火灾的分类。根据我国现行标准规定，按照火灾燃烧性质分为A、B、C、D四类。

1) A类火灾。指固体火灾。有机物一般在燃烧时能产生灼热的余烬，如木材、棉、毛、麻、纸张火灾等。

2) B类火灾。指液体火灾和可熔化的固体物质火灾，如汽油、煤油、原油、甲醇、乙醇、沥青、石蜡火灾等。

3) C类火灾。指气体火灾，如煤气、天然气、甲烷、乙烷、丙烷、氢气火灾等。

4）D类火灾。指金属火灾，如钾、钠、镁、钛、铝镁合金火灾等。

（4）火灾发展过程的特点。当燃烧失去控制而发生火灾时，将经历下列发展阶段。

1）酝酿期。可燃物在热的作用下蒸发析出气体、冒烟等。

2）发展期。火苗蹿起，火势迅速扩大。

3）全盛期。火焰包围整个可燃物体，可燃物全面着火，燃烧面积达到最大限度，燃烧速度最快，放出强大辐射热，气体温度高、对流加剧。

4）衰灭期。可燃物质减少，火势逐渐衰弱，终至熄灭。

（5）防止火灾的基本原则。严格控制火源；监视酝酿期特征；采用耐火材料；阻止火焰的蔓延；限制火灾可能发展的规模；组织训练消防队伍；配备相应的消防器材。

（6）灭火剂

1）消防用水。消防用水具有冷却、窒息和冲击作用，不宜扑灭由电、比水轻的油类等引起的火灾。

2）泡沫。泡沫灭火剂是利用水的冷却作用和泡沫层隔绝空气的窒息作用。可燃性液体的火灾最适合用泡沫灭火剂扑灭。

3）二氧化碳灭火剂。二氧化碳灭火剂是通过稀释空气中的氧浓度来扑灭火灾的，适用于电、遇水燃烧物质、精密机械设备的火灾扑灭。

4）四氯化碳。四氯化碳灭火剂是通过蒸发冷却和稀释氧浓度来扑灭火灾的，适用于带电设备的灭火，禁止用来扑救电石和钾、钠、铝、镁等引起的火灾。

5）干粉灭火剂。干粉灭火剂是依靠细微的固体颗粒来抑制燃烧的，可扑救可燃气体、电气设备、油类、遇水燃烧物质等物品的火灾，不宜扑灭精密设备等的火灾。

6）卤代烷。卤代烷灭剂是通过卤族原子取代碳氢化合物中氢原子，生成化合物的机理来灭火的，适用于扑灭电气、气体、液体、固体火灾。

2. 灭火器使用和维护

（1）灭火器配置。民用建筑以及工业厂区内，保护对象是固体可燃物的，其场所配置的储压式干粉灭火器必须是ABC型。

灭火器类型的选择：扑救A火灾选用水型、泡沫、磷酸铵盐、干粉、卤代烷型灭火器；扑救B类火灾选用干粉、泡沫、卤代烷、二氧化碳型灭火器（扑救极性溶剂B火灾不得选用化学泡沫灭火器）；扑救C类火灾选用干粉、泡沫、卤代烷、二氧化碳型灭火器；扑救带电火灾选用卤代烷、二氧化碳、干粉型灭火器；扑救ABC类火灾和带电火灾选用磷酸铵盐、干粉、卤代烷型灭火器。

（2）灭火器的使用

1）干粉灭火器。使用手提式干粉灭火器时，应撕去头上铅封，拔掉保险销，一只手握住胶管，将喷嘴对准火焰的根部；另一只手按下压把或提起拉环，干粉即可喷出灭火。喷粉要由近而远，向前平推，左右横扫，不使火焰蹿回。

2）泡沫灭火器。如果是油火，使用手提式化学泡沫灭火器时，应向容器内壁喷射，让泡沫覆盖油面使火熄灭。

3）“1211”灭火器。使用“1211”灭火器时，首先撕下铅封，拔掉保险销，然后在距火源1.5～3 m处，将喷嘴对准火焰的根部，用力按下压把，压杆就将密封开启；“1211”灭火剂在氮气压力作用下喷出，松开压把，喷射中止。如遇零星小火，可采取点射方法灭火。

4）二氧化碳灭火器。手提式二氧化碳灭火器开启方式不同，使用方法也不同。如果是手动开启式（即鸭嘴式）的灭火器，使用时先拔掉保险销，一手持喷筒把手，一手紧压压把，二氧化碳即自行喷出，不用时将手放松即可关闭；如果是螺旋开启式（即手轮式）的灭火器，使用时，先将铅封去掉，翘起喷筒，一手提提把，—手将手轮顺时针方向旋转开启，高压气体即自行喷出。

（3）使用灭火器应注意的事项。金属钾、钠、镁、铝和金属氢化物等物质的火灾禁止用二氧化碳扑救，因为这些物质的性质十分活泼，能夺取二氧化碳中的氧而燃烧。

二氧化碳灭火主要是隔绝空气，窒息灭火，而干粉、“1211”等属化学灭火，通过中断燃烧的链式反应，使火熄灭。用干粉、“1211”灭火器灭火时，喷嘴要对准火源上方往下扫射；而用二氧化碳灭火器灭火时，喷嘴要从侧面向火源上方往下喷射，喷射的方向要保持一定的角度，使二氧化碳能迅速覆盖着火源。

灭火器应放置在被保护物品附近以及干燥通风和取用方便的地方，要注意防止受潮和日晒。灭火器各连接部件不得松动，喷嘴塞盖不能脱落，保证密封性能须良好并应按规定的时间进行检查。

当发生电器火灾时，首先应切断电源，然后用不导电的灭火机灭火，如干粉灭火机、“1211”灭火机等。

单位应组织全体员工接受灭火器使用操作和相关人员维护的培训。

单位要每季度检查一次灭火器的维护情况，检查内容包括：责任人维护职责的落实情况，灭火器压力值是否处于正常压力范围，保险销和铅封是否完好，灭火器不能挪作他用，摆放稳固，没有埋压，灭火器箱不得上锁，避免日光暴晒和强辐射热，灭火器是否在有效期内等。要将检查灭火器有效状态的情况制作成“状态卡”，挂在灭火器筒体上明示。

二、用电安全

1. 安全用具和工具

各种安全用具和工具是电气工作人员在日常工作中经常需要使用的劳动保护用品，应加强安全用具和工具的管理，定期进行检查试验。对各种安全用具和工具应掌握正确使用方法，具体如下：

（1）绝缘钳。绝缘钳是用来装卸熔断器熔丝的工具，只允许在35 kV及以下的设备上使用。

（2）绝缘手套、绝缘靴（鞋）。绝缘手套、绝缘靴和绝缘鞋是用具有绝缘性能的特种橡胶制成的。在操作1 kV以下电气设备时，绝缘手套、绝缘靴（鞋）作为基本安全用具；在操作1 kV以上电气设备时，作为辅助安全用具。工作人员穿上绝缘靴或绝缘鞋可以增加对地绝缘，并可防止跨步电压触电。绝缘手套和绝缘靴（鞋）应单独存放在箱柜里。

（3）绝缘垫和绝缘站台。绝缘垫和绝缘站台是操作人员操作隔离开关时，用来作为与地面绝缘的辅助安全用具。绝缘垫是用特种橡胶制成，绝缘站台和台脚通常用四只绝缘瓷瓶制成。

（4）试电笔。试电笔是用来检验导体和电气设备是否带电的专用工具。试电笔由氖灯、电阻弹簧和笔身组成。使用时要按住试电笔的顶端，使氖灯小窗背光并朝向自己，人体切不可触及笔尖，以防触电。在每次使用前最好在已知带电的设备上先测试一下。

（5）遮栏。它是用来隔离带电部分与不带电部分的，可用干燥木材制成。临时检修或试验时，也可用绳子代替，但其安放必须牢靠。

（6）警告牌。警告牌是用来警告人们不准接近带电部分或禁止操作的。警告牌可用木板制成，上有醒目的警示用语，如："禁止合闸有人工作！""禁止攀登高压危险！""高压，生命危险！""止步！"等。

上述几种安全用具都必须正确使用，并注意日常保养工作，以防受潮损坏或脏污。应该注意，用低压试电笔去检验高压电是绝对不允许的。

2. 电气安全工作的技术措施

防止电气设备在运行维护和检修时发生事故，确保人身安全。

（1）对电气设备的防护。对于导线或母线要加以封闭或设置网门；对于低压电气设备的裸露带电部分，都应装有绝缘罩盖；对采取保护接地或接零有困难的，可采用触电保护器。在比较危险的场所，应限制使用电压等级，例如在隧洞或井内所用电动手提工具的电压不得超过36 V。

（2）检修工作中的技术措施。电气设备的检修，原则上要求在停电后才能进行。在这种情况下，停电和在电源开关上挂标牌是最主要的安全技术措施。如特殊原因需在低压线路或设备上带电检修的，也必须采取一定的安全措施。

1）停电。应采取防止误合闸的措施，对于多回路供电的线路设备，应断开一切可能突然来电的电源开关或取下熔断器。

2）验电。对已停电的线路和设备，要用专用工具验电，证明确实已经停电，才能进行检修工作。低压设备可用试电笔、万用表或检查灯，高压设备可使用高压验电器。在使用验电器时，应注意验电器上标明的使用电压范围。

3）放电。在检修前应彻底放掉线路和设备上积存的静电荷。特别是电容器和电缆（电缆线之间，线与外壳之间具有较大的电容，相当于电容器）等设备即使停了电，还会存留静电荷，有时电压会达到很高的数值。如果不进行放电，对人体是很危险的。放电的方法是用绝缘棒支持导线对地放电，放电用的导线必须连接可靠，不允许有断裂现象。放电时间一般为 10 min 左右，以放尽剩余电荷为准。

4）装设接地线。对可能突然来电或有感应电压的设备及线路，均应装设临时短路接地线。装设接地线时，应先接好与接地网连接的一端，然后将另一端接到检修设备的导体上。检修工作完毕拆除接地线时，应先拆掉设备或线路上的接线端，然后再拆除接地网上的一端。

5）装设围栏或遮栏。部分停电检修时，应在检修设备与临时带电设备之间用围栏明显隔开，以防人体误碰带电设备。在带电导体附近工作时，应按最小安全距离规定装设遮栏。

6）悬挂标示牌。标示牌用来作为警告标志，提醒人们注意。低压电器通常指额定电压在 500 V 以下的电器，在污水处理厂的低压电动机和其他电气设备起着开关、控制、保护及调节的作用。

3．安全用电制度

污水处理厂经常要操作机械设备，如刮砂机、刮泥机及其他有关机械，而这些机械几乎都是用电驱动的，因此用电安全知识是污水处理厂职工必须掌握的。

对电气设备要经常进行安全检查，检查内容包括：电气设备绝缘有无破损，绝缘电阻是否合格，设备裸露带电部分是否有防护，保护接零或接地是否正确、可靠，保护装置是否符合要求，手提式灯和局部照明灯电压是否为安全电压，安全用具和电器灭火器材是否齐全，电气连接部位是否完好等。

对污水处理厂职工来说，必须遵守十点安全用电要求：

（1）不是电工不能拆装电气设备。

（2）损坏的电气设备应请电工及时修复。

（3）电气设备金属外壳应有有效的接地线。

（4）移动电具要用三眼（四眼）插座，要用三芯（四芯）坚韧橡皮线或塑料护套线，室外移动性刀开关和插座等要装在安全电箱内。

（5）手提行灯必须采用36 V以下的电压，特别潮湿的地方（如沟槽内）不得超过12 V。

（6）各种临时线必须限期拆除，不能私自乱接。

（7）注意在额定容量范围内使用电气设备。

（8）电气设备要有适当的防护装置或警告牌。

（9）要遵守安全用电操作规程，特别是遵守保养和检修电器的工作票制度，以及操作时使用必要的绝缘用具。

（10）要经常进行安全活动，学习安全用电知识。

三、机械损伤和高空跌落防护

1. 机械损伤

（1）机械作业造成的伤害种类

1）机械设备零部件做旋转运动时造成的伤害。例如机械、设备中的齿轮、支带轮、滑轮、卡盘、轴、光杠、丝杠、供轴节等零部件都是做旋转运动的。旋转运动造成人员伤害的主要形式是绞伤和物体打击伤。

2）机械设备的零部件做直线运动时造成的伤害。例如桥式吊车大、小车和升降机构等，都是做直线运动的。做直线运动的零部件造成的伤害事故主要有压伤、砸伤、挤伤等。

3）电气系统造成的伤害。工厂里使用的机械设备，其动力绝大多数是电能，因此每台机械设备都有自己的电气系统，主要包括电动机、配电箱、开关、按钮、局部照明灯以及接零（地）、馈电导线等。电气系统对人的伤害主要是电击。

4）手工工具造成的伤害。

5）其他的伤害。机械设备除去能造成上述各种伤害外，还可能造成其他一些伤害。例如有的机械设备在使用时伴随着发生强光、高温，还有的放出化学能、辐射能，以及尘毒危害物质等，这些对人体都可能造成伤害。

（2）机械事故常见原因

1）自制或任意改造机械设备，不符合安全要求。

2）电源开关布局不合理。

3）缺乏安全装置或安全装置失效。

4）生产场地环境不良（照明线不良、通风不良、作业场所狭窄、作业场地杂乱、地面湿滑）。

5）操作错误、忽视安全、忽视警告。

6）检修、检查机械设备时忽视安全措施。

7）用手代替工具操作。

8）在机械运行中进行清理、卡料、上皮带蜡等作业。

9）任意进入机械运行危险作业区。

10）攀、坐不安全位置。

11）个人防护用品、用具缺少或有缺陷。

12）穿不安全服装。

13）不具备操作机械素质的人员上岗或其他人员乱动机械。

（3）机械事故的预防

1）正确穿戴好个人防护用品。如机械加工时要求女工戴护帽，如果不戴就可能将头发绞进去。同时要求不得戴手套，如果戴了，机械的旋转部分就可能将手套绞进去，将手绞伤。

2）操作前要对机械设备进行安全检查，而且要空车运转一下，确认正常后，方可投入运行。

3）机械设备在运行中也要按规定进行安全检查，特别是对紧固的物件观察是否由于振动而松动，以便重新紧固。

4）设备严禁带故障运行，千万不能凑合使用，以防出事故。

5）机械安全装置必须按规定正确使用，绝不能将其拆掉不使用。

6）机械设备使用的刀具、工夹具以及加工的零件等一定要装卡牢固，不得松动。

7）机械设备在运转时，严禁用手调整，也不得用手测量零件或进行润滑、清扫杂物等。如必须进行，则应先关停机械设备。

8）机械设备运转时，操作者不得离开工作岗位，以防发生问题时无人处置。

9）工作结束后，应关闭开关，把刀具和工件从工作位置退出，并清理好工作场地，将零件、工夹具等摆放整齐，打扫好机械设备的卫生。

2. 高空跌落

（1）预防高空跌落。污水池必须有栏杆，栏杆高度 1.2 m；污水池管理工不准随便越栏工作，越栏工作必须穿好救生衣并有人监护；在没有栏杆的污水池上工作时，必须穿救生衣；污水池区域必须设置若干救生圈，以备不测之需；池上走道不能太光滑，也不能高低不平；铁栅栏、池盖、井盖如有腐蚀损坏，需及时调换。污水处理厂职工有时需登高作业（放空污水池后在池上工作也相当于登高作业）。登高作业应牢记：登高作业“三件宝”（安全帽、安全带、安全网），登高作业应遵守登高作业的一系列规定。

（2）高空作业安全注意事项

1）凡在高于地面2 m及以上的地点进行的工作，都应视作高空作业。凡能在地面上预先做好的工作，都必须在地面上做，尽量减少高空作业。

2）担任高空作业的人员必须身体健康，患有精神病、癫痫病及经医师鉴定患有高血压、心脏病等不宜从事高空作业的人员，不准参加高空作业。凡发现工作人员有饮酒、精神不振时，禁止登高作业。

3）高空作业均须先搭建脚手架或采取防止坠落的措施。

4）在坝顶、陡坡、屋顶、悬崖、杆塔、吊桥以及其他危险的边沿进行工作，临空一面应装设安全网或防护栏杆，否则工作人员须使用安全带。

5）峭壁、陡坡的场地或人行道上的冰雪、碎石、泥土须经常清理，靠外面一侧须设1 m高的栏杆，在栏杆内侧设18 cm高的侧板或土埂，以防坠物伤人。

6）在没有脚手架或者在没有栏杆的脚手架上工作，高度超过1.5 m，必须使用安全带或采取其他可靠的安全措施。

7）安全带在使用前应进行检查，并应定期（每隔6个月）进行静荷重试验，试验荷重为225 kg，试验时间为5 min，试验后检查是否有变形、破裂等，并做好试验记录。不合格的安全带应及时处理。

8）安全带的挂钩或绳子应挂在结实牢固的构件上或专为挂安全带用的钢丝绳上。禁止挂在移动或不牢固的物件上。

9）高空作业应一律使用工具袋。较大的工具应用绳拴在牢固的构件上，不准随便乱放，以防止从高空坠落发生事故。

10）在进行高空作业时，除有关人员处，不准他人在工作地点的下面行走或逗留，工作地点下面应围栏或装设其他保护装置，防止落物伤人。

11）不准将工具及材料上下投掷，要用绳系牢后往下或往上吊送，以免打伤下方工作人员或击毁脚手架。

12）上下层同时进行工作时，中间必须搭设严密牢固的防护隔板，罩棚或其他隔离设施，工作人员必须戴安全帽。

13）冬季在低于－10℃进行露天高空作业的，必要时应该在施工地区附近设有取暖的休息所，取暖设备应有专人管理，注意防火。

14）在6级及以上的大风以及暴雨、打雷、大雾等恶劣天气，应停止露天高处作业。

四、有毒有害气体防护

1. 特种有害气体（H_2S）防护

工厂或车间的废水所携带的硫化物进入下水道后，遇到酸性废水起反应，生成毒性硫化氢气体，一般城市生活污水、污泥等在下水道或污水池中长期缺氧，发生厌氧分解而生成硫化氢气体。由于硫化氢气体可溶于水及油中，有时可随水或油流至远离发生源处，而引起意外中毒事故。

在下水道集水井和泵站内均有硫化氢出现的可能性，特别注意：在静止的污水、污泥中，较长时间未启用的泵、阀门和管道中最易产生硫化氢。即使在泵站内井下管道空气中测得硫化氢浓度不高，但由于污水、污泥受到搅动，高浓度的硫化氢会瞬时大量逸出，易造成人员伤亡事故。鉴于历史上的一系列惨痛教训，污水处理厂必须采取一系列安全措施来预防硫化氢中毒。

专家建议：应加强下水道作业人员的安全卫生知识培训，提高自我保护意识，应严格按照下井作业安全操作规程进行操作。

（1）防护措施

1）掌握污水性质，弄清硫化物污染来源。工业污水排入下水道的硫化物浓度要求低于 1 mg/L，对超标排放硫化物和酸性废水的工厂应采取严格的监督措施。

2）经常检测泵站集水井、敞口出水井及处理构筑物的硫化氢浓度。下池下井工作时，必须连续监测池内、井内的硫化氢浓度。硫化氢监测报警仪的作用是测定硫化氢浓度。在硫化氢气体有可能溢漏的场所进行保养检修和操作前，均应先使用硫化氢监测报警仪，验明工作场所硫化氢浓度。据中华人民共和国国家标准《恶臭污染物排放标准》GB 14554—1993，确认工作场所硫化氢浓度低于 0.1 mg/m^3时，工作人员方可进入工作现场，在整个工作过程中，硫化氢监测报警仪必须始终担负监测报警任务。

3）用通风机鼓风是预防 H_2S 中毒的有效措施。通风能吹散 H_2S，降低其浓度，下池、下井必须用通风机通风，必须注意由于硫化氢密度大不易被吹出的情况。在管道通风时，必须把相邻井盖打开，让风一边进，一边出。泵站中通风宜将风机安装在泵站底层，把毒气抽出。

4）配备必要的防 H_2S 用具，防毒面具能够防 H_2S 中毒，但必须选用针对性的滤罐。下井下池操作最安全的防护用具是通风面罩，该用具配有空压机、对讲机等，人体呼吸地面上送入的空气，而与环境毒气隔绝。

72 型防毒面具是由橡胶密封面具、吸气透气管和滤毒罐组合而成的防毒用具，作为日常工作配置和抢险急救用。凡硫化氢气体可能溢漏产生的场合都应使用 72 型防毒面具。

如从事污水泵站内清除垃圾、加填料、除剩水、装拆维修各类水泵和闸门以及下集水池清捞垃圾等工作，都应使用72型防毒面具。滤毒罐每次使用时间不得超过45 min，累计使用时间不得超过90 min，否则要进行更换。每次使用前要进行一次检查，称重时增加质量不超过20 g时可以使用，长时间不用时要每隔3个月要用天平称重。当复称质量比本身标明的质量超出20 g时就应更换。防毒面具有效保管期为5年，过期必须更换，每次检查复称后均应做好详细记录。

5）建立下池、下井操作票制度和井下作业操作安全规程。

6）必须对职工进行防 H_2S 中毒的安全教育。

（2）中毒救治。硫化氢气体中毒应急处理原则：

1）立即打120报警电话并向上级汇报，无任何防护措施的人员严禁进入毒气扩散的现场。

2）防毒人员要迅速将患者移离中毒现场，阻断毒气继续侵入，严密观察并供氧。

3）立即对窒息者进行现场抢救。

4）用急救车辆送医院抢救。

在深沟池槽等处抢救中毒患者时，抢救者自己必须戴供氧式面具和腰系安全带（或绳子）并有专人监护，以免抢救者自己中毒和贻误救治病人。

人体吸入硫化氢可引起急性中毒和慢性损害，现场抢救极为重要，应立即将患者移离现场至空气新鲜处，有条件时立即给予吸氧。对呼吸或心脏骤停者应立即施行心肺复苏术。在施行口对口人工呼吸时，施行者应防止吸入患者的呼出气或衣服内逸出的硫化氢，以免发生二次中毒。对有眼刺激症状者，立即用清水冲洗，对症处理。

2. 井下作业操作安全规程

（1）下井作业人员应提前准备好安全标志，检查施工所用的机械设备、工具是否安全可靠、完好、适用，所配备的安全防护器材是否齐全。

（2）下井作业时必须有施工负责人在场监督安全措施的落实，指定2人以上的监护人。

（3）为保证施工作业人员安全，进入施工现场必须头戴防护帽，身扣防护带，并系安全绳，戴好口罩后，方可下井作业。井内严禁吸烟，同时场地必须配备防毒面具、氧气袋至少两个。

（4）施工作业人员进入井下作业时不违章作业，不盲目作业。施工负责人发现违章作业的，应及时制止。

（5）下井后，工具、配件必须使用工具袋吊接，严禁抛扔，作业井周围1 m范围以内不得有石块、砖头、工具等有可能造成打击伤害的物体。

（6）井下作业如需时间较长，应轮流下井，如井下作业人员有头晕、腿软、憋气、恶心等不适感，必须立即上井休息。

（7）井下作业所有电器设备必须是防爆型，包括灯、开关等。

（8）下井操作时，施工负责人和监护人员必须坚守岗位，精力集中，不得从事其他作业，坚持每 2 min 向井下喊话，注意观察，特别是井下作业人员状态，及时发现问题，避免安全事故的发生。井上不得吸烟，严禁向井内抛扔物品和烟头。

（9）作业完毕后，应及时将井盖还原，同时清理周围堆放的废弃物。

（10）发生作业险情时，拯救人员需配戴氧气袋下井救人，并带另一氧气袋插入晕倒人鼻孔让其吸氧，并立即撤出危险地段，同时向施工负责人汇报，且及时与急救中心联系，说明出事地点与具体情况。

（11）下井作业人员必须身体健康、神志清醒。未满十八岁人员和有呼吸道或心血管疾病、过敏症或皮肤过敏症的人员以及饮酒者不得从事该工作。

（12）遇重大自然灾害及狂风暴雨等恶劣天气，应尽量减少或杜绝下井作业。

五、职业防护

在污水处理厂内，污水和污泥中含有很多有害的化学物质和生物成分，它们直接危害操作人员及直接接触者的健康。

1. 致病微生物

人在污水处理厂暴露在污水和污泥中的微生物面前，有可能受到健康威胁。防御细菌和病毒感染的最好办法是养成良好的个人卫生习惯以及正确的岗位操作方法。

2. 化学物质（气体和化学药品）

操作者应具备识别潜在化学有害物及其危害程度的能力并采取适当的预防和防护措施。

3. 特定空间

特定空间内缺乏氧气或暴露于有毒气体中。特定空间至少有下列三个特性中的一个：进出口的通道狭窄；不能良好通风的空间；容纳有限的工人工作间。

特定空间的危害有：

（1）缺乏氧气或氧气含量低，在工作前必须进行一定时间的强制通风。

（2）易燃气体、化合物分解释放的甲烷等气体及汽油等化学品遇火源可能引起爆炸。

（3）存在有毒气体，如硫化氢等。

（4）极限温度，如有蒸汽聚集会伤害工作人员。

（5）特定的空间会放大噪声，破坏工作人员听力，干扰同外界的交流。

（6）光滑或潮湿的表面会造成人员伤害，潮湿的表面在电路、设备、工具被使用时增加了电击的可能性。

学习单元2 应急处理与急救技能

学习单元

1. 掌握污水处理厂突发事故处理常识
2. 掌握逃生基本技能及现场救护的基本步骤、方法
3. 能够根据不同情况实施现场救护

知识要求

一、应急处理的一般流程

事故应急救援的目的是通过有效的应急救援行动，最大限度地降低事故损失。

（1）立即组织营救受害人员，组织撤离或者采取其他措施保护危害区域内的其他人员。教育职工学会自身防护和自救，必要时要迅速撤离危险区或可能受到伤害的区域。

（2）迅速控制事态，及时控制住造成事故的危害源是应急救援工作的重要任务。

（3）消除危害后果，做好现场恢复。及时采取封闭、隔离、洗消、检测等措施，防止对人体的继续伤害和环境的污染，及时清理废墟和恢复基本设施。

（4）查清事故原因，评估危害程度。

（5）及时向上级有关部门报告。

二、急救基本技能

1. 现场救护的基本步骤

（1）紧急呼救（燃气中毒、火灾）。当伤害事故发生时，应大声呼救或尽快拨打电话120、110、119。紧急呼救时必须要用最精练、准确、清楚的语言说明伤员目前的情况及严重程度、伤员的人数及存在的危险、需要何类急救。

（2）判断伤情。现场急救处理前，首先必须了解伤员的主要伤情，特别是对重要的体征不能忽略遗漏。

（3）现场救护。对于不同的伤情，采用正确的救护体位，运用人工呼吸、胸外心脏挤压、紧急止血、包扎等现场救护技术，对伤员进行现场救护。

2. 现场救护通用技术

（1）心肺复苏法

1）人工呼吸的操作方法。当呼吸停止、心脏仍然跳动或刚停止跳动时，用人工的方法使空气进出肺部，供给人体组织所需要的氧气称为人工呼吸法。

将伤员伸直仰卧在空气流通的地方，解开领口衣服裤带，再使其头部尽量后仰，鼻孔朝天，使舌根不致阻塞气道，救护人用一手捏紧伤员鼻，用另一手的拇指和食指掰开伤员嘴巴（见图 10—2），先取出伤员嘴里的东西（如假牙等），然后救护人紧贴着伤员的口吹气约 2 s，使伤员胸部扩张，接着放松口鼻，使其胸部自然地缩回呼气约 3 s。这样吹气和放松，连续不断地进行。如果掰不开嘴巴，可以捏紧伤员嘴巴，紧贴着鼻孔吹气和放松。

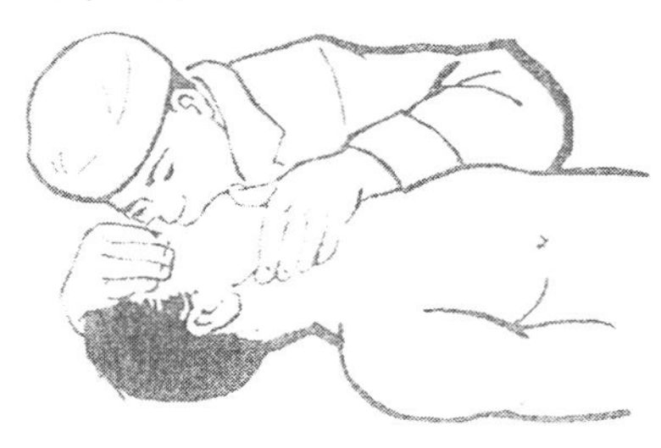

图 10—2　口对口人工呼吸法

人工呼吸法在进行中，若伤员表现出有好转的迹象时（如眼皮闪动和嘴唇微动），应停止人工呼吸数秒钟，让他自行呼吸，如果还不能完全恢复呼吸，须把人工呼吸法进行到能正常呼吸为止。人工呼吸法必须坚持长时间地进行，在没有呈现出明显的死亡症状以前，切勿轻易放弃，死亡症状应由医生来判断。口对口（或口对鼻）人工呼吸法简便有效，并且不影响心脏按摩法的进行。

2）胸外心脏挤压的操作方法。若感觉不到伤员脉搏，说明心跳已经停止，需立即进行胸外心脏挤压。

将伤员平放在木板上，头部稍低，救护人站在伤员一侧，将一手的掌跟放在胸骨下端，另一手叠于其上，靠救护人上身的体重，向胸骨下端用力加压，使其陷下 3 cm 左右，随即放松，让胸廓自行弹起，如此有节奏地压挤，每分钟约 60 ~ 80 次。急救如有效果，伤员的肤色即可恢复，瞳孔缩小，颈动脉搏动可以摸到，自发性呼吸恢复。心脏按摩法可以与人工呼吸法同时进行。

（2）止血法。常用的止血方法主要是压迫止血法、止血带止血法、加压包扎止血法、加垫屈肢止血法等。

1）压迫止血法。压迫止血法适用于头、颈、四肢动脉大血管等出血的临时止血。当一个人负伤流血以后，只要立刻用手指或手掌用力压紧伤口附近靠近心脏一端的动脉跳动处，并把血管压紧在骨头上，就能很快起到临时止血的效果。

2）止血带止血法。止血带止血法适用于四肢大出血。用止血带（一般用橡皮管、橡皮带）绕肢体绑扎打结固定，上肢受伤可扎在上臂上部1/3处，下肢受伤则扎于大腿的中部。若现场没有止血带，也可以用纱布、毛巾、布带等环绕肢体打结，在结内穿一根短棍，转动此棍使带绞紧，直到不流血为止。在绑扎和绞止血带时，不要过紧或过松。过紧易造成皮肤或神经损伤；过松则起不到止血的作用。

3）加压包扎止血法。加压包扎止血法适用于小血管和毛细血管的止血。先用消毒纱布或干净毛巾敷在伤口上，再垫上棉花，然后用绷带紧紧包扎，以达到止血的目的。若伤肢有骨折，还要另加夹板固定。

4）加垫屈肢止血法。加垫屈肢止血法多用于小臂和小腿的止血。它利用肘关节或膝关节的弯曲功能，压迫血管达到止血目的。在肘窝或腘窝内放入棉垫或布垫，然后使关节弯曲到最大限度，再用绷带把前臂与上臂（或小腿与大腿）固定。

（3）包扎法。有外伤的伤员止血后，就要立即用急救包、纱布、绷带或毛巾等包扎起来。

（4）断肢（指）与骨折处理

1）断肢（指）处理。发生断肢（指）后，除做必要的急救外，还应注意保存断肢（指），以求进行再植。

2）骨折的固定。为了避免骨折断端刺伤皮肤、血管和神经，对骨折处做好临时固定，使伤员安静以减轻疼痛、便于运送，避免在搬运与运送中增加受伤者的痛苦。

（5）安全转移伤员

1）一般伤情的搬运方法。如果伤员伤势不重，可采用扶、背、抱的方法将伤员运走。如单人扶着行走、肩膝手抱法、背驮法和双人平抱着走。

2）几种严重伤情的搬运方法。颅脑伤昏迷者搬运、脊柱骨折搬运、颈椎骨折搬运等，原则上不能用普通软担架搬运，要用木板担架或专人牵引，固定受伤处后方可搬运。搬运时必须托住受伤部位，尽量不要移位，减少震动，避免造成新的伤害。

三、触电急救

万一发现有人触电时，应及时抢救。首要措施便是立即切断电源或用绝缘的器具（如干木棒、干布带或干绳等）使触电者脱离带电部分（救护者切忌用手、金属物体或潮湿物品作为救护工具施行抢救）。立即断电是救活触电者的一个首要因素，因为在其他条件都相同的情况下，触电者触电时间越长，造成心室颤动、心脏停跳和死亡的可能性也越大。实验研究和统计表明，如果从触电后1 min即开始抢救，救活可能性有90%；如果从触电后6 min开始抢救，救活可能性仅10%，超过12 min，救活可能性极小。如果伤员在高空作业，救护时还须预防伤员在脱离电源时摔下来。

当伤员脱离电源后，应立即检查伤员全身情况，特别是呼吸和心跳。

（1）若伤员神志清醒，呼吸心跳均能自主，则使伤员就地平卧、静卧休息并严密观察，暂时不要让其站立或走动，防止继发休克或心衰。

（2）若伤员呼吸停止但心搏存在，则使其就地平卧、解松衣扣、通畅气道，立即口对口人工呼吸亦可针刺人中、十宣、涌泉等穴，或给予呼吸兴奋剂（如山梗菜碱、咖啡因、可拉明等）。

（3）若伤员心搏停止，呼吸存在，则应立即做胸外心脏按压。

（4）若伤员呼吸心跳均停止，则应在人工呼吸的同时施行胸外心脏按压，以建立呼吸和循环，恢复全身器官的氧供应。现场抢救最好能两人分别施行口对口人工呼吸及胸外心脏按压，以1∶5的比例进行，即人工呼吸1次，心脏按压5次。如现场抢救仅有1人，用15∶2的比例进行胸外心脏按压和人工呼吸，即先做胸外心脏按压15次，再口对口人工呼吸2次，如此交替进行，抢救一定要坚持到底，以待医务人员的到来。

（5）处理电击伤时，应注意有无其他损伤。如触电后弹离电源或自高空跌下，常并发颅脑外伤、血气胸、内脏破裂、四肢和骨盆骨折等。如有外伤、灼伤等均需同时处理。

（6）现场抢救中，不要随意移动伤员，若确需移动时，抢救中断时间不应超过30 s。移动伤员或将其送医院，除应使伤员平躺在担架上并在背部垫以平硬阔木板外，应继续抢救，心跳呼吸停止者要继续人工呼吸和胸外心脏按压，在医院医务人员未接替前救治不能中止。

四、机械伤害的急救

1．主要症状

机械性伤害常常是意外的、突发的，可对人体造成各种不同程度的伤害，甚至生命安全。主要表现伤口、出血（内出血、外出血）、骨折、休克、心跳或呼吸停止和其他严重损害，如内脏破裂、气胸、脑及脊髓损伤等。

2．外伤的急救

（1）发生机械伤害时，首先应关停机器。

（2）发生断手、断指等严重情况时，对伤者伤口要进行包扎止血、止痛、进行半握拳状的功能固定。

（3）对断手、断指应用消毒或清洁敷料包好，切忌将断指浸入酒精等消毒液中，以防细胞变质。

（4）将包好的断手、断指放在无泄漏的塑料袋内，扎紧好袋口，在袋周围放上冰块或用冰棍代替。

（5）速将伤者送医院进行抢救。

五、化学品腐蚀应急处理

化学腐蚀物品对人体有腐蚀作用，易造成化学灼伤。腐蚀物品造成的灼伤与一般火灾的烧伤烫伤不同，开始时往往感觉不太疼，但发觉时组织已灼伤。所以对触及腐蚀物品的皮肤，应迅速采取急救措施。常见几种腐蚀物品触及皮肤时的急救方法是：

（1）强酸（强碱）触及皮肤时，应先用棉纱和纸巾擦吸，然后立即用水或弱碱（弱酸）冲洗。如皮肤已腐烂，应用水冲洗 20 min 以上，再护送医院治疗。

（2）含磷药品触及皮肤时，应立即用清水冲洗 15 min 以上，再送往医院救治。磷烧伤可用湿毛巾包裹，禁用油质敷料，以防磷吸收引起中毒。

（3）甲醛触及皮肤时，可先用水冲洗后，再用酒精擦洗，最后涂以甘油。

本章思考题

1. 如何根据污水处理厂的工作环境，落实安全管理制度？
2. 突发事故处理预案的制定过程中主要应考虑哪几个方面？
3. 如何从以往突发事故案例中吸取教训？
4. 在污水处理厂安全生产过程中，主要应预防哪些方面的安全？
5. 硫化氢气体主要存在哪些场所？如何加强预防？
6. 现场救护的基本步骤是什么？如何根据现场环境实施救护？